北京高等教育精品教材

高职高等数学系列教材

线 性 代 数

（第 二 版）

主　编　刘书田
编著者　胡显佑　赵佳因

北京大学出版社
PEKING UNIVERSITY PRESS

图书在版编目(CIP)数据

线性代数/胡显佑,赵佳因编著.—2版.—北京:北京大学出版社,2004.6
(北京高等教育精品教材)
(高职高等数学系列教材)
ISBN 978-7-301-07434-3

Ⅰ.线… Ⅱ.①胡… ②赵… Ⅲ.线性代数-高等学校:技术学校-教材 Ⅳ.O151.2

中国版本图书馆CIP数据核字(2004)第041332号

书　　　名:线性代数(第二版)
著作责任者:胡显佑　赵佳因　编著
责 任 编 辑:刘　勇　王国义
标 准 书 号:ISBN 978-7-301-07434-3/O·0591
出　版　者:北京大学出版社
地　　　址:北京市海淀区成府路205号　100871
网　　　址:http://www.pup.cn
电　　　话:邮购部 62752015　发行部 62750672　理科编辑部 62752021
　　　　　　出版部 62754962
电 子 邮 箱:zpup@pup.pku.edu.cn
印　刷　者:北京大学印刷厂
发　行　者:北京大学出版社
经　销　者:新华书店
　　　　　　787mm×960mm　16开本　10.75印张　230千字
　　　　　　2001年1月第1版　　2004年6月第2版
　　　　　　2012年7月第7次印刷(总第13次印刷)
印　　　数:60501—63500册
定　　　价:16.00元

本书 2004 年被评为北京高等教育精品教材

内 容 简 介

本书被评为“**北京高等教育精品教材**”，是高等职业、高等专科教育经济类、管理类及工科类“线性代数”基础课的教材. 该书依照教育部制定的高职、高专“数学课程教学基本要求”，并结合作者多年来为高职班学生讲授“线性代数”课所积累的丰富教学经验编写而成. 全书共分五章，内容包括：矩阵、行列式、线性方程组、矩阵的特征值和特征向量、二次型等. 根据使用本书的院校的建议，为了适用于不同专业的教学要求，作者对原书内容做了修订，即对重点内容进行改写，使之难点分散且更加系统和适用，并在第三章补充了“投入产出数学模型”这一实用性较强的内容；还增加了第五章“二次型”；对增加的内容配置了练习题并给出解答. 本书针对高职、高专学生的接受能力、理解程度讲述“线性代数”课的基本内容，叙述通俗易懂、简明扼要、富有启发性，便于自学；本书注重对学生基础知识的训练和综合能力的培养，每节配置了适量的习题，书末附有参考答案与提示，便于教师和学生使用. 为了便于学生学习，本教材有同步配套的《线性代数学习辅导》书.

本书可作为高等职业、高等专科学生“线性代数”课的教材或教学参考书，对成人教育、自学考试专科段学生及参加学历文凭考试者本书也是一本较好的自学教材.

高职教育高等数学系列教材
出版委员会

主　　任：刘　林
副主任：关淑娟
委　　员（以姓氏笔画为序）：
　　　　　冯翠莲　　田培源　　刘　林　　刘书田
　　　　　刘雪梅　　关淑娟　　林洁梅　　胡显佑
　　　　　赵佳因　　侯明华　　高旅端　　唐声安

高职高等数学系列教材书目

高等数学(第二版)	刘书田等编著	定价 29.00 元
微积分(第二版)(经济类、管理类适用)	冯翠莲 编著	定价 19.00 元
线性代数(第二版)	胡显佑等编著	定价 16.00 元
概率统计(第二版)	高旅端等编著	定价 16.00 元
高等数学学习辅导(第二版)	刘书田等编著	定价 24.00 元
微积分学习辅导(第二版)(经济类、管理类适用)	冯翠莲 编著	定价 18.00 元
线性代数学习辅导(第二版)	胡显佑等编著	定价 17.00 元
概率统计学习辅导(第二版)	高旅端等编著	定价 15.00 元

高职高专高等数学系列教材(少学时)书目

新编经济数学基础(经济类、管理类适用)	冯翠莲 主编	估价 22.00 元
新编工科数学基础(工科类适用)(即将出版)	冯翠莲 主编	估价 28.00 元

第二版序言

为满足迅速发展的高职教育的需要，我们于 2001 年 1 月编写了《高职高等数学系列教材》.这套教材包括《高等数学》、《微积分》、《线性代数》和《概率统计》，供高职教育工科类、经济类和管理类不同专业的学生使用.本套教材的出版受到广大教师和学生的好评，受到同行专家、教授的赞许.2003 年，本套教材被北京市教委列入**“北京市高等教育精品教材立项项目”**，2004 年被评为**“北京高等教育精品教材”**.为了不断提高教材质量，适应当前高职教育的发展趋势，我们根据三年多来使用本套教材的教学实践和读者的反馈意见，对第一版教材进行了认真的修订.

修订教材的宗旨是：以高职教育的总目标——培养高素质应用型人材——为出发点，遵循“加强基础、培养能力、突出应用”的原则，力求实现基础性、实用性和前瞻性的和谐与统一.具体体现在：

(1) 适当调整了教材体系.在注意数学系统性、逻辑性的同时，对数学概念和基本定理，着重阐明它们的几何意义、物理背景、经济解释以及实际应用价值.有些内容重新改写，使重点突出、难点分散；调整了部分例题、练习题，使之更适合高职教育的总目标.

(2) 在教材内容的取舍上，删减了理论性较强的内容，减少了理论推导，增加了在工程、物理、经济方面具有实际应用的内容，立足实践与应用，使在培养学生应用数学知识解决实际问题能力方面得到进一步加强.

(3) 兼顾教材的前瞻性.本次修订汲取了国内高职数学教材的优点，注意到数学公共课与相关学科的联系，为各专业后续课打好坚实的基础.

本套教材在修订过程中，得到北京市教委，同行专家、教授的大力支持，在此一并表示诚挚的感谢.参加本书编写和修订工作的还有唐声安、赵连盛、李月清、梁丽芝、徐军京、高旅端、胡显佑等同志.

我们期望第二版教材能适合高职数学教学的需要，不足之处，恳请读者批评指正.

编　者

2004 年 5 月于北京

前　言

为了适应我国高等职业教育、高等专科教育的迅速发展，满足当前高职教育高等数学课程教学上的需要，我们依照教育部制定的高职、高专“数学课程教学基本要求”，为高职、高专工科类及经济类、管理类学生编写了本套高等数学系列教材. 本套书分为教材四个分册：《高等数学》(上、下册)、《微积分》、《线性代数》、《概率统计》，配套辅导教材四个分册：《高等数学学习辅导》(上、下册)、《微积分学习辅导》、《线性代数学习辅导》、《概率统计学习辅导》，总共8分册. **书中加“ * ”号的内容**，对非工科类学生可不讲授.

编写本套系列教材的宗旨是：以提高高等职业教育教学质量为指导思想，以培养高素质应用型人材为总目标，力求教材内容“涵盖大纲、易学、实用”. 本套系列教材具有以下特点：

1. 教材的编写紧扣高职、高专“数学课程教学基本要求”，慎重选择教材内容. 既考虑到高等数学本学科的科学性，又能针对高职班学生的接受能力和理解程度，适当选取教材内容的深度和广度；既注重从实际问题引入基本概念，揭示概念的实质，又注重基本概念的几何解释、物理意义和经济背景，以使教学内容形象、直观，便于学生理解与掌握，并达到“学以致用”的目的.

2. 为使学生更好地掌握教材的内容，我们编写了配套的辅导教材，教材与辅导教材的章节内容同步，但侧重点不同. 辅导教材每章按照教学要求、内容提要与解题指导、自测题与参考解答三部分内容编写. 教学要求指明学生应掌握、理解或了解的知识点；内容提要把重要的定义、定理、性质以及容易混淆的概念给出提示，解题指导是通过典型例题的解法给出点评、分析与说明，并给出解题方法的归纳与总结. 教材与辅导教材相辅相成，同步使用.

3. 本套教材叙述通俗易懂、简明扼要、富有启发性，便于自学；注意用语确切，行文严谨. 教材每节后配有适量习题，书后附有习题答案和解法提示. 辅导教材按章配有自测题并给出较详细的参考解答，便于教师和学生使用.

本套系列教材的编写和出版，得到了北京大学出版社的大力支持和帮助，同行专家和教授提出了许多宝贵的建议，在此一并致谢！

限于编者水平，书中难免有不妥之处，恳请读者指正.

编　者

2001年1月于北京

目　　录

第一章 矩　　阵

矩阵是数学中一个重要的概念,它被广泛地应用到现代管理科学、自然科学、工程技术等各个领域.矩阵是线性代数的主要研究对象之一.本章主要介绍矩阵的概念及运算,矩阵的初等变换及逆矩阵.

§1.1 矩阵的概念

我们平时常用列表的方式表示一些数据及其关系.如学生成绩表、工资表、物资调运表等等.为了处理方便可以将它们按照一定的顺序组成一个矩形数表,先看两个实际例子.

例 1 假设我们记录 4 名学生 3 门课程的考试成绩,4 名学生分别用 A,B,C,D 表示;课程分别用 Ⅰ,Ⅱ,Ⅲ 表示.每个学生每门课程有 3 个成绩,第一个为平时作业成绩,第二个为平时小测验成绩,第三个为期末考试成绩.每次成绩按 10 分记录.我们得到平时、测验、考试三张成绩表.

表 1 平时成绩表

	Ⅰ	Ⅱ	Ⅲ
A	6	8	9
B	8	5	8
C	8	7	8
D	4	6	6

表 2 测验成绩表

	Ⅰ	Ⅱ	Ⅲ
A	5	9	8
B	6	7	9
C	7	8	8
D	5	6	7

表 3 考试成绩表

	Ⅰ	Ⅱ	Ⅲ
A	6	7	9
B	8	6	9
C	8	7	8
D	6	5	6

如果只抽出表格中的分数,分别得到学生成绩的三个矩形表(1),(2),(3),

$$\underset{(1)}{\begin{bmatrix}6&8&9\\8&5&8\\8&7&8\\4&6&6\end{bmatrix}}\qquad\underset{(2)}{\begin{bmatrix}5&9&8\\6&7&9\\7&8&8\\5&6&7\end{bmatrix}}\qquad\underset{(3)}{\begin{bmatrix}6&7&9\\8&6&9\\8&7&8\\6&5&6\end{bmatrix}}.$$

同时,我们也可以得到每个学生每门课程总成绩矩形数表(4)(不考虑加权)

$$\underset{(4)}{\begin{bmatrix}17&24&26\\22&18&26\\23&22&24\\15&17&19\end{bmatrix}},$$

其中第二行第一个数 22 表示 B 同学“课程 1”的总成绩为 22 分.

例 2　某化工公司下属三家企业,都生产 A,B,C,D 四种产品. 1999 年底的库存量如下表(单位:吨):

企业 \ 库存量 \ 产品	A	B	C	D
一	1000	900	1100	500
二	900	1000	1200	1000
三	800	400	700	300

此库存量表可以简单地写成矩形数表的形式:

$$\begin{bmatrix} 1000 & 900 & 1100 & 500 \\ 900 & 1000 & 1200 & 1000 \\ 800 & 400 & 700 & 300 \end{bmatrix},$$

其中第三行第 2 个数 400 表示第三家企业产品 B 的库存量为 400 吨.

显然上述这些数表,每个位置上的数都具有其固定的含义,不能随意调换,这种数表在数学上被称为**矩阵**.

定义 1.1　由 $m\times n$ 个数 $a_{ij}(i=1,2,\cdots,m;j=1,2,\cdots,n)$ 组成一个 m 行 n 列的矩形数表,称为一个 $m\times n$ 的**矩阵**,记作

$$\begin{bmatrix} a_{11} & a_{12} & \cdots & a_{1n} \\ a_{21} & a_{22} & \cdots & a_{2n} \\ \vdots & \vdots & & \vdots \\ a_{m1} & a_{m2} & \cdots & a_{mn} \end{bmatrix},$$

通常用大写字母 $\boldsymbol{A},\boldsymbol{B},\boldsymbol{C}$ 表示矩阵,也可以记作 $\boldsymbol{A}_{m\times n}$ 或 $(a_{ij})_{m\times n}$ 以标明行数 m 与列数 n,其中 a_{ij} 称为矩阵第 i 行、第 j 列的**元素**.

例 1 中四个矩形数表分别就是四个矩阵,其中第一个矩阵中 $a_{12}=8,a_{43}=6$. 例 2 中的矩形表是一个 3×4 的矩阵,其中 $a_{33}=700$.

矩阵的元素可以全是实数,也可以出现复数,或者元素本身就是矩阵或其他更一般的数学对象,分别称它们为**实矩阵**、**复矩阵**、**超越矩阵**等. 本书中涉及到的均为实矩阵.

定义 1.2　如果 $\boldsymbol{A}$ 是 $m\times n$ 矩阵,$\boldsymbol{B}$ 是 $s\times t$ 矩阵,当 $m=s,n=t$ 时称矩阵 $\boldsymbol{A}$ 和矩阵 $\boldsymbol{B}$ 是**同型矩阵**. 两个同型的矩阵 $\boldsymbol{A}$ 与 $\boldsymbol{B}$,如果对于任意的 $i,j(i=1,2,\cdots,m;j=1,2,\cdots,n)$ 都有 $a_{ij}=b_{ij}$,则称**矩阵 $\boldsymbol{A}$ 和矩阵 $\boldsymbol{B}$ 相等**,记作 $\boldsymbol{A}=\boldsymbol{B}$.

例如,例 1 中的四个矩阵均为 4×3 的同型矩阵. 又如

$$\boldsymbol{A}=\begin{bmatrix} 1 & 2 & 3 \\ 4 & 5 & 6 \end{bmatrix},\quad \boldsymbol{B}=\begin{bmatrix} a & b & c \\ d & e & f \end{bmatrix}$$

是 2×3 的同型矩阵，当 $a=1,b=2,c=3,d=4,e=5,f=6$ 时，称矩阵 $\boldsymbol{A}$ 与矩阵 $\boldsymbol{B}$ 相等，即 $\boldsymbol{A}=\boldsymbol{B}$.

只有一行的矩阵称为**行矩阵**(也称为**行向量**)，记作 $\boldsymbol{A}_{1\times n}=(a_{11}\ \ a_{12}\ \ \cdots\ \ a_{1n})$；只有一列的矩阵称为**列矩阵**(也称为**列向量**)，记作

$$\boldsymbol{A}_{m\times 1}=\begin{bmatrix} a_{11} \\ a_{21} \\ \vdots \\ a_{m1} \end{bmatrix}.$$

当矩阵 $\boldsymbol{A}$ 的行数和列数相等时，即 $m=n$ 时，称该矩阵为 **n 阶矩阵**或 **n 阶方阵**，记作 $\boldsymbol{A}_n$ 或 $\boldsymbol{A}$，即

$$\boldsymbol{A}=\begin{bmatrix} a_{11} & a_{12} & \cdots & a_{1n} \\ a_{21} & a_{22} & \cdots & a_{2n} \\ \vdots & \vdots & & \vdots \\ a_{n1} & a_{n2} & \cdots & a_{nn} \end{bmatrix}.$$

n 阶矩阵从左上角到右下角的对角线上的元素 $a_{11},a_{22},\cdots,a_{nn}$ 称为**主对角线元素**.

特别地，当 $m=n=1$ 时，我们把矩阵 $\boldsymbol{A}=(a_{11})$ 当做普通数字 a_{11} 处理. 即一阶矩阵 $\boldsymbol{A}=a_{11}$.

在 n 阶矩阵 $\boldsymbol{A}$ 中，若主对角线以外的元素都为零，则矩阵 $\boldsymbol{A}$ 被称为**对角矩阵**，即

$$\boldsymbol{A}=\begin{bmatrix} a_{11} & 0 & \cdots & 0 \\ 0 & a_{22} & \cdots & 0 \\ \vdots & \vdots & & \vdots \\ 0 & 0 & \cdots & a_{nn} \end{bmatrix}.$$

特别地，在对角矩阵中，当主对角线元素均为 1 时，该矩阵被称为**单位矩阵**，记作 $\boldsymbol{E}$，即

$$\boldsymbol{E}=\begin{bmatrix} 1 & 0 & \cdots & 0 \\ 0 & 1 & \cdots & 0 \\ \vdots & \vdots & & \vdots \\ 0 & 0 & \cdots & 1 \end{bmatrix}.$$

必要时在其右下角标明阶数，例如，

$$\boldsymbol{E}_{3\times 3}=\boldsymbol{E}_3=\begin{bmatrix} 1 & 0 & 0 \\ 0 & 1 & 0 \\ 0 & 0 & 1 \end{bmatrix}.$$

所有元素都为零的矩阵，称为**零矩阵**，记为 $\boldsymbol{O}$，即

$$O=\begin{bmatrix}0&0&\cdots&0\\0&0&\cdots&0\\\vdots&\vdots&&\vdots\\0&0&\cdots&0\end{bmatrix}.$$

必要时也在其右下角标明阶数,例如,

$$O_{2\times2}=O_2=\begin{bmatrix}0&0\\0&0\end{bmatrix},\quad O_{3\times1}=\begin{bmatrix}0\\0\\0\end{bmatrix}.$$

习　题　1.1

1. 试写出一个 3×4 的矩阵 $A=(a_{ij})_{3\times4}$ 使其满足 $a_{ij}=i+j\ (i=1,2,3;j=1,2,3,4)$.

2. 写出一个四阶单位矩阵.

3. 已知矩阵 $A=\begin{bmatrix}a+2b&3a-c\\b-3d&a-b\end{bmatrix}$,如果 $A=E$,求 a,b,c,d 的值.

4. 设矩阵

$$A=\begin{bmatrix}1&a\\2-b&3\end{bmatrix},\quad B=\begin{bmatrix}c+1&-4\\0&3d\end{bmatrix},$$

且 $A=B$,求 a,b,c,d 之值.

5. 单项选择题:设矩阵

$$A=\begin{bmatrix}2a+3b&2a-c-1\\2b+c-1&-a+b+c\end{bmatrix},$$

且 $A=O$,则 a,b,c 的值为(　　).

(A) $a=3,b=2,c=1$;　　(B) $a=-3,b=-2,c=-7$;

(C) $a=3,b=-2,c=5$;　　(D) $a=-3,b=2,c=7$.

§1.2　矩阵的运算

无论在数学上还是在实际应用中,矩阵都是一个很重要的概念.如果仅把矩阵作为一个数表,就不能充分发挥其作用.因此,对矩阵定义一些运算就显得十分必要.

例如对于例1给出的前三个成绩数表,我们要得出每个学生每门课程总成绩矩阵 T(假设平时、测验、考试在总成绩中所占的比例相同)只需把前三个矩阵的对应元素相加得到矩阵

$$T=\begin{bmatrix}6&8&9\\8&5&8\\8&7&8\\4&6&6\end{bmatrix}+\begin{bmatrix}5&9&8\\6&7&9\\7&8&8\\5&6&7\end{bmatrix}+\begin{bmatrix}6&7&9\\8&6&9\\8&7&8\\6&5&6\end{bmatrix}=\begin{bmatrix}17&24&26\\22&18&26\\23&22&24\\15&17&19\end{bmatrix},$$

这就是矩阵的一种运算.矩阵运算主要包括以下几种.

一、矩阵的加法

定义 1.3 设有两个 $m\times n$ 矩阵

$$A=\begin{bmatrix} a_{11} & a_{12} & \cdots & a_{1n} \\ a_{21} & a_{22} & \cdots & a_{2n} \\ \vdots & \vdots & & \vdots \\ a_{m1} & a_{m2} & \cdots & a_{mn} \end{bmatrix},\quad B=\begin{bmatrix} b_{11} & b_{12} & \cdots & b_{1n} \\ b_{21} & b_{22} & \cdots & b_{2n} \\ \vdots & \vdots & & \vdots \\ b_{m1} & b_{m2} & \cdots & b_{mn} \end{bmatrix},$$

将它们的对应元素相加,所得到的 $m\times n$ 矩阵称为**矩阵 A 与矩阵 B 的和**,记作 $A+B$,即

$$A+B=\begin{bmatrix} a_{11}+b_{11} & a_{12}+b_{12} & \cdots & a_{1n}+b_{1n} \\ a_{21}+b_{21} & a_{22}+b_{22} & \cdots & a_{2n}+b_{2n} \\ \vdots & \vdots & & \vdots \\ a_{m1}+b_{m1} & a_{m2}+b_{m2} & \cdots & a_{mn}+b_{mn} \end{bmatrix}.$$

例 1 已知

$$A=\begin{bmatrix} 2 & 1 & 5 \\ 3 & 2 & 7 \end{bmatrix},\quad B=\begin{bmatrix} 1 & 7 & 5 \\ 4 & 3 & 1 \end{bmatrix},$$

求 $A+B$.

解 $A+B=\begin{bmatrix} 2+1 & 1+7 & 5+5 \\ 3+4 & 2+3 & 7+1 \end{bmatrix}=\begin{bmatrix} 3 & 8 & 10 \\ 7 & 5 & 8 \end{bmatrix}.$

由定义可知,只有行数与列数分别相同的两个矩阵才能相加,即**只有同型矩阵才能相加**,且矩阵相加就是它们的对应元素相加.由于数字相加满足交换律和结合律,因此矩阵加法有以下性质:

设 A,B,C 为同型矩阵,则

(1) $A+B=B+A$ 交换律;

(2) $(A+B)+C=A+(B+C)$ 结合律;

(3) $A+O=A$.

由性质(3)可以看出,零矩阵在矩阵代数中起着普通数 0 的作用.

对于矩阵 $A=(a_{ij})_{m\times n}$,我们称 $(-a_{ij})_{m\times n}$ 为矩阵 A 的**负矩阵**,记作 $-A$.即若

$$A=\begin{bmatrix} a_{11} & a_{12} & \cdots & a_{1n} \\ a_{21} & a_{22} & \cdots & a_{2n} \\ \vdots & \vdots & & \vdots \\ a_{m1} & a_{m2} & \cdots & a_{mn} \end{bmatrix},$$

则

$$-\boldsymbol{A}=\begin{bmatrix}-a_{11} & -a_{12} & \cdots & -a_{1n}\\ -a_{21} & -a_{22} & \cdots & -a_{2n}\\ \vdots & \vdots & & \vdots\\ -a_{m1} & -a_{m2} & \cdots & -a_{mn}\end{bmatrix}$$

称为**矩阵 $\boldsymbol{A}$ 的负矩阵**.

例如矩阵 $\begin{bmatrix}-1 & -2 & -3\\ -4 & -5 & -6\end{bmatrix}$ 称为矩阵 $\begin{bmatrix}1 & 2 & 3\\ 4 & 5 & 6\end{bmatrix}$ 的负矩阵.

有了负矩阵的概念我们很容易定义矩阵的减法. 由此可得矩阵加法的下述性质：

(4) $\boldsymbol{A}+(-\boldsymbol{A})=\boldsymbol{O}$.

利用矩阵加法和负矩阵,可以定义矩阵的**减法**：

$$\boldsymbol{A}-\boldsymbol{B}=\boldsymbol{A}+(-\boldsymbol{B}).$$

例 2 对于 §1.1 例 2 中的 1999 年年底的库存量表

$$\boldsymbol{A}=\begin{bmatrix}1000 & 900 & 1100 & 500\\ 900 & 1000 & 1200 & 1000\\ 800 & 400 & 700 & 300\end{bmatrix},$$

如果 2000 年 1 月该公司各企业均无入库,只有一次出库,出库情况可表示为

$$\boldsymbol{B}=\begin{bmatrix}300 & 600 & 200 & 100\\ 100 & 200 & 300 & 500\\ 0 & 100 & 200 & 100\end{bmatrix}.$$

问该公司 2000 年 1 月底的库存量为多少?

解 显然该公司 2000 年 1 月底的库存量可表示为：

$$\begin{aligned}\boldsymbol{A}-\boldsymbol{B}&=\begin{bmatrix}1000 & 900 & 1100 & 500\\ 900 & 1000 & 1200 & 1000\\ 800 & 400 & 700 & 300\end{bmatrix}-\begin{bmatrix}300 & 600 & 200 & 100\\ 100 & 200 & 300 & 500\\ 0 & 100 & 200 & 100\end{bmatrix}\\ &=\begin{bmatrix}700 & 300 & 900 & 400\\ 800 & 800 & 900 & 500\\ 800 & 300 & 500 & 200\end{bmatrix}.\end{aligned}$$

例 3 已知 $\begin{bmatrix}1 & 2\\ 3 & -1\end{bmatrix}-\begin{bmatrix}x & -2\\ 7 & y\end{bmatrix}=\begin{bmatrix}2 & z\\ w & -2\end{bmatrix}$, 求 x,y,z,w 的值.

解 由已知条件,有

$$\begin{bmatrix}1-x & 2-(-2)\\ 3-7 & -1-y\end{bmatrix}=\begin{bmatrix}2 & z\\ w & -2\end{bmatrix}.$$

所以,有

$$\begin{cases}1-x=2,\\2-(-2)=z,\\3-7=w,\\-1-y=-2.\end{cases}$$

解得
$$x=-1,\quad y=1,\quad z=4,\quad w=-4.$$

例 4 设 $\boldsymbol{A}=\begin{bmatrix}1&6\\4&2\end{bmatrix}$，$\boldsymbol{B}=\begin{bmatrix}2&3\\1&4\end{bmatrix}$，求满足 $\boldsymbol{A}+\boldsymbol{X}=\boldsymbol{B}$ 的矩阵 $\boldsymbol{X}$.

解 把等式 $\boldsymbol{A}+\boldsymbol{X}=\boldsymbol{B}$ 两边同时减矩阵 $\boldsymbol{A}$，得

$$\boldsymbol{X}=\boldsymbol{B}-\boldsymbol{A}=\begin{bmatrix}2&3\\1&4\end{bmatrix}-\begin{bmatrix}1&6\\4&2\end{bmatrix}=\begin{bmatrix}1&-3\\-3&2\end{bmatrix}.$$

二、数乘矩阵

定义 1.4 用数 k 乘以矩阵 $\boldsymbol{A}=(a_{ij})_{m\times n}$ 中的每一个元素所得到的 m 行 n 列矩阵称为**数 k 与矩阵 $\boldsymbol{A}$ 的数量乘积**，记作 $k\boldsymbol{A}=(ka_{ij})_{m\times n}$，即

$$k\boldsymbol{A}=\begin{bmatrix}ka_{11}&ka_{12}&\cdots&ka_{1n}\\ka_{21}&ka_{22}&\cdots&ka_{2n}\\\vdots&\vdots&&\vdots\\ka_{m1}&ka_{m2}&\cdots&ka_{mn}\end{bmatrix}.$$

例 5 已知 $\boldsymbol{A}=\begin{bmatrix}1&2&3\\4&5&6\end{bmatrix}$，求 $3\boldsymbol{A}$，$\frac{1}{2}\boldsymbol{A}$.

解 $3\boldsymbol{A}=\begin{bmatrix}3&6&9\\12&15&18\end{bmatrix}$，$\frac{1}{2}\boldsymbol{A}=\begin{bmatrix}1/2&1&3/2\\2&5/2&3\end{bmatrix}$.

根据定义，数与矩阵的乘法满足以下性质：

设 $\boldsymbol{A},\boldsymbol{B}$ 是 $m\times n$ 矩阵，k,p 是两个常数，则

(1) $k(p\boldsymbol{A})=(kp)\boldsymbol{A}$；

(2) $k(\boldsymbol{A}+\boldsymbol{B})=k\boldsymbol{A}+k\boldsymbol{B}$；

(3) $(k+p)\boldsymbol{A}=k\boldsymbol{A}+p\boldsymbol{A}$；

(4) $1\boldsymbol{A}=\boldsymbol{A}$，$0\boldsymbol{A}=\boldsymbol{O}$.

例 6 已知矩阵

$$\boldsymbol{A}=\begin{bmatrix}1&2&-3&1\\4&0&5&-2\end{bmatrix},\quad \boldsymbol{B}=\begin{bmatrix}7&0&5&-1\\6&4&1&0\end{bmatrix}.$$

若矩阵 $\boldsymbol{X}$ 满足关系式 $2\boldsymbol{X}-\boldsymbol{A}=\boldsymbol{B}$，求 $\boldsymbol{X}$.

解 从关系式 $2\boldsymbol{X}-\boldsymbol{A}=\boldsymbol{B}$ 得到

$$\boldsymbol{X}=\frac{1}{2}(\boldsymbol{A}+\boldsymbol{B})=\frac{1}{2}\left[\begin{bmatrix}1&2&-3&1\\4&0&5&-2\end{bmatrix}+\begin{bmatrix}7&0&5&-1\\6&4&1&0\end{bmatrix}\right]$$

$$=\frac{1}{2}\begin{bmatrix}8 & 2 & 2 & 0\\10 & 4 & 6 & -2\end{bmatrix}=\begin{bmatrix}4 & 1 & 1 & 0\\5 & 2 & 3 & -1\end{bmatrix}.$$

三、矩阵的乘法

为了便于理解，在介绍矩阵的乘法之前，先看两个例子.

例 7 某饭店采购员欲买芹菜、扁豆和油菜. 三个菜市场的蔬菜单价可用矩阵表示，记

$$\boldsymbol{A}=\begin{matrix}\\ \text{市场 }1\\ \text{市场 }2\\ \text{市场 }3\end{matrix}\begin{matrix}\begin{matrix}\text{芹菜} & \text{扁豆} & \text{油菜}\end{matrix}\\ \begin{bmatrix}0.80 & 1.00 & 0.50\\0.90 & 0.80 & 0.60\\1.00 & 0.90 & 0.50\end{bmatrix}\end{matrix},$$

三种蔬菜的购买量用矩阵

$$\boldsymbol{X}=\begin{bmatrix}x_1\\x_2\\x_3\end{bmatrix}$$

表示，所需金额随在不同的市场购买而不同，故可算出三个不同的总金额：

$$\text{市场 }1\text{：}0.80x_1+1.00x_2+0.50x_3,$$
$$\text{市场 }2\text{：}0.90x_1+0.80x_2+0.60x_3,$$
$$\text{市场 }3\text{：}1.00x_1+0.90x_2+0.50x_3,$$

这三个总金额可用一个 3×1 矩阵表示为

$$\boldsymbol{B}=\begin{bmatrix}0.80x_1+1.00x_2+0.50x_3\\0.90x_1+0.80x_2+0.60x_3\\1.00x_1+0.90x_2+0.50x_3\end{bmatrix}.$$

例 8 考察平面直角坐标系中的旋转变换. 设点 M 的坐标为 (x,y)，现将坐标系按逆时针方向旋转 θ_1 角，点 M 在新坐标系下的坐标为 (x',y')，则有

$$\begin{cases}x'=x\cos\theta_1+y\sin\theta_1,\\y'=-x\sin\theta_1+y\cos\theta_1;\end{cases}\tag{1.1}$$

若将坐标系再按逆时针方向旋 θ_2 角，设点 M 的坐标变为 (x'',y'')，又有

$$\begin{cases}x''=x'\cos\theta_2+y'\sin\theta_2,\\y''=-x'\sin\theta_2+y'\cos\theta_2,\end{cases}\tag{1.2}$$

将(1.1)式代入(1.2)式中，得到

$$\begin{cases}x''=x(\cos\theta_1\cos\theta_2-\sin\theta_1\sin\theta_2)+y(\cos\theta_1\sin\theta_2+\sin\theta_1\cos\theta_2),\\y''=-x(\sin\theta_1\cos\theta_2+\cos\theta_1\sin\theta_2)+y(-\sin\theta_1\sin\theta_2+\cos\theta_1\cos\theta_2),\end{cases}\tag{1.3}$$

即

$$\begin{cases}x''=x\cos(\theta_1+\theta_2)+y\sin(\theta_1+\theta_2),\\y''=-x\sin(\theta_1+\theta_2)+y\cos(\theta_1+\theta_2).\end{cases}\tag{1.4}$$

这也就是原来的坐标系按逆时针方向旋转 $\theta_1+\theta_2$ 角的坐标变换式. 称(1.4)式或(1.3)式是变换(1.1)和(1.2)的**乘积**. 我们来考察它们系数矩阵之间的关系. (1.1),(1.2),(1.3)的系数矩阵分别是

$$\boldsymbol{A}=\begin{bmatrix}\cos\theta_1 & \sin\theta_1\\ -\sin\theta_1 & \cos\theta_1\end{bmatrix},\quad \boldsymbol{B}-\begin{bmatrix}\cos\theta_2 & \sin\theta_2\\ -\sin\theta_2 & \cos\theta_2\end{bmatrix},$$

和

$$\boldsymbol{C}=\begin{bmatrix}\cos\theta_1\cos\theta_2-\sin\theta_1\sin\theta_2 & \cos\theta_1\sin\theta_2+\sin\theta_1\cos\theta_2\\ -\sin\theta_1\cos\theta_2-\cos\theta_1\sin\theta_2 & -\sin\theta_1\sin\theta_2+\cos\theta_1\cos\theta_2\end{bmatrix}.$$

不难看出,$\boldsymbol{C}$ 中位于第一行第一列的元素正好是 $\boldsymbol{A}$ 的第一行与 $\boldsymbol{B}$ 的第一列的对应元素乘积之和;$\boldsymbol{C}$ 中位于第一行第二列的元素正好是 $\boldsymbol{A}$ 的第一行与 $\boldsymbol{B}$ 的第二列的对应元素乘积之和;$\boldsymbol{C}$ 中的另外两个元素也都有类似的情形,我们把这样的矩阵 $\boldsymbol{C}$ 称为**矩阵 $\boldsymbol{A}$ 与矩阵 $\boldsymbol{B}$ 的乘积**.

一般地,我们有

定义 1.5 设 $\boldsymbol{A}$ 是 $m\times s$ 矩阵,$\boldsymbol{B}$ 是 $s\times n$ 矩阵,即

$$\boldsymbol{A}=\begin{bmatrix}a_{11} & a_{12} & \cdots & a_{1s}\\ a_{21} & a_{22} & \cdots & a_{2s}\\ \vdots & \vdots & & \vdots\\ a_{m1} & a_{m2} & \cdots & a_{ms}\end{bmatrix},\quad \boldsymbol{B}=\begin{bmatrix}b_{11} & b_{12} & \cdots & b_{1n}\\ b_{21} & b_{22} & \cdots & b_{2n}\\ \vdots & \vdots & & \vdots\\ b_{s1} & b_{s2} & \cdots & b_{sn}\end{bmatrix},$$

则它们的**乘积** $\boldsymbol{AB}=\boldsymbol{C}$ 是一个 $m\times n$ 矩阵,即

$$\boldsymbol{C}=\begin{bmatrix}c_{11} & c_{12} & \cdots & c_{1n}\\ c_{21} & c_{22} & \cdots & c_{2n}\\ \vdots & \vdots & & \vdots\\ c_{m1} & c_{m2} & \cdots & c_{mn}\end{bmatrix},$$

其中 $\boldsymbol{C}$ 的第 i 行第 j 列的元素 c_{ij} 等于 $\boldsymbol{A}$ 的第 i 行与 $\boldsymbol{B}$ 的第 j 列的对应元素乘积之和,即

$$c_{ij}=a_{i1}b_{1j}+a_{i2}b_{2j}+\cdots+a_{is}b_{sj}=\sum_{k=1}^{s}a_{ik}b_{kj}$$
$$(i=1,2,\cdots,m;j=1,2,\cdots,n).$$

由定义,我们知道只有当左边矩阵的列数与右边矩阵的行数相等时,两个矩阵才能相乘. 乘积矩阵 $\boldsymbol{C}$,其行数等于左边矩阵 $\boldsymbol{A}$ 的行数;其列数等于右边矩阵 $\boldsymbol{B}$ 的列数. 为了便于记忆矩阵乘法,可形象地看下图:

$$\begin{bmatrix}\cdots & \cdots & \cdots & \cdots & \cdots\\ \boxed{a_{i1} \quad a_{i2} \quad \cdots \quad \cdots \quad a_{is}}\\ \cdots & \cdots & \cdots & \cdots & \cdots\end{bmatrix}\begin{bmatrix}\vdots & \boxed{\begin{matrix}b_{1j}\\ b_{2j}\\ \vdots\\ \vdots\\ b_{sj}\end{matrix}} & \vdots\end{bmatrix}=\begin{bmatrix} & & \vdots & & \\ & & \vdots & & \\ \cdots & \cdots & \boxed{c_{ij}} & \cdots & \cdots\\ & & \vdots & & \\ & & \vdots & & \end{bmatrix}.$$

例 9　已知

$$\boldsymbol{A}=\begin{bmatrix}2&0\\3&1\\1&1\end{bmatrix},\quad \boldsymbol{B}=\begin{bmatrix}2&3\\1&5\end{bmatrix},$$

求 $\boldsymbol{AB}$，$\boldsymbol{BA}$.

解　由已知有

$$\boldsymbol{AB}=\begin{bmatrix}2&0\\3&1\\1&1\end{bmatrix}\begin{bmatrix}2&3\\1&5\end{bmatrix}=\begin{bmatrix}2\times2+0\times1&2\times3+0\times5\\3\times2+1\times1&3\times3+1\times5\\1\times2+1\times1&1\times3+1\times5\end{bmatrix}=\begin{bmatrix}4&6\\7&14\\3&8\end{bmatrix}.$$

因为矩阵 $\boldsymbol{B}$ 的列数为 2,矩阵 $\boldsymbol{A}$ 的行数为 3,两者不等,所以 $\boldsymbol{BA}$ 没有意义.

例 10　已知矩阵

$$\boldsymbol{A}=(1\quad2\quad3),\quad \boldsymbol{B}=\begin{bmatrix}1\\2\\3\end{bmatrix},$$

求 $\boldsymbol{AB}$ 与 $\boldsymbol{BA}$.

解　$\boldsymbol{AB}=(1\quad2\quad3)\begin{bmatrix}1\\2\\3\end{bmatrix}=14$，$\boldsymbol{BA}=\begin{bmatrix}1\\2\\3\end{bmatrix}(1\quad2\quad3)=\begin{bmatrix}1&2&3\\2&4&6\\3&6&9\end{bmatrix}$.

此例中,$\boldsymbol{AB}$ 为一阶矩阵,就是一个数,不再添加矩阵记号(括号).

例 11　已知矩阵 $\boldsymbol{A}=\begin{bmatrix}6&2\\3&1\end{bmatrix}$,$\boldsymbol{B}=\begin{bmatrix}1&-2\\-2&4\end{bmatrix}$，求 $\boldsymbol{AB}$，$\boldsymbol{BA}$，$\boldsymbol{AE}$，$\boldsymbol{EA}$.

解　$\boldsymbol{AB}=\begin{bmatrix}6\times1+2\times(-2)&6\times(-2)+2\times4\\3\times1+1\times(-2)&3\times(-2)+1\times4\end{bmatrix}=\begin{bmatrix}2&-4\\1&-2\end{bmatrix}$. 同理 $\boldsymbol{BA}=\begin{bmatrix}0&0\\0&0\end{bmatrix}$. 又

$$\boldsymbol{AE}=\begin{bmatrix}6&2\\3&1\end{bmatrix}\begin{bmatrix}1&0\\0&1\end{bmatrix}=\begin{bmatrix}6&2\\3&1\end{bmatrix},\quad \boldsymbol{EA}=\begin{bmatrix}1&0\\0&1\end{bmatrix}\begin{bmatrix}6&2\\3&1\end{bmatrix}=\begin{bmatrix}6&2\\3&1\end{bmatrix}.$$

由例 9 我们知道,两个矩阵 $\boldsymbol{A}$,$\boldsymbol{B}$,若 $\boldsymbol{AB}$ 存在,$\boldsymbol{BA}$ 不一定存在;例 10 告诉我们,即使 $\boldsymbol{AB}$ 与 $\boldsymbol{BA}$ 都存在,它们也不一定同型,$\boldsymbol{AB}$ 为 1×1 的矩阵,$\boldsymbol{BA}$ 为 3×3 的矩阵;例 11 中 $\boldsymbol{AB}$ 与 $\boldsymbol{BA}$ 虽都为 2×2 矩阵,但 $\boldsymbol{AB}\neq\boldsymbol{BA}$,同时,尽管 $\boldsymbol{A}\neq\boldsymbol{O}$,$\boldsymbol{B}\neq\boldsymbol{O}$,但 $\boldsymbol{BA}=\boldsymbol{O}$. 即在一般情况下,矩阵的乘法不满足交换律,而两个非零矩阵的乘积可能是零矩阵.

单位矩阵 $\boldsymbol{E}$ 是一种特例. 可以证明,对任意矩阵 $\boldsymbol{A}$,只要 $\boldsymbol{AE}$,$\boldsymbol{EA}$ 有意义,一定有 $\boldsymbol{AE}=\boldsymbol{A}$,$\boldsymbol{EA}=\boldsymbol{A}$. 可见单位阵在矩阵代数中起着普通数 1 的作用.

例 12　设矩阵

$$\boldsymbol{A}=\begin{bmatrix}5&8\\4&6\end{bmatrix},\quad \boldsymbol{B}=\begin{bmatrix}2&8\\0&6\end{bmatrix},\quad \boldsymbol{C}=\begin{bmatrix}0&0\\1&1\end{bmatrix},$$

求 $\boldsymbol{AC}$，$\boldsymbol{BC}$.

解　由矩阵乘法,有

$$AC=\begin{bmatrix}5&8\\4&6\end{bmatrix}\begin{bmatrix}0&0\\1&1\end{bmatrix}=\begin{bmatrix}8&8\\6&6\end{bmatrix},\quad BC=\begin{bmatrix}2&8\\0&6\end{bmatrix}\begin{bmatrix}0&0\\1&1\end{bmatrix}=\begin{bmatrix}8&8\\6&6\end{bmatrix}.$$

此例说明 $\boldsymbol{AC}=\boldsymbol{BC}$，且 $\boldsymbol{C}\neq\boldsymbol{O}$ 时，一般不能导出 $\boldsymbol{A}=\boldsymbol{B}$，即矩阵的乘法不满足消去律.

例 13 已知

$$\boldsymbol{A}=\begin{bmatrix}1&2&3\\0&-1&2\\0&0&1\end{bmatrix},\quad \boldsymbol{B}=\begin{bmatrix}-1&2&3\\0&2&-5\\0&0&4\end{bmatrix},$$

求 $\boldsymbol{AB}$，$\boldsymbol{BA}$.

解 由矩阵乘法，有

$$\boldsymbol{AB}=\begin{bmatrix}1&2&3\\0&-1&2\\0&0&1\end{bmatrix}\begin{bmatrix}-1&2&3\\0&2&-5\\0&0&4\end{bmatrix}=\begin{bmatrix}-1&6&5\\0&-2&13\\0&0&4\end{bmatrix},$$

$$\boldsymbol{BA}=\begin{bmatrix}-1&2&3\\0&2&-5\\0&0&4\end{bmatrix}\begin{bmatrix}1&2&3\\0&-1&2\\0&0&1\end{bmatrix}=\begin{bmatrix}-1&-4&4\\0&-2&-1\\0&0&4\end{bmatrix}.$$

一般，若 n 阶矩阵 $\boldsymbol{A}=(a_{ij})$ 中的元素满足条件：$i>j$ 时，有 $a_{ij}=0$ $(i,j=1,2,\cdots,n)$，则称 $\boldsymbol{A}$ 为 n 阶**上三角矩阵**. 即矩阵 $\boldsymbol{A}$ 可以写成

$$\boldsymbol{A}=\begin{bmatrix}a_{11}&a_{12}&\cdots&a_{1n}\\0&a_{22}&\cdots&a_{2n}\\\vdots&\vdots&&\vdots\\0&0&\cdots&a_{nn}\end{bmatrix}.$$

若 n 阶矩阵 $\boldsymbol{B}=(b_{ij})$ 中元素满足条件：当 $i<j$ 时，有 $a_{ij}=0$ $(i,j=1,2,\cdots,n)$，则称 $\boldsymbol{B}$ 为 n 阶**下三角矩阵**. 即矩阵 $\boldsymbol{B}$ 可以写成

$$\boldsymbol{B}=\begin{bmatrix}b_{11}&0&\cdots&0\\b_{21}&b_{22}&\cdots&0\\\vdots&\vdots&&\vdots\\b_{n1}&b_{n2}&\cdots&b_{nn}\end{bmatrix}.$$

例 13 中的两个上三角矩阵的乘积仍为上三角矩阵. 这一结果可以推广到一般的情形. 即**两个上(下)三角矩阵的乘积仍为上(下)三角矩阵**.

例 14 已知

$$(x+1\quad y)\begin{bmatrix}1&2\\-3&1\end{bmatrix}=(2\quad 5),$$

求 x,y 的值.

解 因为 $(x+1\quad y)\begin{bmatrix}1&2\\-3&1\end{bmatrix}=(x+1-3y\quad 2x+2+y)$，即

$$(x+1-3y \quad 2x+2+y)=(2 \quad 5),$$

因此

$$\begin{cases} x-3y+1=2, \\ 2x+y+2=5, \end{cases}$$

解得 $x=10/7$，$y=1/7$.

例 15 若两个 n 阶矩阵 $\boldsymbol{A}$ 和 $\boldsymbol{B}$ 满足 $\boldsymbol{AB}=\boldsymbol{BA}$,则称 $\boldsymbol{A}$ 与 $\boldsymbol{B}$ 是**可换的**. 设矩阵

$$\boldsymbol{A}=\begin{bmatrix} 1 & 2 \\ 0 & 1 \end{bmatrix},$$

求所有与 $\boldsymbol{A}$ 可换的矩阵.

解 设矩阵 $\boldsymbol{B}$ 与 $\boldsymbol{A}$ 可换,则 $\boldsymbol{AB}=\boldsymbol{BA}$. 由此可知 $\boldsymbol{B}$ 必为 2 阶矩阵. 设

$$\boldsymbol{B}=\begin{bmatrix} x_{11} & x_{12} \\ x_{21} & x_{22} \end{bmatrix},$$

于是

$$\boldsymbol{AB}=\begin{bmatrix} 1 & 2 \\ 0 & 1 \end{bmatrix}\begin{bmatrix} x_{11} & x_{12} \\ x_{21} & x_{22} \end{bmatrix}=\begin{bmatrix} x_{11}+2x_{21} & x_{12}+2x_{22} \\ x_{21} & x_{22} \end{bmatrix},$$

$$\boldsymbol{BA}=\begin{bmatrix} x_{11} & x_{12} \\ x_{21} & x_{22} \end{bmatrix}\begin{bmatrix} 1 & 2 \\ 0 & 1 \end{bmatrix}=\begin{bmatrix} x_{11} & 2x_{11}+x_{12} \\ x_{21} & 2x_{21}+x_{22} \end{bmatrix}.$$

由 $\boldsymbol{AB}=\boldsymbol{BA}$,得方程组

$$\begin{cases} x_{11}+2x_{21}=x_{11}, \\ x_{12}+2x_{22}=2x_{11}+x_{12}, \\ x_{21}=x_{21}, \\ x_{22}=2x_{21}+x_{22}. \end{cases}$$

解得 $x_{11}=x_{22}$，$x_{21}=0$. 取 $x_{11}=x_{22}=a$,$x_{12}=b$,则所有与 $\boldsymbol{A}$ 可换的矩阵

$$\boldsymbol{B}=\begin{bmatrix} a & b \\ 0 & a \end{bmatrix}, \quad a,b \text{ 为任意常数}.$$

例 16 用矩阵形式表示线性方程组

$$\begin{cases} x_1-4x_2+3x_3=2, \\ 2x_1+x_2-x_3=-6, \\ 3x_1-x_2-x_3=10. \end{cases} \tag{1.5}$$

解 利用矩阵相等的概念,上述线性方程组等价于

$$\begin{bmatrix} x_1-4x_2+3x_3 \\ 2x_1+x_2-x_3 \\ 3x_1-x_2-x_3 \end{bmatrix}=\begin{bmatrix} 2 \\ -6 \\ 10 \end{bmatrix},$$

由矩阵的乘法知

$$\begin{bmatrix}1 & -4 & 3\\ 2 & 1 & -1\\ 3 & -1 & -1\end{bmatrix}\begin{bmatrix}x_1\\ x_2\\ x_3\end{bmatrix}=\begin{bmatrix}x_1-4x_2+3x_3\\ 2x_1+x_2-x_3\\ 3x_1-x_2-x_3\end{bmatrix},$$

因此,有

$$\begin{bmatrix}1 & -4 & 3\\ 2 & 1 & -1\\ 3 & -1 & -1\end{bmatrix}\begin{bmatrix}x_1\\ x_2\\ x_3\end{bmatrix}=\begin{bmatrix}2\\ -6\\ 10\end{bmatrix}. \tag{1.6}$$

记

$$A=\begin{bmatrix}1 & -4 & 3\\ 2 & 1 & -1\\ 3 & -1 & -1\end{bmatrix},\quad X=\begin{bmatrix}x_1\\ x_2\\ x_3\end{bmatrix},\quad b=\begin{bmatrix}2\\ -6\\ 10\end{bmatrix},$$

则原方程组可表示为

$$AX=b. \tag{1.7}$$

(1.6),(1.7)都是方程组(1.5)的矩阵形式.

一般地,任意的线性方程组

$$\begin{cases}a_{11}x_1+a_{12}x_2+\cdots+a_{1n}x_n=b_1,\\ a_{21}x_1+a_{22}x_2+\cdots+a_{2n}x_n=b_2,\\ \cdots\cdots\cdots\cdots\cdots\cdots\cdots\cdots\cdots\cdots\\ a_{m1}x_1+a_{m2}x_2+\cdots+a_{mn}x_n=b_m\end{cases} \tag{1.8}$$

都可以写成矩阵方程

$$AX=b \tag{1.9}$$

的形式,其中

$$A=\begin{bmatrix}a_{11} & a_{12} & \cdots & a_{1n}\\ a_{21} & a_{22} & \cdots & a_{2n}\\ \vdots & \vdots & & \vdots\\ a_{m1} & a_{m2} & \cdots & a_{mn}\end{bmatrix},\quad X=\begin{bmatrix}x_1\\ x_2\\ \vdots\\ x_n\end{bmatrix},\quad b=\begin{bmatrix}b_1\\ b_2\\ \vdots\\ b_m\end{bmatrix}.$$

称 A 为线性方程组(1.8)的**系数矩阵**,称 X 为**未知量矩阵**,称 b 为**常数项矩阵**.

关于矩阵与矩阵的乘法有下述性质(假设有关运算都可进行):

(1) $(AB)C=A(BC)$ (结合律);

(2) $A(B+C)=AB+AC$,
$(B+C)A=BA+CA$ (分配律);

(3) 对任意常数 k,有

$$k(AB)=A(kB)=(kA)B;$$

(4) $AE=A$, $EA=A$.

对于上述性质，我们不给予证明，读者可以用例 12 中的矩阵 $\boldsymbol{A},\boldsymbol{B},\boldsymbol{C}$ 加以验证.

在矩阵与矩阵的连乘中，若 $\boldsymbol{A}$ 是 n 阶方阵，k 为自然数，则 $\boldsymbol{A}^k=\underbrace{\boldsymbol{AA}\cdots\boldsymbol{A}}_{k个}$ 称为**方阵 $\boldsymbol{A}$ 的 k 次幂**. 规定 $\boldsymbol{A}^0=\boldsymbol{E}$.

方阵的幂有以下性质：

(1) $\boldsymbol{A}^k\boldsymbol{A}^l=\boldsymbol{A}^{k+l}$；

实际上，

$$\boldsymbol{A}^k\boldsymbol{A}^l=(\overbrace{\boldsymbol{A}\cdots\boldsymbol{A}}^{k个})(\overbrace{\boldsymbol{A}\cdots\boldsymbol{A}}^{l个})=\overbrace{\boldsymbol{A}\cdots\boldsymbol{A}\boldsymbol{A}\cdots\boldsymbol{A}}^{(k+l)个}=\boldsymbol{A}^{k+l}.$$

类似可得

(2) $(\boldsymbol{A}^k)^l=\boldsymbol{A}^{kl}$.

例 17　计算(1) $\begin{bmatrix}1 & -2\\3 & 4\end{bmatrix}^2$；　(2) $\begin{bmatrix}0 & 0 & 0\\a & 0 & 0\\b & c & 0\end{bmatrix}^3$.

解　(1) $\begin{bmatrix}1 & -2\\3 & 4\end{bmatrix}^2=\begin{bmatrix}1 & -2\\3 & 4\end{bmatrix}\begin{bmatrix}1 & -2\\3 & 4\end{bmatrix}=\begin{bmatrix}-5 & -10\\15 & 10\end{bmatrix}$；

(2) $$\begin{bmatrix}0 & 0 & 0\\a & 0 & 0\\b & c & 0\end{bmatrix}^3=\begin{bmatrix}0 & 0 & 0\\a & 0 & 0\\b & c & 0\end{bmatrix}\begin{bmatrix}0 & 0 & 0\\a & 0 & 0\\b & c & 0\end{bmatrix}\begin{bmatrix}0 & 0 & 0\\a & 0 & 0\\b & c & 0\end{bmatrix}=\begin{bmatrix}0 & 0 & 0\\0 & 0 & 0\\ac & 0 & 0\end{bmatrix}\begin{bmatrix}0 & 0 & 0\\a & 0 & 0\\b & c & 0\end{bmatrix}$$

$$=\begin{bmatrix}0 & 0 & 0\\0 & 0 & 0\\0 & 0 & 0\end{bmatrix}=\boldsymbol{O}_{3\times 3}.$$

例 18　已知 $\boldsymbol{A}=\boldsymbol{BC}$，其中

$$\boldsymbol{B}=\begin{bmatrix}1\\2\\1\end{bmatrix},\quad \boldsymbol{C}=(3\quad -1\quad 1),$$

求 $\boldsymbol{A}^{10}$.

解　$\boldsymbol{A}=\boldsymbol{BC}=\begin{bmatrix}1\\2\\1\end{bmatrix}(3\quad -1\quad 1)=\begin{bmatrix}3 & -1 & 1\\6 & -2 & 2\\3 & -1 & 1\end{bmatrix}$，所以 $\boldsymbol{A}^2=(\boldsymbol{BC})(\boldsymbol{BC})=\boldsymbol{B}(\boldsymbol{CB})\boldsymbol{C}$，而

$$\boldsymbol{CB}=(3\quad -1\quad 1)\begin{bmatrix}1\\2\\1\end{bmatrix}=2,$$

因此

$$\boldsymbol{A}^2=2\boldsymbol{BC}=2\begin{bmatrix}3 & -1 & 1\\6 & -2 & 2\\3 & -1 & 1\end{bmatrix}.$$

同理可得

$$A^3=(BC)(BC)(BC)=B(CB)(CB)C=2^2BC=2^2\begin{bmatrix}3&-1&1\\6&-2&2\\3&-1&1\end{bmatrix},$$

由此推出
$$A^{10}=2^9\begin{bmatrix}3&-1&1\\6&-2&2\\3&-1&1\end{bmatrix}.$$

四、矩阵的转置

定义 1.6 已知 $m\times n$ 矩阵

$$A=\begin{bmatrix}a_{11}&a_{12}&\cdots&a_{1n}\\a_{21}&a_{22}&\cdots&a_{2n}\\\vdots&\vdots&&\vdots\\a_{m1}&a_{m2}&\cdots&a_{mn}\end{bmatrix},$$

将行列依次互换,所得到的 $n\times m$ 矩阵称为矩阵 A 的**转置矩阵**,记作 A^{T} 或 A',即

$$A^{\mathrm{T}}=\begin{bmatrix}a_{11}&a_{21}&\cdots&a_{m1}\\a_{12}&a_{22}&\cdots&a_{m2}\\\vdots&\vdots&&\vdots\\a_{1n}&a_{2n}&\cdots&a_{mn}\end{bmatrix}.$$

例如

$$A=\begin{bmatrix}2&3&1\\1&5&7\end{bmatrix}_{2\times 3},\quad A^{\mathrm{T}}=\begin{bmatrix}2&1\\3&5\\1&7\end{bmatrix}_{3\times 2}.$$

在本教材中我们常把列向量

$$X=\begin{bmatrix}x_1\\x_2\\\vdots\\x_n\end{bmatrix}$$

记为

$$X=(x_1\quad x_2\quad\cdots\quad x_n)^{\mathrm{T}}.$$

矩阵的转置是矩阵的一种重要运算,它具有以下运算性质:

(1) $(A^{\mathrm{T}})^{\mathrm{T}}=A$;　(2) $(A+B)^{\mathrm{T}}=A^{\mathrm{T}}+B^{\mathrm{T}}$;

(3) $(kA)^{\mathrm{T}}=kA^{\mathrm{T}}$($k$ 是常数);　(4) $(AB)^{\mathrm{T}}=B^{\mathrm{T}}A^{\mathrm{T}}$.

这里仅对性质(4)加以证明,其余的证明留给读者自己完成.

证明 设 A 为 $m\times t$ 矩阵,

$$A = \begin{bmatrix} a_{11} & a_{12} & \cdots & a_{1t} \\ a_{21} & a_{22} & \cdots & a_{2t} \\ \vdots & \vdots & & \vdots \\ a_{m1} & a_{m2} & \cdots & a_{mt} \end{bmatrix},$$

$\boldsymbol{B}$ 为 $t \times n$ 矩阵，

$$B = \begin{bmatrix} b_{11} & b_{12} & \cdots & b_{1n} \\ b_{21} & b_{22} & \cdots & b_{2n} \\ \vdots & \vdots & & \vdots \\ b_{t1} & b_{t2} & \cdots & b_{tn} \end{bmatrix},$$

因此，$\boldsymbol{AB}$ 一定为 $m \times n$ 矩阵，$(\boldsymbol{AB})^{\mathrm{T}}$ 一定为 $n \times m$ 矩阵.

因为

$$A^{\mathrm{T}} = \begin{bmatrix} a_{11} & a_{21} & \cdots & a_{m1} \\ a_{12} & a_{22} & \cdots & a_{m2} \\ \vdots & \vdots & & \vdots \\ a_{1t} & a_{2t} & \cdots & a_{mt} \end{bmatrix}$$

为 $t \times m$ 矩阵，

$$B^{\mathrm{T}} = \begin{bmatrix} b_{11} & b_{21} & \cdots & b_{t1} \\ b_{12} & b_{22} & \cdots & b_{t2} \\ \vdots & \vdots & & \vdots \\ b_{1n} & b_{2n} & \cdots & b_{tn} \end{bmatrix}$$

为 $n \times t$ 矩阵，因此 $\boldsymbol{B}^{\mathrm{T}}\boldsymbol{A}^{\mathrm{T}}$ 一定为 $n \times m$ 矩阵.

所以，$(\boldsymbol{AB})^{\mathrm{T}}$ 与 $\boldsymbol{B}^{\mathrm{T}}\boldsymbol{A}^{\mathrm{T}}$ 为同型矩阵.

又设，矩阵 $(\boldsymbol{AB})^{\mathrm{T}}$ 中的第 i 行第 j 列元素为 c_{ij}，矩阵 $\boldsymbol{B}^{\mathrm{T}}\boldsymbol{A}^{\mathrm{T}}$ 中的第 i 行第 j 列元素为 d_{ij}.

c_{ij} 为矩阵 $\boldsymbol{AB}$ 的第 j 行第 i 列元素，即矩阵 $\boldsymbol{A}$ 的第 j 行 $(a_{j1} \ a_{j2} \ \cdots \ a_{jt})$ 与矩阵 $\boldsymbol{B}$ 的第 i 列

$$\begin{bmatrix} b_{1i} \\ b_{2i} \\ \vdots \\ b_{ti} \end{bmatrix}$$

的对应元素乘积之和

$$c_{ij} = a_{j1}b_{1i} + a_{j2}b_{2i} + \cdots + a_{jt}b_{ti} = \sum_{k=1}^{t} a_{jk}b_{ki},$$

d_{ij} 为矩阵 $\boldsymbol{B}^{\mathrm{T}}$ 的第 i 行 $(b_{1i} \ b_{2i} \ \cdots \ b_{ti})$ 与矩阵 $\boldsymbol{A}^{\mathrm{T}}$ 的第 j 列

$$\begin{bmatrix} a_{j1} \\ a_{j2} \\ \vdots \\ a_{jt} \end{bmatrix}$$

的对应元素的乘积之和，即

$$d_{ij}=b_{1i}a_{j1}+b_{2i}a_{j2}+\cdots+b_{tj}a_{jt}=\sum_{k=1}^{t}b_{ki}a_{jk}=\sum_{k=1}^{t}a_{jk}b_{ki}=c_{ij},$$

故有

$$(\boldsymbol{AB})^{\mathrm{T}}=\boldsymbol{B}^{\mathrm{T}}\boldsymbol{A}^{\mathrm{T}}.$$

例 19 已知

$$\boldsymbol{A}=(2\quad 1\quad -1),\quad \boldsymbol{B}=\begin{bmatrix} 0 & 3 \\ 4 & 5 \\ 2 & 7 \end{bmatrix},$$

求$(\boldsymbol{AB})^{\mathrm{T}}$.

解 因为

$$\boldsymbol{AB}=(2\quad 1\quad -1)\begin{bmatrix} 0 & 3 \\ 4 & 5 \\ 2 & 7 \end{bmatrix}=(2\quad 4),$$

所以
$$(\boldsymbol{AB})^{\mathrm{T}}=(2\quad 4)^{\mathrm{T}}=\begin{bmatrix} 2 \\ 4 \end{bmatrix},$$

或者
$$(\boldsymbol{AB})^{\mathrm{T}}=\boldsymbol{B}^{\mathrm{T}}\boldsymbol{A}^{\mathrm{T}}=\begin{bmatrix} 0 & 4 & 2 \\ 3 & 5 & 7 \end{bmatrix}\begin{bmatrix} 2 \\ 1 \\ -1 \end{bmatrix}=\begin{bmatrix} 2 \\ 4 \end{bmatrix}.$$

如果 n 阶方阵与它的转置相等，即 $\boldsymbol{A}^{\mathrm{T}}=\boldsymbol{A}$，则称矩阵 $\boldsymbol{A}$ 为**对称矩阵**.

例如：

$$\boldsymbol{A}=\begin{bmatrix} 1 & 3 & 7 \\ 3 & 0 & 2 \\ 7 & 2 & -11 \end{bmatrix}$$

满足 $\boldsymbol{A}^{\mathrm{T}}=\boldsymbol{A}$ 是对称矩阵. 显然，对称矩阵一定是方阵且对任意 i,j 有 $a_{ij}=a_{ji}(i,j=1,2,\cdots,n)$.

例 20 设 $\boldsymbol{A}=(a_{ij})_{n\times n}$，$\boldsymbol{B}=(b_{ij})_{n\times n}$都是对称矩阵，证明 $\boldsymbol{A}+\boldsymbol{B}$ 也是对称矩阵.

证明 由 $\boldsymbol{A},\boldsymbol{B}$ 均为对称矩阵，有

$$\boldsymbol{A}^{\mathrm{T}}=\boldsymbol{A},\quad \boldsymbol{B}^{\mathrm{T}}=\boldsymbol{B},$$

因此

$$(\boldsymbol{A}+\boldsymbol{B})^{\mathrm{T}}=\boldsymbol{A}^{\mathrm{T}}+\boldsymbol{B}^{\mathrm{T}}=\boldsymbol{A}+\boldsymbol{B}.$$

所以，$\boldsymbol{A}+\boldsymbol{B}$ 为对称矩阵.

例 20 的结论可以作为定理直接使用.

应注意，两个同阶对称矩阵的乘积不一定是对称矩阵. 如矩阵

$$\boldsymbol{A}=\begin{bmatrix}0 & -3\\ -3 & 2\end{bmatrix},\quad \boldsymbol{B}=\begin{bmatrix}1 & -1\\ -1 & 2\end{bmatrix}$$

都是对称矩阵，但是

$$\boldsymbol{AB}=\begin{bmatrix}0 & -3\\ -3 & 2\end{bmatrix}\begin{bmatrix}1 & -1\\ -1 & 2\end{bmatrix}=\begin{bmatrix}3 & -6\\ -5 & 7\end{bmatrix}$$

却不是对称矩阵.

习　题　1.2

1. 设

$$\boldsymbol{A}=\begin{bmatrix}3 & -2 & 1\\ 0 & 1 & 4\end{bmatrix},\quad \boldsymbol{B}=\begin{bmatrix}4 & 2 & 3\\ 5 & -3 & 0\end{bmatrix},$$

求：(1) $\boldsymbol{A}+\boldsymbol{B}$；　(2) $\boldsymbol{A}-\boldsymbol{B}$；　(3) $2\boldsymbol{A}+3\boldsymbol{B}$.

2. 设矩阵

$$\boldsymbol{A}=\begin{bmatrix}5 & 3\\ 0 & 1\end{bmatrix},\quad \boldsymbol{B}=\begin{bmatrix}1 & 0\\ 3 & 3\end{bmatrix},\quad \boldsymbol{C}=\begin{bmatrix}1 & 1\\ -1 & -1\end{bmatrix}.$$

数 a,b,c 使得 $a\boldsymbol{A}+b\boldsymbol{B}+c\boldsymbol{C}=\boldsymbol{E}$，求 a,b,c 的值.

3. 求下列未知矩阵 $\boldsymbol{X}$：

(1) $\begin{bmatrix}2 & -1\\ 1 & 5\\ 2 & -4\end{bmatrix}+\boldsymbol{X}=\begin{bmatrix}0 & 2\\ 0 & 1\\ -3 & 6\end{bmatrix}$；

(2) 设

$$\boldsymbol{A}=\begin{bmatrix}2 & 1 & 2 & 1\\ 0 & 1 & 0 & -1\\ -2 & -1 & 1 & 2\end{bmatrix},\quad \boldsymbol{B}=\begin{bmatrix}4 & 3 & 2 & 1\\ -2 & 1 & -2 & 1\\ 0 & -1 & 0 & -1\end{bmatrix},$$

$\boldsymbol{X}$ 满足 $2\boldsymbol{A}-\boldsymbol{X}=\boldsymbol{B}$.

4. 某制造厂在甲、乙两个不同的地点生产两种产品 Ⅰ 与 Ⅱ，每种产品所需材料消费量（单位：千克）如下表：

材料 / 单位产品材料消耗量 / 产品	钢铁	玻璃	橡胶
Ⅰ	3	1	2
Ⅱ	4	0.5	3

各地的单位材料成本(单位：元)如下表：

材料 \ 单位材料费用 \ 产地	甲地	乙地
钢铁	10	9
玻璃	2	3
橡胶	3	4

求在各地生产一个单位的每种产品所需材料的成本是多少？

5. 计算下列矩阵的乘积：

(1) $\begin{bmatrix} 0 & 1 \\ 1 & 0 \end{bmatrix}\begin{bmatrix} 1 & 2 \\ 4 & 3 \end{bmatrix}$； (2) $\begin{bmatrix} 5 & -1 \\ -2 & 0 \\ 3 & 2 \end{bmatrix}\begin{bmatrix} 1 & 2 \\ -7 & 4 \end{bmatrix}$； (3) $(-1 \quad 3 \quad 2)\begin{bmatrix} 3 \\ 0 \\ 4 \end{bmatrix}$；

(4) $\begin{bmatrix} 2 \\ 1 \\ 3 \end{bmatrix}(-1 \quad 2)$； (5) $\begin{bmatrix} -1 & 1 & 2 \\ 2 & 0 & 1 \\ 4 & 3 & 0 \end{bmatrix}\begin{bmatrix} -1 \\ 2 \\ 5 \end{bmatrix}$； (6) $(x_1 \quad x_2 \quad x_3)\begin{bmatrix} a_{11} & a_{12} & a_{13} \\ a_{12} & a_{22} & a_{23} \\ a_{13} & a_{23} & a_{33} \end{bmatrix}\begin{bmatrix} x_1 \\ x_2 \\ x_3 \end{bmatrix}$.

6. 已知矩阵

$$\boldsymbol{A} = \begin{bmatrix} 1 & -4 & 2 \\ -1 & 4 & -2 \end{bmatrix}, \quad \boldsymbol{B} = \begin{bmatrix} 1 & 2 \\ -1 & 3 \\ 5 & -2 \end{bmatrix}, \quad \boldsymbol{C} = \begin{bmatrix} 2 & 2 \\ 1 & -1 \\ 1 & -3 \end{bmatrix},$$

求 (1) $2\boldsymbol{B}-3\boldsymbol{C}$； (2) $\boldsymbol{A}(2\boldsymbol{B}-3\boldsymbol{C})$.

7. 已知关系式

$$(a \ \ b \ \ c \ \ d)\begin{bmatrix} 1 & 0 & 2 & 0 \\ 0 & 0 & 1 & 1 \\ 0 & 1 & 0 & 0 \\ 0 & 0 & 1 & 0 \end{bmatrix} = (1 \ \ 0 \ \ 6 \ \ 6),$$

求 a,b,c,d.

8. 下列矩阵中哪两个能相乘，对能相乘的算出乘积(包括左乘与右乘)：

$$\boldsymbol{A} = \begin{bmatrix} -3 & 0 & 1 \\ 4 & 2 & -1 \end{bmatrix}, \quad \boldsymbol{B} = \begin{bmatrix} 1 & 2 \\ -1 & 1 \\ 5 & 3 \end{bmatrix}, \quad \boldsymbol{C} = \begin{bmatrix} 1 \\ 2 \\ 3 \end{bmatrix}, \quad \boldsymbol{D} = (1 \quad -2 \quad 1).$$

9. 设 $\boldsymbol{A}=(1 \quad 2 \quad 3)$，$\boldsymbol{B}=\left(1 \quad \frac{1}{2} \quad \frac{1}{3}\right)$，求：

(1) $\boldsymbol{A}^{\mathrm{T}}\boldsymbol{B}$； (2) $\boldsymbol{B}\boldsymbol{A}^{\mathrm{T}}$； (3) $(\boldsymbol{A}^{\mathrm{T}}\boldsymbol{B})^2$.

10. 设 $\boldsymbol{A}=\begin{bmatrix} 2 & 1 \\ 3 & 4 \end{bmatrix}$，$\boldsymbol{B}=\begin{bmatrix} -2 & -3 \\ 1 & 2 \end{bmatrix}$，用两种方法求$(\boldsymbol{AB})^{\mathrm{T}}$.

11. 计算：

(1) $\begin{bmatrix} a & 0 & 0 \\ 0 & b & 0 \\ 0 & 0 & c \end{bmatrix}^3$； (2) $\begin{bmatrix} 2 & -1 \\ 3 & -2 \end{bmatrix}^n$； (3) $\begin{bmatrix} 2 & 1 & 2 \\ 3 & 0 & 1 \\ -1 & -1 & 1 \end{bmatrix}^2$； (4) $\begin{bmatrix} 1 & 1 & 0 \\ 0 & 1 & 0 \\ 0 & 0 & 1 \end{bmatrix}^n$.

12. 设 $f(x)=ax^2+bx+c$，$\boldsymbol{A}$ 为 n 阶矩阵，定义 $f(\boldsymbol{A})=a\boldsymbol{A}^2+b\boldsymbol{A}+c\boldsymbol{E}$. 如果 $f(x)=x^2-x+1$，

$$\boldsymbol{A}=\begin{bmatrix}2&1&1\\3&1&2\\1&-1&0\end{bmatrix},$$

求 $f(\boldsymbol{A})$.

13. 若矩阵 $\boldsymbol{A}$ 与 $\boldsymbol{B}$ 满足条件 $\boldsymbol{AB}=\boldsymbol{BA}$，则称 $\boldsymbol{A},\boldsymbol{B}$ 是可换的. 如果矩阵 $\boldsymbol{A}=\begin{bmatrix}1&0\\1&1\end{bmatrix}$，求与矩阵 $\boldsymbol{A}$ 可换的矩阵 $\boldsymbol{B}$.

14. 设矩阵 $\boldsymbol{A}=\begin{bmatrix}2&3\\-1&2\end{bmatrix}$. 求矩阵 $\boldsymbol{X}$，使得 $\boldsymbol{AX}=\boldsymbol{A}^{\mathrm{T}}$.

15. 设 $\boldsymbol{A},\boldsymbol{B},\boldsymbol{C}$ 为 n 阶矩阵，$\boldsymbol{E}$ 为 n 阶单位矩阵. 判断下述结果是否正确. 若正确，请说明理由；若不正确，请举出反例.

(1) $(\boldsymbol{AB})^{\mathrm{T}}=\boldsymbol{A}^{\mathrm{T}}\boldsymbol{B}^{\mathrm{T}}$；

(2) $\boldsymbol{A}^2-\boldsymbol{E}^2=(\boldsymbol{A}+\boldsymbol{E})(\boldsymbol{A}-\boldsymbol{E})$；

(3) 若 $\boldsymbol{A}^2=\boldsymbol{O}$，则 $\boldsymbol{A}=\boldsymbol{O}$；

(4) 若 $\boldsymbol{A},\boldsymbol{B}$ 均为上三角阵，则 $\boldsymbol{A}+\boldsymbol{B}$ 也是上三角阵；

(5) 若 $\boldsymbol{AX}=\boldsymbol{AY}$，且 $\boldsymbol{A}\neq\boldsymbol{O}$，则 $\boldsymbol{X}=\boldsymbol{Y}$；

(6) $(\boldsymbol{AB})^k=\boldsymbol{A}^k\boldsymbol{B}^k$ （k 为正整数).

16. 试证：若矩阵 $\boldsymbol{A}$ 与 $\boldsymbol{B}$ 可换，则

(1) $(\boldsymbol{A}+\boldsymbol{B})^2=\boldsymbol{A}^2+2\boldsymbol{AB}+\boldsymbol{B}^2$；

(2) $(\boldsymbol{A}+\boldsymbol{B})(\boldsymbol{A}-\boldsymbol{B})=\boldsymbol{A}^2-\boldsymbol{B}^2$；

(3) $(\boldsymbol{A}+\boldsymbol{B})^3=\boldsymbol{A}^3+3\boldsymbol{A}^2\boldsymbol{B}+3\boldsymbol{AB}^2+\boldsymbol{B}^3$.

17. 设 $\boldsymbol{A}$ 为 $m\times n$ 矩阵，则 $\boldsymbol{A}^{\mathrm{T}}\boldsymbol{A}$ 和 $\boldsymbol{AA}^{\mathrm{T}}$ 都是对称矩阵.

18. 设 $\boldsymbol{A}$ 为 $n\times n$ 矩阵，试证 $\boldsymbol{A}+\boldsymbol{A}^{\mathrm{T}}$ 为对称矩阵.

19. 设 $\boldsymbol{A}=(a_{ij})_{n\times n}$为对称矩阵，其中 $a_{ij}(i,j=1,2,\cdots,n)$均为实数，且 $\boldsymbol{A}^2=\boldsymbol{O}$，则 $\boldsymbol{A}=\boldsymbol{O}$.

20. 如果 n 阶矩阵 $\boldsymbol{A}=(a_{ij})$满足条件 $\boldsymbol{A}^{\mathrm{T}}=-\boldsymbol{A}$，则称 $\boldsymbol{A}$ 为反对称矩阵.

试证：对任意的 n 阶矩阵 $\boldsymbol{A}$，$\boldsymbol{A}-\boldsymbol{A}^{\mathrm{T}}$ 必为反对称矩阵.

21. 单项选择题：

(1) 设有矩阵 $\boldsymbol{A}_{3\times 2},\boldsymbol{B}_{3\times 3},\boldsymbol{C}_{2\times 3}$和 $\boldsymbol{D}_{3\times 1}$，则下列运算中没有意义的是(　　).

(A) $\boldsymbol{BACD}$；

(B) $\boldsymbol{AC}+\boldsymbol{DD}^{\mathrm{T}}+\boldsymbol{B}$；

(C) $\boldsymbol{A}^{\mathrm{T}}\boldsymbol{B}-3\boldsymbol{C}$；

(D) $\boldsymbol{AC}+\boldsymbol{D}^{\mathrm{T}}\boldsymbol{D}$.

(2) 若 $\begin{bmatrix}1&0&a\\2&-1&0\\0&1&1\end{bmatrix}\begin{bmatrix}1\\0\\-1\end{bmatrix}=\begin{bmatrix}a\\2\\-1\end{bmatrix}$，则 $a=$(　　).

(A) 1/4；　(B) 1/3；　(C) 1/2；　(D) 1.

(3) 设 $\boldsymbol{A},\boldsymbol{B}$ 均为 n 阶矩阵，$\boldsymbol{A}\neq\boldsymbol{O}$ 且 $\boldsymbol{AB}=\boldsymbol{O}$，则下列结论中必成立的是(　　).

(A) $\boldsymbol{BA}=\boldsymbol{O}$；

(B) $\boldsymbol{B}=\boldsymbol{O}$；

(C) $(\boldsymbol{A}+\boldsymbol{B})(\boldsymbol{A}-\boldsymbol{B})=\boldsymbol{A}^2-\boldsymbol{B}^2$；

(D) $(\boldsymbol{A}-\boldsymbol{B})^2=\boldsymbol{A}^2-\boldsymbol{BA}+\boldsymbol{B}^2$.

(4) 设 $\boldsymbol{A},\boldsymbol{B}$ 为 n 阶矩阵，则下列命题中正确的是(　　).

(A) 若 $\boldsymbol{A}^2=\boldsymbol{E}$，则 $\boldsymbol{A}=\boldsymbol{E}$ 或 $-\boldsymbol{E}$；

(B) 若 $\boldsymbol{A},\boldsymbol{B}$ 可换，则$(\boldsymbol{A}+\boldsymbol{B})(\boldsymbol{A}^2-\boldsymbol{AB}+\boldsymbol{B}^2)=\boldsymbol{A}^3-\boldsymbol{B}^3$；

(C) 若 k 为正整数，则$(\boldsymbol{AB})^k=\boldsymbol{A}^k\boldsymbol{B}^k$；

(D) 若矩阵 $\boldsymbol{C}\neq\boldsymbol{O}$，且 $\boldsymbol{AC}=\boldsymbol{BC}$，则 $\boldsymbol{A}=\boldsymbol{B}$.

(5) 设 $\boldsymbol{A}$ 为 $m\times n$ 矩阵，则下列结论中不正确的是(　　).

(A) $\boldsymbol{A}^{\mathrm{T}}\boldsymbol{A}+\boldsymbol{A}\boldsymbol{A}^{\mathrm{T}}$ 是对称矩阵；　　(B) $\boldsymbol{A}^{\mathrm{T}}\boldsymbol{A}$ 是对称矩阵；

(C) $\boldsymbol{E}+\boldsymbol{A}^{\mathrm{T}}\boldsymbol{A}$ 是对称矩阵；　　(D) $\boldsymbol{A}\boldsymbol{A}^{\mathrm{T}}$ 是对称矩阵.

(6) 设 $\boldsymbol{A}=\begin{bmatrix}1 & 2\\3 & 4\end{bmatrix}$，$\boldsymbol{B}=\begin{bmatrix}x & 1\\2 & y\end{bmatrix}$，则 $\boldsymbol{A}$ 与 $\boldsymbol{B}$ 可换的充分必要条件是(　　).

(A) $x-y=1$；　　(B) $x-y=-1$；

(C) $x-y=0$；　　(D) $x-2y=0$.

(7) 设 $\boldsymbol{A}=\begin{bmatrix}1 & 0 & 1\\0 & 2 & 0\\1 & 0 & 1\end{bmatrix}$，$n$ 为正整数，且 $n\geqslant 2$，则 $\boldsymbol{A}^n-2\boldsymbol{A}^{n-1}=$(　　).

(A) $2^n\boldsymbol{A}$；　　(B) $\boldsymbol{E}$；　　(C) $\boldsymbol{O}$；　　(D) $2^{n-1}\boldsymbol{A}$.

(8) 设 $\boldsymbol{A},\boldsymbol{B}$ 均为 n 阶上三角矩阵，则下述结论中不正确的是(　　).

(A) $\boldsymbol{A}+\boldsymbol{B}$ 仍为上三角矩阵；　　(B) $k\boldsymbol{A}$ 仍为上三角矩阵；

(C) $\boldsymbol{AB}$ 仍为上三角矩阵；　　(D) $\boldsymbol{A}^{\mathrm{T}}\boldsymbol{B}$ 仍为上三角矩阵.

(9) 设矩阵 $\boldsymbol{B}=\left(\frac{1}{2},0,\cdots,0,\frac{1}{2}\right)$ 为 $1\times n$ 矩阵. 记 $\boldsymbol{A}=\boldsymbol{E}-\boldsymbol{B}^{\mathrm{T}}\boldsymbol{B}$，$\boldsymbol{C}=\boldsymbol{E}+2\boldsymbol{B}^{\mathrm{T}}\boldsymbol{B}$，则 $\boldsymbol{AC}=$(　　).

(A) 0；　　(B) $-\boldsymbol{E}$；　　(C) $\boldsymbol{E}$；　　(D) $\boldsymbol{E}+\boldsymbol{B}^{\mathrm{T}}\boldsymbol{B}$.

(10) 设矩阵 $\boldsymbol{A}=(1,0,1)^{\mathrm{T}}$，矩阵 $\boldsymbol{B}=\boldsymbol{A}\boldsymbol{A}^{\mathrm{T}}$，$n$ 为正整数，则 $\boldsymbol{B}^n=$(　　).

(A) $2^{n-1}\boldsymbol{B}$；　　(B) $2^n\boldsymbol{B}$；　　(C) $2^{n+1}\boldsymbol{B}$；　　(D) $2^{n-2}\boldsymbol{B}$.

§1.3 分 块 矩 阵

为了计算简捷或为了理论的研究，有时我们可以把一个行数、列数都比较多的矩阵分成若干个小矩阵. 这种做法称为把**矩阵分块**，它是矩阵运算中的一种重要技巧.

一、分块矩阵的概念

定义 1.7　把矩阵的行、列分成若干组，使矩阵被分成若干块，每一块称为矩阵的一个**子块**或子矩阵，以子块为元素的矩阵称为**分块矩阵**.

例如，设

$$\boldsymbol{A}=\begin{bmatrix}a_{11} & a_{12} & a_{13} & a_{14}\\a_{21} & a_{22} & a_{23} & a_{24}\\a_{31} & a_{32} & a_{33} & a_{34}\end{bmatrix},$$

矩阵 $\boldsymbol{A}$ 分块的方式是很多的，下面举出三种分块形式：

(1) $\boldsymbol{A}=\left[\begin{array}{cc:cc}a_{11} & a_{12} & a_{13} & a_{14}\\ \hdashline a_{21} & a_{22} & a_{23} & a_{24}\\a_{31} & a_{32} & a_{33} & a_{34}\end{array}\right]$；　　(2) $\boldsymbol{A}=\left[\begin{array}{c:cc:c}a_{11} & a_{12} & a_{13} & a_{14}\\a_{21} & a_{22} & a_{23} & a_{24}\\ \hdashline a_{31} & a_{32} & a_{33} & a_{34}\end{array}\right]$；

(3) $\boldsymbol{A}=\left[\begin{array}{cc:cc}a_{11} & a_{12} & a_{13} & a_{14}\\a_{21} & a_{22} & a_{23} & a_{24}\\a_{31} & a_{32} & a_{33} & a_{34}\end{array}\right]$.

对于分法(1)可以记为 $A=\begin{bmatrix} A_{11} & A_{12} \\ A_{21} & A_{22} \end{bmatrix}$, 其中

$$A_{11}=(a_{11} \quad a_{12}), \quad A_{12}=(a_{13} \quad a_{14}),$$

$$A_{21}=\begin{bmatrix} a_{21} & a_{22} \\ a_{31} & a_{32} \end{bmatrix}, \quad A_{22}=\begin{bmatrix} a_{23} & a_{24} \\ a_{33} & a_{34} \end{bmatrix},$$

即 $A_{11},A_{12},A_{21},A_{22}$为 A 的子块,而 A 是以子块 $A_{11},A_{12},A_{21},A_{22}$为元素的分块矩阵.

将矩阵适当分块,有时能清晰地显示出矩阵的结构,从而简化运算.例如

$$A=\begin{bmatrix} 1 & 2 & 6 & 0 & 0 & 0 \\ 3 & 4 & 7 & 0 & 0 & 0 \\ 4 & 1 & 2 & 0 & 0 & 0 \\ 0 & 0 & 0 & 5 & 0 & 0 \\ 0 & 0 & 0 & 0 & 2 & 4 \\ 0 & 0 & 0 & 0 & 10 & 8 \end{bmatrix},$$

适当分块后,可看成为“对角阵”

$$A=\begin{bmatrix} A_{11} & O & O \\ O & A_{22} & O \\ O & O & A_{33} \end{bmatrix}, \tag{1.10}$$

其中

$$A_{11}=\begin{bmatrix} 1 & 2 & 6 \\ 3 & 4 & 7 \\ 4 & 1 & 2 \end{bmatrix}, \quad A_{22}=5, \quad A_{33}=\begin{bmatrix} 2 & 4 \\ 10 & 8 \end{bmatrix}.$$

称形如(1.10)的矩阵为**准对角阵**.

二、分块矩阵的运算

分块矩阵也可以进行加、数乘、相乘以及转置运算.

加法 设 A,B 都是 $m\times n$ 型矩阵,且分块方法相同,即

$$A=\begin{bmatrix} A_{11} & A_{12} & \cdots & A_{1r} \\ A_{21} & A_{22} & \cdots & A_{2r} \\ \vdots & \vdots & & \vdots \\ A_{s1} & A_{s2} & \cdots & A_{sr} \end{bmatrix}, \quad B=\begin{bmatrix} B_{11} & B_{12} & \cdots & B_{1r} \\ B_{21} & B_{22} & \cdots & B_{2r} \\ \vdots & \vdots & & \vdots \\ B_{s1} & B_{s2} & \cdots & B_{sr} \end{bmatrix},$$

其中 A_{ij}和 $B_{ij}(i=1,2,\cdots,s;j=1,2,\cdots,r)$是同型的子块,则

$$A+B=\begin{bmatrix} A_{11}+B_{11} & A_{12}+B_{12} & \cdots & A_{1r}+B_{1r} \\ A_{21}+B_{21} & A_{22}+B_{22} & \cdots & A_{2r}+B_{2r} \\ \vdots & \vdots & & \vdots \\ A_{s1}+B_{s1} & A_{s2}+B_{s2} & \cdots & A_{sr}+B_{sr} \end{bmatrix},$$

即对应子块相加.

数与矩阵相乘 设 $m\times n$ 型矩阵写成分块矩阵形式为

$$A=\begin{bmatrix} A_{11} & A_{12} & \cdots & A_{1r} \\ A_{21} & A_{22} & \cdots & A_{2r} \\ \vdots & \vdots & & \vdots \\ A_{s1} & A_{s2} & \cdots & A_{sr} \end{bmatrix},$$

λ 是一个数,则

$$\lambda A=\begin{bmatrix} \lambda A_{11} & \lambda A_{12} & \cdots & \lambda A_{1r} \\ \lambda A_{21} & \lambda A_{22} & \cdots & \lambda A_{2r} \\ \vdots & \vdots & & \vdots \\ \lambda A_{s1} & \lambda A_{s2} & \cdots & \lambda A_{sr} \end{bmatrix},$$

即用 λ 乘每个子块.

矩阵相乘 设矩阵 A 的列数等于矩阵 B 的行数,且 A 的列的分块法与 B 的行的分块法相同,即

$$A=\begin{bmatrix} A_{11} & A_{12} & \cdots & A_{1r} \\ A_{21} & A_{22} & \cdots & A_{2r} \\ \vdots & \vdots & & \vdots \\ A_{s1} & A_{s2} & \cdots & A_{sr} \end{bmatrix},\quad B=\begin{bmatrix} B_{11} & B_{12} & \cdots & B_{1t} \\ B_{21} & B_{22} & \cdots & B_{2t} \\ \vdots & \vdots & & \vdots \\ B_{r1} & B_{r2} & \cdots & B_{rt} \end{bmatrix},$$

其中子块 A_{ik} 的列数等于子块 B_{kj} 的行数,则

$$AB=\begin{bmatrix} C_{11} & C_{12} & \cdots & C_{1t} \\ C_{21} & C_{22} & \cdots & C_{2t} \\ \vdots & \vdots & & \vdots \\ C_{s1} & C_{s2} & \cdots & C_{st} \end{bmatrix},$$

其中

$$C_{ij}=A_{i1}B_{1j}+A_{i2}B_{2j}+\cdots+A_{ir}B_{rj}$$
$$(i=1,2,\cdots,s;j=1,2,\cdots,t),$$

即以子块为元素按矩阵相乘的法则进行.

例 1 设

$$A=\begin{bmatrix} 5 & -7 & 1 & 0 & 0 \\ -1 & -2 & 3 & 0 & 0 \\ 1 & 2 & 4 & 0 & 0 \\ 0 & 0 & 0 & 9 & 0 \\ 0 & 0 & 0 & 0 & 9 \end{bmatrix},\quad B=\begin{bmatrix} 2 & 0 & 0 & 0 \\ 0 & 2 & 0 & 0 \\ 0 & 0 & 2 & 0 \\ 0 & 0 & 0 & -1 \\ 0 & 0 & 0 & 5 \end{bmatrix},$$

求 AB.

解　将 $\boldsymbol{A},\boldsymbol{B}$ 分块为：

$$\boldsymbol{A}=\begin{bmatrix}\boldsymbol{A}_1 & \boldsymbol{O}_{3\times 2}\\ \boldsymbol{O}_{2\times 3} & 9\boldsymbol{E}_2\end{bmatrix},\quad \boldsymbol{B}=\begin{bmatrix}2\boldsymbol{E}_3 & \boldsymbol{O}_{3\times 1}\\ \boldsymbol{O}_{2\times 3} & \boldsymbol{B}_1\end{bmatrix},$$

其中

$$\boldsymbol{A}_1=\begin{bmatrix}5 & -7 & 1\\ -1 & -2 & 3\\ 1 & 2 & 4\end{bmatrix},\quad \boldsymbol{B}_1=\begin{bmatrix}-1\\ 5\end{bmatrix}.$$

注意：首先要保证矩阵 $\boldsymbol{A}$ 的列等于矩阵 $\boldsymbol{B}$ 的行数，这样乘积 $\boldsymbol{AB}$ 才有意义；其次 $\boldsymbol{A}$ 的列分块与 $\boldsymbol{B}$ 的行分块要相同(这里 $\boldsymbol{A}$ 的第 1,2,3 列分为同一块，因而 $\boldsymbol{B}$ 的第 1,2,3 行也要分为同一块，$\boldsymbol{A}$ 的第 4,5 列分为一块，B 的第 4,5 行也要分在同一块)，

$$\boldsymbol{AB}=\begin{bmatrix}\boldsymbol{A}_1 & \boldsymbol{O}_{3\times 2}\\ \boldsymbol{O}_{2\times 3} & 9\boldsymbol{E}_2\end{bmatrix}\begin{bmatrix}2\boldsymbol{E}_3 & \boldsymbol{O}_{3\times 1}\\ \boldsymbol{O}_{2\times 3} & \boldsymbol{B}_1\end{bmatrix}=\begin{bmatrix}\boldsymbol{A}_1(2\boldsymbol{E}_3) & \boldsymbol{O}_{3\times 1}\\ \boldsymbol{O}_{2\times 3} & 9\boldsymbol{E}_2\boldsymbol{B}_1\end{bmatrix}=\begin{bmatrix}2\boldsymbol{A}_1 & \boldsymbol{O}\\ \boldsymbol{O} & 9\boldsymbol{B}_1\end{bmatrix}$$

$$=\begin{bmatrix}10 & -14 & 2 & 0\\ -2 & -4 & 6 & 0\\ 2 & 4 & 8 & 0\\ 0 & 0 & 0 & -9\\ 0 & 0 & 0 & 45\end{bmatrix}.$$

例 2　设矩阵

$$\boldsymbol{A}=\begin{bmatrix}a_{11} & a_{12} & \cdots & a_{1n}\\ a_{21} & a_{22} & \cdots & a_{2n}\\ \vdots & \vdots & & \vdots\\ a_{m1} & a_{m2} & \cdots & a_{mn}\end{bmatrix},$$

如果把矩阵 $\boldsymbol{A}$ 的每一列看成一个子块，那么矩阵 $\boldsymbol{A}$ 可以写成下面的形式

$$\boldsymbol{A}=(\boldsymbol{\alpha}_1\quad \boldsymbol{\alpha}_2\quad \cdots\quad \boldsymbol{\alpha}_n),\tag{1.11}$$

其中

$$\boldsymbol{\alpha}_j=\begin{bmatrix}a_{1j}\\ a_{2j}\\ \vdots\\ a_{mj}\end{bmatrix}\quad (j=1,2,\cdots,n).$$

在§1.2 例 16 中我们给出过线性方程组

$$\begin{cases}a_{11}x_1+a_{12}x_2+\cdots+a_{1n}x_n=b_1,\\ a_{21}x_1+a_{22}x_2+\cdots+a_{2n}x_n=b_2,\\ \cdots\cdots\cdots\cdots\cdots\cdots\cdots\cdots\cdots\cdots\\ a_{m1}x_1+a_{m2}x_2+\cdots+a_{mn}x_n=b_m\end{cases}$$

的矩阵表示

$$AX = b,$$

若把 A 用(1.11)式中的分块矩阵表示,线性方程组就可表示为

$$(\alpha_1 \quad \alpha_2 \quad \cdots \quad \alpha_n)\begin{bmatrix} x_1 \\ x_2 \\ \vdots \\ x_n \end{bmatrix} = \begin{bmatrix} b_1 \\ b_2 \\ \vdots \\ b_m \end{bmatrix},$$

即

$$\alpha_1 x_1 + \alpha_2 x_2 + \cdots + \alpha_n x_n = b. \tag{1.12}$$

我们有时也用(1.12)式的形式表示线性方程组.

转置 设 $m\times n$ 矩阵 A 分块为

$$A = \begin{bmatrix} A_{11} & A_{12} & \cdots & A_{1r} \\ A_{21} & A_{22} & \cdots & A_{2r} \\ \vdots & \vdots & & \vdots \\ A_{s1} & A_{s2} & \cdots & A_{sr} \end{bmatrix}, \quad 则 \quad A^{\mathrm{T}} = \begin{bmatrix} A_{11}^{\mathrm{T}} & A_{21}^{\mathrm{T}} & \cdots & A_{s1}^{\mathrm{T}} \\ A_{12}^{\mathrm{T}} & A_{22}^{\mathrm{T}} & \cdots & A_{s2}^{\mathrm{T}} \\ \vdots & \vdots & & \vdots \\ A_{1r}^{\mathrm{T}} & A_{2r}^{\mathrm{T}} & \cdots & A_{sr}^{\mathrm{T}} \end{bmatrix},$$

其中 A_{ij}^{T}是子块 A_{ij}的转置矩阵($i=1,2,\cdots,s;j=1,2,\cdots,r$),即分块矩阵和各子块同时进行转置.

例如,设分块矩阵

$$A = \left[\begin{array}{cc:cc} 1 & -1 & -2 & 4 \\ 0 & 1 & 2 & -3 \\ \hdashline 0 & 0 & 5 & 3 \end{array}\right] = \begin{bmatrix} A_{11} & A_{12} \\ O & A_{13} \end{bmatrix},$$

则

$$A^{\mathrm{T}} = \begin{bmatrix} A_{11}^{\mathrm{T}} & O^{\mathrm{T}} \\ A_{12}^{\mathrm{T}} & A_{13}^{\mathrm{T}} \end{bmatrix} = \left[\begin{array}{cc:c} 1 & 0 & 0 \\ -1 & 1 & 0 \\ \hdashline -2 & 2 & 5 \\ 4 & -3 & 3 \end{array}\right].$$

例 3 设矩阵 $A_{4\times 3}$和 $B_{3\times 4}$分块为

$$A = \left[\begin{array}{cc:c} 1 & 0 & 3 \\ 0 & 1 & -1 \\ \hdashline 2 & -1 & 0 \\ 3 & 2 & 0 \end{array}\right] = \begin{bmatrix} E & A_{12} \\ A_{21} & O \end{bmatrix}, \quad B = \left[\begin{array}{cc:cc} 2 & -1 & 2 & 0 \\ -1 & 2 & 0 & 2 \\ \hdashline 4 & -2 & 0 & 0 \end{array}\right] = \begin{bmatrix} B_{11} & 2E \\ B_{21} & O \end{bmatrix},$$

利用分块矩阵运算,求 $2A-B^{\mathrm{T}}$ 和 $B^{\mathrm{T}}A^{\mathrm{T}}$.

解 $2A-B^{\mathrm{T}} = \begin{bmatrix} 2E & 2A_{12} \\ 2A_{21} & O \end{bmatrix} - \begin{bmatrix} B_{11}^{\mathrm{T}} & B_{21}^{\mathrm{T}} \\ 2E & O^{\mathrm{T}} \end{bmatrix} = \begin{bmatrix} 2E-B_{11}^{\mathrm{T}} & 2A_{12}-B_{21}^{\mathrm{T}} \\ 2A_{21}-2E & O-O^{\mathrm{T}} \end{bmatrix}$, 而

$$2\boldsymbol{E}-\boldsymbol{B}_{11}^{\mathrm{T}}=\begin{bmatrix}2&0\\0&2\end{bmatrix}-\begin{bmatrix}2&-1\\-1&2\end{bmatrix}=\begin{bmatrix}0&1\\1&0\end{bmatrix},$$

$$2\boldsymbol{A}_{12}-\boldsymbol{B}_{21}^{\mathrm{T}}=\begin{bmatrix}6\\-2\end{bmatrix}-\begin{bmatrix}4\\-2\end{bmatrix}=\begin{bmatrix}2\\0\end{bmatrix},$$

$$2\boldsymbol{A}_{21}-2\boldsymbol{E}=\begin{bmatrix}4&-2\\6&4\end{bmatrix}-\begin{bmatrix}2&0\\0&2\end{bmatrix}=\begin{bmatrix}2&-2\\6&2\end{bmatrix},$$

$$\boldsymbol{O}-\boldsymbol{O}^{\mathrm{T}}=\begin{bmatrix}0\\0\end{bmatrix}-\begin{bmatrix}0\\0\end{bmatrix}=\begin{bmatrix}0\\0\end{bmatrix},$$

所以

$$2\boldsymbol{A}-\boldsymbol{B}^{\mathrm{T}}=\left[\begin{array}{cc:c}0&1&2\\1&0&0\\\hdashline 2&-2&0\\6&2&0\end{array}\right].$$

因为 $\boldsymbol{B}^{\mathrm{T}}\boldsymbol{A}^{\mathrm{T}}=(\boldsymbol{A}\boldsymbol{B})^{\mathrm{T}}$，而

$$\boldsymbol{A}\boldsymbol{B}=\begin{bmatrix}\boldsymbol{E}&\boldsymbol{A}_{12}\\\boldsymbol{A}_{21}&\boldsymbol{O}\end{bmatrix}\begin{bmatrix}\boldsymbol{B}_{11}&2\boldsymbol{E}\\\boldsymbol{B}_{21}&\boldsymbol{O}\end{bmatrix}=\begin{bmatrix}\boldsymbol{B}_{11}+\boldsymbol{A}_{12}\boldsymbol{B}_{21}&2\boldsymbol{E}\\\boldsymbol{A}_{21}\boldsymbol{B}_{11}&2\boldsymbol{A}_{21}\end{bmatrix},$$

又

$$\boldsymbol{B}_{11}+\boldsymbol{A}_{12}\boldsymbol{B}_{21}=\begin{bmatrix}2&-1\\-1&2\end{bmatrix}+\begin{bmatrix}3\\-1\end{bmatrix}(4\quad -2)=\begin{bmatrix}14&-7\\-5&4\end{bmatrix},$$

$$\boldsymbol{A}_{21}\boldsymbol{B}_{11}=\begin{bmatrix}2&-1\\3&2\end{bmatrix}\begin{bmatrix}2&-1\\-1&2\end{bmatrix}=\begin{bmatrix}5&-4\\4&1\end{bmatrix},$$

所以

$$\boldsymbol{A}\boldsymbol{B}=\left[\begin{array}{cc:cc}14&-7&2&0\\-5&4&0&2\\\hdashline 5&-4&4&-2\\4&1&6&4\end{array}\right].$$

于是

$$\boldsymbol{B}^{\mathrm{T}}\boldsymbol{A}^{\mathrm{T}}=(\boldsymbol{A}\boldsymbol{B})^{\mathrm{T}}=\left[\begin{array}{cc:cc}14&-5&5&4\\-7&4&-4&1\\\hdashline 2&0&4&6\\0&2&-2&4\end{array}\right].$$

习　题　1.3

1. 按指定的分块方法，求 $\boldsymbol{A}+\boldsymbol{B}$；$6\boldsymbol{A}$，其中

$$\boldsymbol{A}=\left[\begin{array}{cc:cc}2&0&1&3\\0&2&2&4\\\hdashline 0&0&-1&0\\0&0&0&-1\end{array}\right],\quad \boldsymbol{B}=\left[\begin{array}{cc:cc}1&2&0&0\\2&0&0&0\\\hdashline 6&3&1&0\\0&-2&0&1\end{array}\right].$$

2. 按指定的分块方法，进行下列运算：

设

$$A=\left[\begin{array}{cc:cc}1&0&0&0\\0&1&0&0\\ \hdashline -1&2&1&0\\1&1&0&1\end{array}\right],\quad B=\left[\begin{array}{cc:cc}1&0&3&2\\-1&2&0&1\\ \hdashline 1&0&4&1\\-1&-1&2&0\end{array}\right],\quad C=\left[\begin{array}{cc:cc}2&0&0&0\\1&2&0&0\\ \hdashline 0&0&3&1\\0&0&0&3\end{array}\right].$$

求：(1) AB； (2) C^2； (3) A^{T}； (4) $B^{\mathrm{T}}C$.

3. 设 A 为 3 阶矩阵，将 A 按列分块为 $A=(A_1\quad A_2\quad A_3)$，试用 A_1,A_2,A_3 表示 $A^{\mathrm{T}}A$.

4. 单项选择题：

(1) 设 A 为 m 阶矩阵，B 为 n 阶矩阵，C 为 $m\times n$ 阶矩阵，则下列运算中正确的是(　　).

(A) $\begin{bmatrix}A&C\\O&B\end{bmatrix}^{\mathrm{T}}=\begin{bmatrix}A&O\\C&B\end{bmatrix}$；　　(B) $\begin{bmatrix}A&C\\O&B\end{bmatrix}^{\mathrm{T}}=\begin{bmatrix}B^{\mathrm{T}}&O^{\mathrm{T}}\\C^{\mathrm{T}}&A^{\mathrm{T}}\end{bmatrix}$；

(C) $\begin{bmatrix}A&C\\O&B\end{bmatrix}^{\mathrm{T}}\begin{bmatrix}A&O\\C&B\end{bmatrix}=\begin{bmatrix}A^{\mathrm{T}}A+C^{\mathrm{T}}C&C^{\mathrm{T}}B\\B^{\mathrm{T}}C&B^{\mathrm{T}}B\end{bmatrix}$；　　(D) $\begin{bmatrix}A&C\\O&B\end{bmatrix}^{\mathrm{T}}\begin{bmatrix}A&O\\C&B\end{bmatrix}=\begin{bmatrix}A^{\mathrm{T}}A&A^{\mathrm{T}}C\\C^{\mathrm{T}}A&C^{\mathrm{T}}C+B^{\mathrm{T}}B\end{bmatrix}$.

(2) 将二阶矩阵 A 按列分块为 $A=(A_1,A_2)$，则下列运算中正确的是(　　).

(A) $AA^{\mathrm{T}}=A_1A_1^{\mathrm{T}}+A_2A_2^{\mathrm{T}}$；　　(B) $AA^{\mathrm{T}}=\begin{bmatrix}A_1A_1^{\mathrm{T}}\\A_2A_2^{\mathrm{T}}\end{bmatrix}$；

(C) $A^{\mathrm{T}}A=\begin{bmatrix}A_1^2&A_1A_2\\A_2A_1&A_2^2\end{bmatrix}$；　　(D) $A^{\mathrm{T}}A=A_1^{\mathrm{T}}A_1+A_2^{\mathrm{T}}A_2$.

§1.4　矩阵的初等变换与初等阵

矩阵的初等变换起源于线性方程组的求解问题. 利用初等变换将矩阵 A 化为“形状简单”的矩阵 B，再通过 B 来研究 A 的有关性质，这种方法在矩阵的求逆及解线性方程组等问题中起着非常重要的作用.

一、矩阵的初等变换与初等阵

定义 1.8　对矩阵施行以下三种变换：

(1) **互换变换**：互换矩阵两行(列)的位置(交换第 i,j 两行，记作 $r_i\leftrightarrow r_j$，交换 s,t 两列，记作 $c_s\leftrightarrow c_t$)；

(2) **倍法变换**：用一个不等于零的数乘矩阵某一行(列)的所有元素(k 乘第 i 行记作 kr_i，k 乘第 s 列记作 kc_s)；

(3) **消去变换**：把矩阵某一行(列)所有元素的 k 倍加到另一行(列)的对应元素上去(第 i 行的 k 倍加到 j 行上，记作 kr_i+r_j，第 s 列的 k 倍加到 t 列上，记作 kc_s+c_t).

这三种变换称为矩阵的**初等行(列)变换**. 矩阵的初等行变换与初等列变换统称为矩阵的**初等变换**.

定义 1.9　由单位矩阵 E 经过一次初等变换得到的矩阵称为**初等矩阵**，简称**初等阵**. 三种初等变换对应着三种初等矩阵,分别用 $\boldsymbol{E}_{(i)(j)}$,$\boldsymbol{E}_{k(i)}$,$\boldsymbol{E}_{k(i)+(j)}$表示,其中

$$\boldsymbol{E}_{(i)(j)}=\begin{bmatrix}1&&&&&&\\&\ddots&&&&&\\&&0&\cdots&1&&\\&&\vdots&\ddots&\vdots&&\\&&1&\cdots&0&&\\&&&&&\ddots&\\&&&&&&1\end{bmatrix}\begin{matrix}\\\\\leftarrow i\\\\\leftarrow j\\\\\\\end{matrix},\quad \boldsymbol{E}_{k(i)}=\begin{bmatrix}1&&&&\\&\ddots&&&\\&&k&&\\&&&\ddots&\\&&&&1\end{bmatrix}\begin{matrix}\\\\\leftarrow i\\\\\\\end{matrix},$$

$$\boldsymbol{E}_{k(i)+(j)}=\begin{bmatrix}1&&&&&\\&\ddots&&&&\\&&1&&&\\&&\vdots&\ddots&&\\&&k&\cdots&1&\\&&&&\ddots&\\&&&&&1\end{bmatrix}\begin{matrix}\\\\\leftarrow i\\\\\leftarrow j\\\\\\\end{matrix}.$$

设

$$\boldsymbol{A}=\begin{bmatrix}a_{11}&a_{12}&a_{13}&a_{14}\\a_{21}&a_{22}&a_{23}&a_{24}\\a_{31}&a_{32}&a_{33}&a_{34}\end{bmatrix},$$

以矩阵 $\boldsymbol{A}$ 为例,考察对其进行第一种初等变换的情况.不妨先将矩阵 $\boldsymbol{A}$ 的第 1 行与第 3 行互换,有

$$\boldsymbol{A}=\begin{bmatrix}a_{11}&a_{12}&a_{13}&a_{14}\\a_{21}&a_{22}&a_{23}&a_{24}\\a_{31}&a_{32}&a_{33}&a_{34}\end{bmatrix}\xrightarrow{r_1\leftrightarrow r_3}\begin{bmatrix}a_{31}&a_{32}&a_{33}&a_{34}\\a_{21}&a_{22}&a_{23}&a_{24}\\a_{11}&a_{12}&a_{13}&a_{14}\end{bmatrix}=\boldsymbol{A}_1,$$

而若用 $\boldsymbol{E}_{(1)(3)}$左乘矩阵 $\boldsymbol{A}$,有

$$\boldsymbol{E}_{(1)(3)}\boldsymbol{A}=\begin{bmatrix}0&0&1\\0&1&0\\1&0&0\end{bmatrix}\begin{bmatrix}a_{11}&a_{12}&a_{13}&a_{14}\\a_{21}&a_{22}&a_{23}&a_{24}\\a_{31}&a_{32}&a_{33}&a_{34}\end{bmatrix}=\begin{bmatrix}a_{31}&a_{32}&a_{33}&a_{34}\\a_{21}&a_{22}&a_{23}&a_{24}\\a_{11}&a_{12}&a_{13}&a_{14}\end{bmatrix}=\boldsymbol{A}_1.$$

这说明交换矩阵 $\boldsymbol{A}$ 的第 1 行与第 3 行相当于用矩阵 $\boldsymbol{E}_{(1)(3)}$左乘矩阵 $\boldsymbol{A}$. 再将矩阵 $\boldsymbol{A}$ 的第 1 列与第 3 列互换,有

$$\boldsymbol{A}=\begin{bmatrix}a_{11}&a_{12}&a_{13}&a_{14}\\a_{21}&a_{22}&a_{23}&a_{24}\\a_{31}&a_{32}&a_{33}&a_{34}\end{bmatrix}\xrightarrow{c_1\leftrightarrow c_3}\begin{bmatrix}a_{13}&a_{12}&a_{11}&a_{14}\\a_{23}&a_{22}&a_{21}&a_{24}\\a_{33}&a_{32}&a_{31}&a_{34}\end{bmatrix}=\boldsymbol{B}_1,$$

恰好等于 $\boldsymbol{E}_{(1)(3)}$右乘矩阵 $\boldsymbol{A}$(注意此时的 $\boldsymbol{E}_{(1)(3)}$为 4 阶矩阵)

$$AE_{(1)(3)}=\begin{bmatrix}a_{11}&a_{12}&a_{13}&a_{14}\\a_{21}&a_{22}&a_{23}&a_{24}\\a_{31}&a_{32}&a_{33}&a_{34}\end{bmatrix}\begin{bmatrix}0&0&1&0\\0&1&0&0\\1&0&0&0\\0&0&0&1\end{bmatrix}=\begin{bmatrix}a_{13}&a_{12}&a_{11}&a_{14}\\a_{23}&a_{22}&a_{21}&a_{24}\\a_{33}&a_{32}&a_{31}&a_{34}\end{bmatrix}=\boldsymbol{B}_1.$$

可见,交换矩阵 $\boldsymbol{A}$ 的第 1 列与第 3 列相当于用矩阵 $\boldsymbol{E}_{(1)(3)}$ 右乘矩阵 $\boldsymbol{A}$.

用同样的方法,可以验证,对矩阵施以任一种初等行(列)变换,就相当于在矩阵的左(右)边乘上一个相应的初等阵.

定理 1.1 对 $m\times n$ 矩阵 $\boldsymbol{A}$ 施以一次初等行(列)变换,就相当于在 $\boldsymbol{A}$ 的左(右)边乘上一个相应的 m 阶(n 阶)初等阵,即

若 $\boldsymbol{A}\xrightarrow{r_i\leftrightarrow r_j}\boldsymbol{A}_1$,则 $\boldsymbol{A}_1=\boldsymbol{E}_{(i)(j)}\boldsymbol{A}$,反之亦然;

若 $\boldsymbol{A}\xrightarrow{kr_i}\boldsymbol{A}_2$,则 $\boldsymbol{A}_2=\boldsymbol{E}_{k(i)}\boldsymbol{A}$,反之亦然;

若 $\boldsymbol{A}\xrightarrow{kr_i+r_j}\boldsymbol{A}_3$,则 $\boldsymbol{A}_3=\boldsymbol{E}_{k(i)+(j)}\boldsymbol{A}$,反之亦然.

(列变换时,只需在 $\boldsymbol{A}$ 的右边乘上相应的初等阵).

推论 对任何矩阵 $\boldsymbol{A}$ 进行若干次初等行(列)变换得到矩阵 $\boldsymbol{B}$,相当于在 $\boldsymbol{A}$ 的左(右)边乘上若干个相应的初等阵.

由矩阵 $\boldsymbol{A}$ 进行有限次初等变换得到矩阵 $\boldsymbol{B}$,则称**矩阵 $\boldsymbol{B}$ 与矩阵 $\boldsymbol{A}$ 等价**,记作 $\boldsymbol{A}\cong\boldsymbol{B}$.

由此可知:若 $\boldsymbol{A}\cong\boldsymbol{B}$,则存在一系列 m 阶初等矩阵 $\boldsymbol{P}_1,\boldsymbol{P}_2,\cdots,\boldsymbol{P}_s$ 和一系列 n 阶初等阵 $\boldsymbol{Q}_1,\boldsymbol{Q}_2,\cdots,\boldsymbol{Q}_t$,使得

$$\boldsymbol{B}=\boldsymbol{P}_1\boldsymbol{P}_2\cdots\boldsymbol{P}_s\boldsymbol{A}\boldsymbol{Q}_1\boldsymbol{Q}_2\cdots\boldsymbol{Q}_t.$$

二、利用初等变换化简矩阵

对矩阵施初等行变换的一个重要目的就是把矩阵化简,下面介绍几种化简后的形式及化简方法.首先介绍一种最基本的形式"阶梯形矩阵".

定义 1.10 已知非零矩阵 $\boldsymbol{A}_{m\times n}$,若它满足:

(1) 如果有零行(元素全为零的行),零行一定在矩阵的最下端;

(2) 各非零行第一个非零元素所在列中,该非零元素下方的所有元素均为零,

则称矩阵 $\boldsymbol{A}$ 为**阶梯形矩阵**.

例如,矩阵

$$\boldsymbol{A}=\begin{bmatrix}-2&3&0&1\\0&1&2&-4\\0&0&9&7\\0&0&0&0\end{bmatrix}$$

为阶梯形矩阵.

虚线形象地表示出它的"阶梯形".利用初等行变换可以把矩阵化为阶梯形.

例 1　利用初等行变换将矩阵

$$A=\begin{bmatrix}2&3&1&0\\0&1&3&-4\\1&2&5&1\end{bmatrix}$$

化为阶梯形矩阵.

解　$$A=\begin{bmatrix}2&3&1&0\\0&1&3&-4\\1&2&5&1\end{bmatrix}\xrightarrow{r_1\leftrightarrow r_3}\begin{bmatrix}1&2&5&1\\0&1&3&-4\\2&3&1&0\end{bmatrix}$$

$$\xrightarrow{-2r_1+r_3}\begin{bmatrix}1&2&5&1\\0&1&3&-4\\0&-1&-9&-2\end{bmatrix}\xrightarrow{r_2+r_3}\begin{bmatrix}1&2&5&1\\0&1&3&-4\\0&0&-6&-6\end{bmatrix}$$

$$=B,$$

可记作 $A\cong B$. 根据定理 1.1 推论，我们可以把化简后的矩阵用原矩阵与初等阵的乘积来表示：

$$B=E_{(2)+(3)}E_{-2(1)+(3)}E_{(1)(3)}A.$$

例 2　利用初等行变换将矩阵

$$A=\begin{bmatrix}1&-2&-1&0&2\\2&-1&0&2&3\\-2&4&2&6&-6\\3&3&3&3&4\end{bmatrix}$$

化为阶梯形.

解

$$A=\begin{bmatrix}1&-2&-1&0&2\\2&-1&0&2&3\\-2&4&2&6&-6\\3&3&3&3&4\end{bmatrix}\xrightarrow[\begin{subarray}{c}2r_1+r_3\\-3r_1+r_4\end{subarray}]{-2r_1+r_2}\begin{bmatrix}1&-2&-1&0&2\\0&3&2&2&-1\\0&0&0&6&-2\\0&9&6&3&-2\end{bmatrix}$$

$$\xrightarrow{r_3\leftrightarrow r_4}\begin{bmatrix}1&-2&-1&0&2\\0&3&2&2&-1\\0&9&6&3&-2\\0&0&0&6&-2\end{bmatrix}\xrightarrow{-3r_2+r_3}\begin{bmatrix}1&-2&-1&0&2\\0&3&2&2&-1\\0&0&0&-3&1\\0&0&0&6&-2\end{bmatrix}$$

$$\xrightarrow{2r_3+r_4}\begin{bmatrix}1&-2&-1&0&2\\0&3&2&2&-1\\0&0&0&-3&1\\0&0&0&0&0\end{bmatrix}=B,$$

可记作 $A\cong B$.

读者可以用若干个初等阵左乘矩阵 $\boldsymbol{A}$ 来表示矩阵 $\boldsymbol{B}$.

在“阶梯形矩阵”的基础上，我们可以进一步对矩阵进行化简.

由例 1

$$\boldsymbol{A}=\begin{bmatrix}2&3&1&0\\0&1&3&-4\\1&2&5&1\end{bmatrix}\rightarrow\cdots\rightarrow\begin{bmatrix}1&2&5&1\\0&1&3&-4\\0&0&-6&-6\end{bmatrix},$$

继续施以初等行变换，上式

$$\xrightarrow{-\frac{1}{6}r_3}\begin{bmatrix}1&2&5&1\\0&1&3&-4\\0&0&1&1\end{bmatrix}\xrightarrow[-5r_3+r_1]{-3r_3+r_2}\begin{bmatrix}1&2&0&-4\\0&1&0&-7\\0&0&1&1\end{bmatrix}\xrightarrow{-2r_2+r_1}\begin{bmatrix}1&0&0&10\\0&1&0&-7\\0&0&1&1\end{bmatrix},$$

我们称其为“简化的阶梯形矩阵”.

定义 1.11 对于阶梯形矩阵，若它还满足：

(1) 各非零行的第一个非零元素均为 1；

(2) 各非零行的第一个非零元素所在的列的其余元素均为零，

则称该矩阵为**简化阶梯形矩阵**.

例如 矩阵

$$\begin{bmatrix}1&0&0&7\\0&1&0&-7\\0&0&1&1\end{bmatrix},\quad\begin{bmatrix}1&2&1&0&2\\0&0&0&1&5\\0&0&0&0&0\end{bmatrix}$$

均为简化阶梯形矩阵.

利用初等行变换可以把矩阵化为简化阶梯形矩阵.

例 3 将例 2 中的矩阵 $\boldsymbol{A}$ 化为简化阶梯形矩阵.

解 由例 2

$$\boldsymbol{A}=\begin{bmatrix}1&-2&-1&0&2\\2&-1&0&2&3\\-2&4&2&6&-6\\3&3&3&3&4\end{bmatrix}\rightarrow\cdots\rightarrow\begin{bmatrix}1&-2&-1&0&2\\0&3&2&2&-1\\0&0&0&-3&1\\0&0&0&0&0\end{bmatrix},$$

继续施以初等行变换

$$\text{上式}\xrightarrow[-\frac{1}{3}r_3]{\frac{1}{3}r_2}\begin{bmatrix}1&-2&-1&0&2\\0&1&\frac{2}{3}&\frac{2}{3}&-\frac{1}{3}\\0&0&0&1&-\frac{1}{3}\\0&0&0&0&0\end{bmatrix}\xrightarrow{-\frac{2}{3}r_3+r_2}\begin{bmatrix}1&-2&-1&0&2\\0&1&\frac{2}{3}&0&-\frac{1}{9}\\0&0&0&1&-\frac{1}{3}\\0&0&0&0&0\end{bmatrix}$$

$$\xrightarrow{2r_2+r_1}\begin{bmatrix}1 & 0 & \frac{1}{3} & 0 & \frac{16}{9}\\ 0 & 1 & \frac{2}{3} & 0 & -\frac{1}{9}\\ 0 & 0 & 0 & 1 & -\frac{1}{3}\\ 0 & 0 & 0 & 0 & 0\end{bmatrix}.$$

由以上例 1 至例 3 我们得到把矩阵 $\boldsymbol{A}$ 化为简化阶梯形的一般步骤为：

(1) 首先把第一行的第一个元素化为 1，然后将其下方的所有元素化为 0；再将第二行第一个非零元素化为 1，然后将其下方的所有元素化为 0；直到把矩阵 $\boldsymbol{A}$ 化为各行第一个非零元素均为 1 的阶梯形矩阵.

(2) 首先把最后一个非零行的第一个非零元素上方的所有元素均化为零，再将倒数第二个非零行的第一个非零元素上方的所有元素均化为零，直到把第二行第一个非零元素上方的元素化为零.

注意，以上过程只需用初等行变换就可以完成.

矩阵经初等变换后的最简洁形式可以用下述定理来表述.

定理 1.2　对任意矩阵 $\boldsymbol{A}_{m\times n}$，经过有限次初等行、列变换，总可以化为形如

$$\boldsymbol{D}=\begin{bmatrix}\boldsymbol{E}_r & \boldsymbol{O}\\ \boldsymbol{O} & \boldsymbol{O}\end{bmatrix},\quad r\leqslant \min(m,n)$$

的矩阵.

证　如果 $\boldsymbol{A}$ 为零矩阵，即 $\boldsymbol{A}=\boldsymbol{O}$，则 $\boldsymbol{A}$ 已是矩阵 $\boldsymbol{D}$ 的形式. 如果 $\boldsymbol{A}\neq\boldsymbol{O}$，则 $\boldsymbol{A}$ 中至少有一个元素不等于零. 不妨设 $a_{11}\neq 0$，(若 $a_{11}=0$，则可对 $\boldsymbol{A}$ 施以第一种初等变换，使位于第一行、第一列的元素不为零). 现对 $\boldsymbol{A}$ 施以第三种初等变换：用 $-\frac{a_{i1}}{a_{11}}$ 乘第一行加到第 i 行上($i=2,\cdots,m$)；再用 $-\frac{a_{1j}}{a_{11}}$ 乘所得矩阵的第一列加到第 j 列上($j=2,\cdots,n$)；然后以 $\frac{1}{a_{11}}$ 乘所得矩阵第一行，则矩阵 $\boldsymbol{A}$ 化为

$$\begin{bmatrix}1 & 0 & \cdots & 0\\ 0 & a'_{22} & \cdots & a'_{2n}\\ \vdots & \vdots & & \vdots\\ 0 & a'_{n2} & \cdots & a'_{nn}\end{bmatrix}=\begin{bmatrix}1 & \boldsymbol{O}\\ \boldsymbol{O} & \boldsymbol{A}_1\end{bmatrix},$$

其中 $\boldsymbol{A}_1$ 是 $(m-1)\times(n-1)$ 矩阵. 若 $\boldsymbol{A}_1=\boldsymbol{O}$，则已化为形如矩阵 $\boldsymbol{D}$ 的形式；若 $\boldsymbol{A}_1\neq\boldsymbol{O}$，则对 $\boldsymbol{A}_1$ 重复上述步骤，必可把 $\boldsymbol{A}$ 化为矩阵 $\boldsymbol{D}$ 的形式.

定义 1.12　上述定理中的矩阵 $\boldsymbol{D}$ 称为矩阵 $\boldsymbol{A}$ 的**等价标准形.**

利用定义 1.12，定理 1.2 也可以叙述为：任意一个 $m\times n$ 矩阵 $\boldsymbol{A}$ 都可以经过有限次初等变换化为等价标准形.

下面以例 3 中的矩阵 $\boldsymbol{A}$，说明将 $\boldsymbol{A}$ 化为其等价标准形的过程：

$$\boldsymbol{A}=\begin{bmatrix}1&-2&-1&0&2\\2&-1&0&2&3\\-2&4&2&6&-6\\3&3&3&3&4\end{bmatrix}\xrightarrow{\text{一系列初等行变换}}\begin{bmatrix}1&0&\frac{1}{3}&0&\frac{16}{9}\\0&1&\frac{2}{3}&0&-\frac{1}{9}\\0&0&0&1&-\frac{1}{3}\\0&0&0&0&0\end{bmatrix},$$

对上式再进行初等列变换

$$\xrightarrow[-\frac{16}{9}c_1+c_5]{-\frac{1}{3}c_1+c_3}\begin{bmatrix}1&0&0&0&0\\0&1&\frac{2}{3}&0&-\frac{1}{9}\\0&0&0&1&-\frac{1}{3}\\0&0&0&0&0\end{bmatrix}\xrightarrow[\frac{1}{9}c_2+c_5]{-\frac{2}{3}c_2+c_3}\begin{bmatrix}1&0&0&0&0\\0&1&0&0&0\\0&0&0&1&-\frac{1}{3}\\0&0&0&0&0\end{bmatrix}$$

$$\xrightarrow{\frac{1}{3}c_4+c_5}\begin{bmatrix}1&0&0&0&0\\0&1&0&0&0\\0&0&0&1&0\\0&0&0&0&0\end{bmatrix}\xrightarrow{c_3\leftrightarrow c_4}\begin{bmatrix}1&0&0&0&0\\0&1&0&0&0\\0&0&1&0&0\\0&0&0&0&0\end{bmatrix}=\begin{bmatrix}\boldsymbol{E}_3&\boldsymbol{O}_{3\times 2}\\\boldsymbol{O}_{1\times 3}&\boldsymbol{O}_{1\times 2}\end{bmatrix}.$$

矩阵$\begin{bmatrix}\boldsymbol{E}_3&\boldsymbol{O}_{3\times 2}\\\boldsymbol{O}_{1\times 3}&\boldsymbol{O}_{1\times 2}\end{bmatrix}$即为矩阵 $\boldsymbol{A}$ 的等价标准形.

根据矩阵等价的概念，我们可以得到如下定理.

定理 1.3 若 $\boldsymbol{A}\cong\boldsymbol{B}$，则矩阵 $\boldsymbol{A}$ 与矩阵 $\boldsymbol{B}$ 有相同的等价标准形.

由以上讨论可知，任何非零矩阵经过一系列初等行变换能变成与之等价的简化阶梯形矩阵，在继续施行一系列初等列变换，一定能化为原矩阵的等价标准形.

习 题 1.4

1. 用初等行变换把下列矩阵化为阶梯形矩阵：

(1) $\begin{bmatrix}-2&1&1\\1&-2&1\\1&1&-2\end{bmatrix}$；　(2) $\begin{bmatrix}2&2&-1&6\\1&-2&4&3\\5&8&1&18\end{bmatrix}$；

(3) $\begin{bmatrix}2&-4&1&3\\0&-1&3&2\\-4&5&7&0\end{bmatrix}$；　(4) $\begin{bmatrix}1&3&-1&-2\\2&-1&2&3\\3&2&1&1\\1&-4&3&5\end{bmatrix}$.

2. 用初等行变换把下列矩阵化为简化的阶梯形矩阵：

(1) $\begin{bmatrix} 1 & -2 & 1 & 1 \\ -1 & 1 & 2 & 1 \\ 3 & -1 & 1 & 6 \end{bmatrix}$； (2) $\begin{bmatrix} 0 & 2 & -4 \\ -1 & -4 & 5 \\ 3 & 1 & 7 \\ 0 & 5 & -10 \\ 2 & 3 & 0 \end{bmatrix}$.

3. 把下列矩阵化为其等价标准形：

(1) $A=\begin{bmatrix} 1 & -3 & 4 & 5 \\ 2 & -2 & 7 & 9 \\ 3 & 3 & 9 & 12 \end{bmatrix}$； (2) $A=\begin{bmatrix} 1 & 2 & 3 \\ 3 & 1 & 2 \\ 2 & 3 & 1 \end{bmatrix}$；

(3) $A=\begin{bmatrix} 1 & 2 \\ 2 & 1 \\ 1 & 3 \end{bmatrix}$； (4) $A=\begin{bmatrix} 1 & -1 & 2 & 1 & 0 \\ 3 & 0 & 6 & -1 & 1 \\ 0 & 3 & 0 & 0 & 1 \end{bmatrix}$.

4. 单项选择题：

(1) 设矩阵

$$A=\begin{bmatrix} a_{11} & a_{12} & a_{13} \\ a_{21} & a_{22} & a_{23} \\ a_{31} & a_{32} & a_{33} \end{bmatrix},\quad B=\begin{bmatrix} a_{21} & a_{22} & a_{23} \\ a_{11} & a_{12} & a_{13} \\ a_{31}+a_{11} & a_{32}+a_{12} & a_{33}+a_{13} \end{bmatrix},$$

则( ).

(A) $AE_{(1)(2)}E_{(1)+(3)}=B$； (B) $AE_{(1)+(3)}E_{(1)(2)}=B$； (C) $E_{(1)(2)}E_{(1)+(3)}A=B$； (D) $E_{(1)+(3)}E_{(1)(2)}A=B$.

(2) 下列矩阵中，( )是初等矩阵.

(A) $\begin{bmatrix} 1 & 0 & 1 \\ 0 & 1 & 0 \\ 1 & 0 & 0 \end{bmatrix}$； (B) $\begin{bmatrix} 0 & 0 & 1 \\ 0 & 1 & 0 \\ 1 & -1 & 0 \end{bmatrix}$； (C) $\begin{bmatrix} 0 & 0 & 1 \\ 0 & -1 & 0 \\ 1 & 0 & 0 \end{bmatrix}$； (D) $\begin{bmatrix} 1 & 0 & 0 \\ 0 & 1 & -5 \\ 0 & 0 & 1 \end{bmatrix}$.

(3) $\begin{bmatrix} 0 & 1 & 0 \\ 1 & 0 & 0 \\ 0 & 0 & 1 \end{bmatrix}^{2001}\begin{bmatrix} 1 & 2 & 3 \\ 4 & 5 & 6 \\ 7 & 8 & 9 \end{bmatrix}\begin{bmatrix} 0 & 0 & 1 \\ 0 & 1 & 0 \\ 1 & 0 & 0 \end{bmatrix}^{2002}=$( ).

(A) $\begin{bmatrix} 4 & 5 & 6 \\ 1 & 2 & 3 \\ 7 & 8 & 9 \end{bmatrix}$； (B) $\begin{bmatrix} 2 & 1 & 3 \\ 5 & 4 & 6 \\ 8 & 7 & 9 \end{bmatrix}$； (C) $\begin{bmatrix} 1 & 2 & 3 \\ 7 & 8 & 9 \\ 4 & 5 & 6 \end{bmatrix}$； (D) $\begin{bmatrix} 3 & 2 & 1 \\ 6 & 5 & 4 \\ 9 & 8 & 7 \end{bmatrix}$.

§1.5 逆 矩 阵

在实数的乘法运算中，如果一个数 $a\neq0$，一定存在惟一一个数 b，使得 $b=\dfrac{1}{a}$，它们的积是一个单位数 1，即

$$ab=ba=1,$$

称 b 为 a 的倒数，记为 $b=a^{-1}$，也可以把 b 看做是 a 对乘法运算的逆元.

在矩阵的乘法运算中，对于矩阵 A，能否找到矩阵 B，使

$$AB=BA=E$$

成立呢？这就是求逆矩阵的问题.

一、逆矩阵的概念和性质

定义 1.13 对于 n 阶矩阵 $\boldsymbol{A}$,如果存在一个矩阵 $\boldsymbol{B}$,使

$$\boldsymbol{AB}=\boldsymbol{BA}=\boldsymbol{E}$$

成立,则称矩阵 $\boldsymbol{A}$ 是**可逆的**,并把矩阵 $\boldsymbol{B}$ 称为矩阵 $\boldsymbol{A}$ 的**逆矩阵**.

根据定义 1.13,n 阶矩阵 $\boldsymbol{A}$ 的逆矩阵 $\boldsymbol{B}$ 必为 n 阶矩阵.

自然会遇到这样一个问题,如果矩阵 $\boldsymbol{A}$ 是可逆的,那么它的逆矩阵是否也能像数 a 的逆元一样是惟一的呢?

定理 1.4 若矩阵 $\boldsymbol{A}$ 是可逆的,则 $\boldsymbol{A}$ 的逆矩阵惟一.

证 设 $\boldsymbol{B}_1,\boldsymbol{B}_2$ 均为 $\boldsymbol{A}$ 的逆矩阵,根据逆矩阵的定义,有

$$\boldsymbol{AB}_1=\boldsymbol{B}_1\boldsymbol{A}=\boldsymbol{E} \quad 和 \quad \boldsymbol{AB}_2=\boldsymbol{B}_2\boldsymbol{A}=\boldsymbol{E},$$

再根据矩阵乘法的结合律,有

$$\boldsymbol{B}_1=\boldsymbol{B}_1\boldsymbol{E}=\boldsymbol{B}_1(\boldsymbol{AB}_2)=(\boldsymbol{B}_1\boldsymbol{A})\boldsymbol{B}_2=\boldsymbol{EB}_2=\boldsymbol{B}_2,$$

由此得到 $\boldsymbol{A}$ 的逆矩阵是惟一的.

$\boldsymbol{A}$ 的逆矩阵记为 $\boldsymbol{A}^{-1}$,即

$$\boldsymbol{AA}^{-1}=\boldsymbol{A}^{-1}\boldsymbol{A}=\boldsymbol{E}.$$

在数的运算中,并不是所有的数都有倒数,只有不为 0 的数才有倒数.类似地,不是所有的方阵都可逆,例如,零矩阵就不可逆(因为任何矩阵与零矩阵相乘都等于零矩阵).那么,非零的 n 阶矩阵是否就一定可逆呢?

考察非零方阵 $\boldsymbol{B}=\begin{bmatrix}1&2\\4&8\end{bmatrix}$,设 $\boldsymbol{C}=\begin{bmatrix}c_{11}&c_{12}\\c_{21}&c_{22}\end{bmatrix}$为 $\boldsymbol{B}$ 的逆矩阵,根据逆矩阵的定义,有

$$\boldsymbol{BC}=\begin{bmatrix}1&2\\4&8\end{bmatrix}\begin{bmatrix}c_{11}&c_{12}\\c_{21}&c_{22}\end{bmatrix}=\begin{bmatrix}1&0\\0&1\end{bmatrix},$$

于是

$$\begin{bmatrix}c_{11}+2c_{21}&c_{12}+2c_{22}\\4c_{11}+8c_{21}&4c_{12}+8c_{22}\end{bmatrix}=\begin{bmatrix}1&0\\0&1\end{bmatrix},$$

$$\begin{cases}c_{11}+2c_{21}=1,\\4c_{11}+8c_{21}=0.\end{cases}$$

即

$$\begin{cases}c_{11}+2c_{21}=1,\\c_{11}+2c_{21}=0.\end{cases} \tag{1.13}$$

方程组(1.13)无解.因此矩阵 $\boldsymbol{C}$ 不存在.可见方阵 $\boldsymbol{B}$ 虽不为零矩阵,其逆矩阵也不存在.究竟满足什么条件的矩阵才可逆呢?

定理 1.5 初等阵一定是可逆的,并且初等阵的逆矩阵仍为初等阵.

证 对于第一种初等阵,因为

$$E_{(i)(j)}E_{(j)(i)} = E_{(j)(i)}E_{(i)(j)} = E,$$

根据定义 1.13,$E_{(j)(i)}$为第一种初等阵 $E_{(i)(j)}$的逆矩阵.

同理,由于

$$E_{k(i)}E_{\frac{1}{k}(i)} = E_{\frac{1}{k}(i)}E_{k(i)} = E,$$

$$E_{k(i)+(j)}E_{-k(i)+(j)} = E_{-k(i)+(j)}E_{k(i)+(j)} = E,$$

$E_{\frac{1}{k}(i)}$,$E_{-k(i)+(j)}$分别为第二种、第三种初等阵的逆矩阵.

定理 1.6　若 A,B 为同阶可逆矩阵,则 AB 也为可逆矩阵,且

$$(AB)^{-1} = B^{-1}A^{-1}$$

成立.

证　因为 A,B 为可逆阵,所以 A^{-1},B^{-1}存在,且有

$$(AB)(B^{-1}A^{-1}) = A(BB^{-1})A^{-1} = AEA^{-1} = AA^{-1} = E,$$

$$(B^{-1}A^{-1})(AB) = B^{-1}(A^{-1}A)B = B^{-1}EB = B^{-1}B = E,$$

即

$$(AB)(B^{-1}A^{-1}) = (B^{-1}A^{-1})(AB) = E,$$

根据逆矩阵的定义,AB 为可逆阵,且 AB 的逆矩阵为 $B^{-1}A^{-1}$.

推论 1　若 $A_1,A_2,\cdots,A_l$ 为同阶的可逆矩阵,则它们的乘积 $A_1A_2\cdots A_l$ 也是可逆矩阵,且

$$(A_1A_2\cdots A_l)^{-1} = A_l^{-1}A_{l-1}^{-1}\cdots A_1^{-1}.$$

推论 2　可逆矩阵的等价矩阵仍为可逆矩阵.

证　设 A 为 n 阶可逆矩阵,且 $A\cong B$,则存在 n 阶初等阵 $P_1,P_2,\cdots,P_s$ 和 $Q_1,Q_2,\cdots,Q_t$,使得

$$B = P_s\cdots P_2P_1AQ_1Q_2\cdots Q_t.$$

根据定理 1.5,$P_i(i=1,2,\cdots,s)$和 $Q_j(j=1,2,\cdots,t)$都可逆,由推论 1,当 A 可逆时,其等价矩阵 B 仍可逆.

定理 1.7　n 阶矩阵 A 为可逆矩阵的充要条件为,A 的等价标准形为 $E_{n\times n}$.

证　*充分性*　设 A 的等价标准形为 $E_{n\times n}$,即 $A\cong E_{n\times n}$. 而 $E_{n\times n}$为可逆矩阵,根据定理 1.6 的推论 2,A 一定为可逆矩阵.

必要性　假设可逆矩阵 A 的等价标准形为 B,且 $B\neq E_{n\times n}$,即 B 至少有一个零行(不妨设 B 恰有一个零行),可记作

$$B = \begin{bmatrix} E_{(n-1)\times(n-1)} & O_{(n-1)\times 1} \\ O_{1\times(n-1)} & 0 \end{bmatrix}.$$

因为 A 为可逆矩阵,根据定理 1.6 的推论 2,B 一定为可逆矩阵.

把 B 的逆矩阵施行与 B 同类型的分块,记为

$$B^{-1} = \begin{bmatrix} B_1 & B_2 \\ B_3 & B_4 \end{bmatrix},$$

其中 $\boldsymbol{B}_1$ 为$(n-1)$阶矩阵，$\boldsymbol{B}_2$ 为$(n-1)\times 1$ 阶矩阵，$\boldsymbol{B}_3$ 为 $1\times(n-1)$阶矩阵，$\boldsymbol{B}_4$ 为 1×1 阶方阵，

$$\boldsymbol{B}^{-1}\boldsymbol{B}=\begin{bmatrix}\boldsymbol{B}_1 & \boldsymbol{B}_2\\ \boldsymbol{B}_3 & \boldsymbol{B}_4\end{bmatrix}\begin{bmatrix}\boldsymbol{E}_{(n-1)\times(n-1)} & \boldsymbol{O}_{(n-1)\times 1}\\ \boldsymbol{O}_{1\times(n-1)} & \boldsymbol{O}_{1\times 1}\end{bmatrix}=\begin{bmatrix}\boldsymbol{B}_1 & \boldsymbol{O}_{(n-1)\times 1}\\ \boldsymbol{B}_3 & \boldsymbol{O}_{1\times 1}\end{bmatrix}\neq\boldsymbol{E},$$

与逆矩阵的定义矛盾.因此，假设 $\boldsymbol{B}\neq\boldsymbol{E}_{n\times n}$是错误的.故 $\boldsymbol{B}=\boldsymbol{E}_{n\times n}$.必要性得证.

定理 1.8 设 $\boldsymbol{A},\boldsymbol{B}$ 都是 n 阶矩阵，若等式 $\boldsymbol{AB}=\boldsymbol{E}$ 成立，则矩阵 $\boldsymbol{A}$ 一定可逆，且有 $\boldsymbol{A}^{-1}=\boldsymbol{B}$.（证明略）

定理 1.9 逆矩阵有如下基本性质：

(1) $(\boldsymbol{A}^{-1})^{-1}=\boldsymbol{A}$；

(2) $(k\boldsymbol{A})^{-1}=\dfrac{1}{k}\boldsymbol{A}^{-1}$；

(3) $(\boldsymbol{A}^{\mathrm{T}})^{-1}=(\boldsymbol{A}^{-1})^{\mathrm{T}}$.

证 (1) 因为 $\boldsymbol{A}^{-1}\boldsymbol{A}=\boldsymbol{A}\boldsymbol{A}^{-1}=\boldsymbol{E}$，所以 $\boldsymbol{A}$ 为 $\boldsymbol{A}^{-1}$的逆矩阵，即

$$(\boldsymbol{A}^{-1})^{-1}=\boldsymbol{A}.$$

(2) 因为 $(k\boldsymbol{A})\left(\dfrac{1}{k}\boldsymbol{A}^{-1}\right)=\boldsymbol{A}\boldsymbol{A}^{-1}=\boldsymbol{E}$，$\left(\dfrac{1}{k}\boldsymbol{A}^{-1}\right)(k\boldsymbol{A})=\boldsymbol{A}^{-1}\boldsymbol{A}=\boldsymbol{E}$，所以$\left(\dfrac{1}{k}\boldsymbol{A}^{-1}\right)$为$(k\boldsymbol{A})$的逆矩阵，即

$$(k\boldsymbol{A})^{-1}=\frac{1}{k}\boldsymbol{A}^{-1}.$$

(3) 因为 $\boldsymbol{A}^{\mathrm{T}}(\boldsymbol{A}^{-1})^{\mathrm{T}}=(\boldsymbol{A}^{-1}\boldsymbol{A})^{\mathrm{T}}=\boldsymbol{E}^{\mathrm{T}}=\boldsymbol{E}$，$(\boldsymbol{A}^{-1})^{\mathrm{T}}\boldsymbol{A}^{\mathrm{T}}=(\boldsymbol{A}\boldsymbol{A}^{-1})^{\mathrm{T}}=\boldsymbol{E}^{\mathrm{T}}=\boldsymbol{E}$，所以$(\boldsymbol{A}^{-1})^{\mathrm{T}}$ 为 $\boldsymbol{A}^{\mathrm{T}}$ 的逆矩阵，即

$$(\boldsymbol{A}^{\mathrm{T}})^{-1}=(\boldsymbol{A}^{-1})^{\mathrm{T}}.$$

例 1 若 n 阶方阵 $\boldsymbol{A}$ 满足 $\boldsymbol{A}^2-\boldsymbol{A}-2\boldsymbol{E}=\boldsymbol{O}$，证明 $\boldsymbol{A}$ 可逆，并求 $\boldsymbol{A}^{-1}$.

解 根据 $\boldsymbol{A}^2-\boldsymbol{A}-2\boldsymbol{E}=\boldsymbol{O}$ 可得，

$$\boldsymbol{A}(\boldsymbol{A}-\boldsymbol{E})=2\boldsymbol{E},\quad 即\quad \boldsymbol{A}\left[\frac{1}{2}(\boldsymbol{A}-\boldsymbol{E})\right]=\boldsymbol{E}.$$

根据本节定理 1.8，$\boldsymbol{A}$ 可逆，且

$$\boldsymbol{A}^{-1}=\frac{1}{2}(\boldsymbol{A}-\boldsymbol{E}).$$

例 2 已知矩阵 $\boldsymbol{X}$ 满足关系式 $\boldsymbol{AX}+\boldsymbol{E}=\boldsymbol{A}^2+\boldsymbol{X}$，其中

$$\boldsymbol{A}=\begin{bmatrix}1 & 0 & 1\\ 0 & 2 & 0\\ 1 & 0 & 1\end{bmatrix},$$

求矩阵 $\boldsymbol{X}$.

解 由 $\boldsymbol{AX}+\boldsymbol{E}=\boldsymbol{A}^2+\boldsymbol{X}$，化简得

$$(\boldsymbol{A}-\boldsymbol{E})\boldsymbol{X}=\boldsymbol{A}^2-\boldsymbol{E}=(\boldsymbol{A}-\boldsymbol{E})(\boldsymbol{A}+\boldsymbol{E}).$$

而
$$A-E=\begin{bmatrix}1&0&1\\0&2&0\\1&0&1\end{bmatrix}-\begin{bmatrix}1&0&0\\0&1&0\\0&0&1\end{bmatrix}=\begin{bmatrix}0&0&1\\0&1&0\\1&0&0\end{bmatrix}.$$
根据定理 1.7，$A-E$ 一定为可逆矩阵，因此
$$X=(A-E)^{-1}(A-E)(A+E)=A+E$$
$$=\begin{bmatrix}1&0&1\\0&2&0\\1&0&1\end{bmatrix}+\begin{bmatrix}1&0&0\\0&1&0\\0&0&1\end{bmatrix}=\begin{bmatrix}2&0&1\\0&3&0\\1&0&2\end{bmatrix}.$$

二、逆矩阵的求法

定理 1.10 若 n 阶矩阵 A 可逆，则对 A 施以有限次初等行变换一定能化成 n 阶单位矩阵 E，且 n 阶单位矩阵 E 通过同样的初等行变换一定化成 A^{-1}.

证* 根据定理 1.7，若 A 可逆，则 A 的等价标准形为 E，即存在初等矩阵 $P_1,P_2,\cdots,P_s$ 和 $Q_1,Q_2,\cdots,Q_t$，使得
$$E=P_s\cdots P_2P_1AQ_1Q_2\cdots Q_t.$$
由于初等矩阵一定可逆，在上式两边依次右乘 $Q_t^{-1},\cdots,Q_2^{-1},Q_1^{-1}$，可得
$$P_s\cdots P_2P_1A=Q_t^{-1}\cdots Q_2^{-1}Q_1^{-1}.$$
上式两边再依次左乘 $Q_t,\cdots,Q_2,Q_1$，得
$$Q_1Q_2\cdots Q_tP_s\cdots P_2P_1A=E, \tag{1.14}$$
即对 A 施以有限次初等行变换可化为其等价标准形 E.

在(1.14)式两边右乘 A^{-1} 得
$$Q_1Q_2\cdots Q_tP_s\cdots P_2P_1AA^{-1}=EA^{-1},$$
即
$$Q_1Q_2\cdots Q_tP_t\cdots P_2P_1E=A^{-1}.$$
这表明：n 阶单位阵 E 通过同样的初等行变换可化为 A^{-1}. 定理证毕.

由(1.14)式，又可得到
$$A=P_1^{-1}P_2^{-1}\cdots P_s^{-1}Q_t^{-1}\cdots Q_2^{-1}Q_1^{-1},$$
而 $P_i^{-1}(i=1,2,\cdots,s)$ 和 $Q_j^{-1}(j=1,2,\cdots,t)$ 仍为初等矩阵. 由此可得

推论 n 阶矩阵可逆的充分必要条件是 A 可以表示为一系列初等矩阵的乘积.

由定理 1.10 及其推论，我们可以得到利用初等行变换求 n 阶方阵 A 的逆矩阵的方法：

设 n 阶矩阵 A 可逆，对 A 施以一系列初等行变换对应的初等矩阵依次为 $G_1,G_2,\cdots,G_k$，使得
$$G_k\cdots G_2G_1A=E. \tag{1.15}$$
上式两端右乘 A^{-1}，有
$$G_k\cdots G_2G_1AA^{-1}=G_k\cdots G_2G_1E=EA^{-1}=A^{-1}.$$

即

$$G_k\cdots G_2G_1E=A^{-1}. \tag{1.16}$$

利用分块矩阵,(1.15)和(1.16)两式可以写成

$$G_k\cdots G_2G_1(A\quad E)=(G_k\cdots G_2G_1A\quad G_k\cdots G_2G_1E)=(E\quad A^{-1}).$$

上式表明,如果对 A 施以一系列初等行变换把 A 化为单位矩阵 E,则对单位矩阵 E 施以同样的初等行变换,就可得到 A^{-1}. 由此可知:

如果在方阵 A 的右侧加上与 A 同阶的单位矩阵 E,构成分块矩阵 $(A\mid E)$,对这个 $n\times 2n$ 矩阵施以初等行变换,当子块 A 化为 E 时,子块 E 就化成了 A^{-1},即

$$(A\mid E)\xrightarrow{\text{一系列初等行变换}}(E\mid A^{-1}).$$

例 3 求矩阵 A 的逆矩阵,其中

$$A=\begin{bmatrix}2&5\\1&3\end{bmatrix}.$$

解 $$(A\mid E)=\left[\begin{array}{cc:cc}2&5&1&0\\1&3&0&1\end{array}\right]\xrightarrow{r_1\leftrightarrow r_2}\left[\begin{array}{cc:cc}1&3&0&1\\2&5&1&0\end{array}\right]\xrightarrow{-2r_1+r_2}\left[\begin{array}{cc:cc}1&3&0&1\\0&-1&1&-2\end{array}\right]$$
$$\xrightarrow{-r_2}\left[\begin{array}{cc:cc}1&3&0&1\\0&1&-1&2\end{array}\right]\xrightarrow{-3r_2+r_1}\left[\begin{array}{cc:cc}1&0&3&-5\\0&1&-1&2\end{array}\right]$$
$$=(E\mid A^{-1}),$$

则

$$A^{-1}=\begin{bmatrix}3&-5\\-1&2\end{bmatrix}.$$

例 4 求矩阵 A 的逆矩阵,其中

$$A=\begin{bmatrix}2&0&1\\1&-2&-1\\-1&3&2\end{bmatrix}.$$

解 由已知条件

$$(A\mid E)=\left[\begin{array}{ccc:ccc}2&0&1&1&0&0\\1&-2&-1&0&1&0\\-1&3&2&0&0&1\end{array}\right]\xrightarrow{r_1\leftrightarrow r_2}\left[\begin{array}{ccc:ccc}1&-2&-1&0&1&0\\2&0&1&1&0&0\\-1&3&2&0&0&1\end{array}\right]$$
$$\xrightarrow[r_1+r_3]{-2r_1+r_2}\left[\begin{array}{ccc:ccc}1&-2&-1&0&1&0\\0&4&3&1&-2&0\\0&1&1&0&1&1\end{array}\right]\xrightarrow{r_2\leftrightarrow r_3}\left[\begin{array}{ccc:ccc}1&-2&-1&0&1&0\\0&1&1&0&1&1\\0&4&3&1&-2&0\end{array}\right]$$
$$\xrightarrow{-4r_2+r_3}\left[\begin{array}{ccc:ccc}1&-2&-1&0&1&0\\0&1&1&0&1&1\\0&0&-1&1&-6&-4\end{array}\right]\xrightarrow{-r_3}\left[\begin{array}{ccc:ccc}1&-2&-1&0&1&0\\0&1&1&0&1&1\\0&0&1&-1&6&4\end{array}\right]$$

$$\xrightarrow[r_3+r_1]{-r_3+r_2}\left[\begin{array}{ccc|ccc}1&-2&0&-1&7&4\\0&1&0&1&-5&-3\\0&0&1&-1&6&4\end{array}\right]\xrightarrow{2r_2+r_1}\left[\begin{array}{ccc|ccc}1&0&0&1&-3&-2\\0&1&0&1&-5&-3\\0&0&1&-1&6&4\end{array}\right]$$

$$=(\boldsymbol{E}\mid\boldsymbol{A}^{-1}),$$

所以

$$\boldsymbol{A}^{-1}=\begin{bmatrix}1&-3&-2\\1&-5&-3\\-1&6&4\end{bmatrix}.$$

例 5 求矩阵 $\boldsymbol{A}$ 的逆矩阵,其中

$$\boldsymbol{A}=\begin{bmatrix}a_1&0&0&\cdots&0\\0&a_2&0&\cdots&0\\0&0&a_3&\cdots&0\\\vdots&\vdots&\vdots&&\vdots\\0&0&0&\cdots&a_n\end{bmatrix},\quad a_i\neq 0(i=1,2,\cdots,n).$$

解 由题设条件,

$$(\boldsymbol{A}\mid\boldsymbol{E})=\left[\begin{array}{ccccc|ccccc}a_1&0&0&\cdots&0&1&0&0&\cdots&0\\0&a_2&0&\cdots&0&0&1&0&\cdots&0\\0&0&a_3&\cdots&0&0&0&1&\cdots&0\\\vdots&\vdots&\vdots&&\vdots&\vdots&\vdots&\vdots&&\vdots\\0&0&0&\cdots&a_n&0&0&0&\cdots&1\end{array}\right]$$

$$\xrightarrow[(1\leqslant i\leqslant n)]{\frac{1}{a_i}r_i}\left[\begin{array}{ccccc|ccccc}1&0&0&\cdots&0&a_1^{-1}&0&0&\cdots&0\\0&1&0&\cdots&0&0&a_2^{-1}&0&\cdots&0\\0&0&1&\cdots&0&0&0&a_3^{-1}&\cdots&0\\\vdots&\vdots&\vdots&&\vdots&\vdots&\vdots&\vdots&&\vdots\\0&0&0&\cdots&1&0&0&0&\cdots&a_n^{-1}\end{array}\right],$$

所以

$$\boldsymbol{A}^{-1}=\begin{bmatrix}a_1^{-1}&0&0&\cdots&0\\0&a_2^{-1}&0&\cdots&0\\0&0&a_3^{-1}&\cdots&0\\\vdots&\vdots&\vdots&&\vdots\\0&0&0&\cdots&a_n^{-1}\end{bmatrix}.$$

这一结果可作为定理直接运用.

三、分块矩阵的逆

在此仅考虑 n 阶方阵可以写成如下形式的分块矩阵：

$$A=\begin{bmatrix} A_{11} & & & \\ & A_{22} & & \\ & & \ddots & \\ & & & A_{ss} \end{bmatrix},$$

其中 A_{ii} 是 n_i 阶矩阵($i=1,2,\cdots,s$). 此时称分块矩阵 A 为**准对角阵**.

若每一个 A_{ii} 均可逆，则

$$A^{-1}=\begin{bmatrix} A_{11}^{-1} & & & \\ & A_{22}^{-1} & & \\ & & \ddots & \\ & & & A_{ss}^{-1} \end{bmatrix}.$$

对于上式，用分块矩阵乘法的公式很容易验证：

$$\begin{bmatrix} A_{11} & & & \\ & A_{22} & & \\ & & \ddots & \\ & & & A_{ss} \end{bmatrix}\begin{bmatrix} A_{11}^{-1} & & & \\ & A_{22}^{-1} & & \\ & & \ddots & \\ & & & A_{ss}^{-1} \end{bmatrix}=\begin{bmatrix} A_{11}A_{11}^{-1} & & & \\ & A_{22}A_{22}^{-1} & & \\ & & \ddots & \\ & & & A_{ss}A_{ss}^{-1} \end{bmatrix}$$

$$=\begin{bmatrix} E_{n1} & & & \\ & E_{n2} & & \\ & & \ddots & \\ & & & E_{ns} \end{bmatrix}=E.$$

例 6 求矩阵 A 的逆矩阵，其中

$$A=\begin{bmatrix} 1 & 2 & 0 & 0 \\ 2 & 1 & 0 & 0 \\ 0 & 0 & 2 & 1 \\ 0 & 0 & 1 & 3 \end{bmatrix}.$$

解 将矩阵 A 分块为 $A=\begin{bmatrix} A_{11} & O \\ O & A_{22} \end{bmatrix}$，其中

$$A_{11}=\begin{bmatrix} 1 & 2 \\ 2 & 1 \end{bmatrix},\quad A_{22}=\begin{bmatrix} 2 & 1 \\ 1 & 3 \end{bmatrix},$$

可求出

$$A_{11}^{-1}=\begin{bmatrix}-\frac{1}{3} & \frac{2}{3}\\ \frac{2}{3} & -\frac{1}{3}\end{bmatrix},\quad A_{22}^{-1}=\begin{bmatrix}\frac{3}{5} & -\frac{1}{5}\\ -\frac{1}{5} & \frac{2}{5}\end{bmatrix},$$

于是

$$A^{-1}=\begin{bmatrix}A_{11}^{-1} & O\\ O & A_{22}^{-1}\end{bmatrix}=\begin{bmatrix}-1/3 & 2/3 & 0 & 0\\ 2/3 & -1/3 & 0 & 0\\ 0 & 0 & 3/5 & -1/5\\ 0 & 0 & -1/5 & 2/5\end{bmatrix}.$$

四、逆矩阵的应用

矩阵方程 $AX=B$ 与代数方程 $ax=b$ 很相似. 分析代数方程的求解过程，当 $a\neq 0$ 时，用逆元 a^{-1}乘方程 $ax=b$ 两边，得 $x=a^{-1}b$. 类似地，在矩阵方程中，若 A 可逆，用 A^{-1}左乘方程 $AX=B$ 的两边，有

$$X=A^{-1}B.$$

定理 1.11　若 n 阶方阵 A 存在逆矩阵 A^{-1}，则矩阵方程 $AX=B$ 有解 $X=A^{-1}B$.

证　在方程 $AX=B$ 两边同时左乘 A^{-1}，有

$$A^{-1}(AX)=A^{-1}B,$$

根据矩阵乘法的结合律，有

$$(A^{-1}A)X=EX=X=A^{-1}B,$$

即有

$$X=A^{-1}B.$$

类似地，若 n 阶方阵 A 可逆，则矩阵方程 $XA=B$ 有解，且

$$X=BA^{-1}.$$

例 7　解矩阵方程

$$\begin{bmatrix}1 & 1\\ 2 & 1\end{bmatrix}X=\begin{bmatrix}3\\ 5\end{bmatrix}.$$

解　设 $A=\begin{bmatrix}1 & 1\\ 2 & 1\end{bmatrix}$，可求出

$$A^{-1}=\begin{bmatrix}-1 & 1\\ 2 & -1\end{bmatrix}.$$

原方程两边同时左乘 A^{-1}，得

$$\begin{bmatrix}-1 & 1\\ 2 & -1\end{bmatrix}\begin{bmatrix}1 & 1\\ 2 & 1\end{bmatrix}X=\begin{bmatrix}-1 & 1\\ 2 & -1\end{bmatrix}\begin{bmatrix}3\\ 5\end{bmatrix},$$

$$\begin{bmatrix}1 & 0\\ 0 & 1\end{bmatrix}X=\begin{bmatrix}2\\ 1\end{bmatrix},$$

$$X=\begin{bmatrix}2\\1\end{bmatrix}.$$

例 8 解矩阵方程 $\boldsymbol{XA}=\boldsymbol{B}$,其中

$$\boldsymbol{A}=\begin{bmatrix}5 & -2\\-3 & 1\end{bmatrix},\quad \boldsymbol{B}=\begin{bmatrix}-1 & 2\\0 & -2\end{bmatrix}.$$

解 可求出

$$\boldsymbol{A}^{-1}=\begin{bmatrix}-1 & -2\\-3 & -5\end{bmatrix},$$

方程 $\boldsymbol{XA}=\boldsymbol{B}$ 两边同时右乘 $\boldsymbol{A}^{-1}$,得

$$(\boldsymbol{XA})\boldsymbol{A}^{-1}=\boldsymbol{X}(\boldsymbol{AA}^{-1})=\boldsymbol{X}=\boldsymbol{BA}^{-1},$$

因此

$$\boldsymbol{X}=\boldsymbol{BA}^{-1}=\begin{bmatrix}-1 & 2\\0 & -2\end{bmatrix}\begin{bmatrix}-1 & -2\\-3 & -5\end{bmatrix}=\begin{bmatrix}-5 & -8\\6 & 10\end{bmatrix}.$$

例 9 设

$$\boldsymbol{A}=\begin{bmatrix}-1 & 0 & 0\\1 & -1 & 0\\1 & 1 & -1\end{bmatrix},$$

求满足矩阵方程

$$\boldsymbol{A}(\boldsymbol{X}-\boldsymbol{E})+2\boldsymbol{X}=\boldsymbol{O}$$

的矩阵 $\boldsymbol{X}$.

解 由 $\boldsymbol{A}(\boldsymbol{X}-\boldsymbol{E})+2\boldsymbol{X}=\boldsymbol{O}$ 得 $\boldsymbol{AX}+2\boldsymbol{X}=\boldsymbol{A}$,即

$$(\boldsymbol{A}+2\boldsymbol{E})\boldsymbol{X}=\boldsymbol{A},\quad \boldsymbol{A}+2\boldsymbol{E}=\begin{bmatrix}1 & 0 & 0\\1 & 1 & 0\\1 & 1 & 1\end{bmatrix},$$

可求出

$$(\boldsymbol{A}+2\boldsymbol{E})^{-1}=\begin{bmatrix}1 & 0 & 0\\-1 & 1 & 0\\0 & -1 & 1\end{bmatrix},$$

所以

$$\boldsymbol{X}=(\boldsymbol{A}+2\boldsymbol{E})^{-1}\boldsymbol{A}=\begin{bmatrix}1 & 0 & 0\\-1 & 1 & 0\\0 & -1 & 1\end{bmatrix}\begin{bmatrix}-1 & 0 & 0\\1 & -1 & 0\\1 & 1 & -1\end{bmatrix}$$

$$=\begin{bmatrix}-1 & 0 & 0\\2 & -1 & 0\\0 & 2 & -1\end{bmatrix}.$$

利用逆矩阵还可解一类特殊的线性方程组.考察由 n 个未知量 n 个方程组成的线性方

程组

$$\begin{cases} a_{11}x_1 + a_{12}x_2 + \cdots + a_{1n}x_n = b_1, \\ a_{21}x_1 + a_{22}x_2 + \cdots + a_{2n}x_n = b_2, \\ \cdots\cdots\cdots\cdots\cdots\cdots \\ a_{n1}x_1 + a_{n2}x_2 + \cdots + a_{nn}x_n = b_n, \end{cases}$$

其矩阵形式为

$$\boldsymbol{AX} = \boldsymbol{b},$$

其中

$$\boldsymbol{A} = \begin{bmatrix} a_{11} & a_{12} & \cdots & a_{1n} \\ a_{21} & a_{22} & \cdots & a_{2n} \\ \vdots & \vdots & & \vdots \\ a_{n1} & a_{n2} & \cdots & a_{nn} \end{bmatrix}$$

为 n 阶方阵，如果 $\boldsymbol{A}$ 可逆，则此线性方程组有惟一解

$$\boldsymbol{X} = \boldsymbol{A}^{-1}\boldsymbol{b}.$$

例 10　利用逆矩阵解线性方程组

$$\begin{cases} 2x_1 + \qquad\quad x_3 = 1, \\ \quad x_1 - 2x_2 - x_3 = 2, \\ -x_1 + 3x_2 + 2x_3 = 3. \end{cases}$$

解　原方程组对应的矩阵方程为

$$\begin{bmatrix} 2 & 0 & 1 \\ 1 & -2 & -1 \\ -1 & 3 & 2 \end{bmatrix}\begin{bmatrix} x_1 \\ x_2 \\ x_3 \end{bmatrix} = \begin{bmatrix} 1 \\ 2 \\ 3 \end{bmatrix}.$$

设

$$\boldsymbol{A} = \begin{bmatrix} 2 & 0 & 1 \\ 1 & -2 & -1 \\ -1 & 3 & 2 \end{bmatrix},$$

由例 4 知

$$\boldsymbol{A}^{-1} = \begin{bmatrix} 1 & -3 & -2 \\ 1 & -5 & -3 \\ -1 & 6 & 4 \end{bmatrix},$$

所以

$$\begin{bmatrix} x_1 \\ x_2 \\ x_3 \end{bmatrix} = \begin{bmatrix} 1 & -3 & -2 \\ 1 & -5 & -3 \\ -1 & 6 & 4 \end{bmatrix}\begin{bmatrix} 1 \\ 2 \\ 3 \end{bmatrix} = \begin{bmatrix} -11 \\ -18 \\ 23 \end{bmatrix}.$$

原方程组的解为

$$x_1=-11,\quad x_2=-18,\quad x_3=23.$$

习 题 1.5

1. 证明下列等式：

(1) $\begin{bmatrix}1 & 2\\3 & 4\end{bmatrix}^{-1}=\begin{bmatrix}-2 & 1\\ \dfrac{3}{2} & -\dfrac{1}{2}\end{bmatrix}$；　(2) $\begin{bmatrix}1 & 2 & -3\\0 & 1 & 2\\0 & 0 & 1\end{bmatrix}^{-1}=\begin{bmatrix}1 & -2 & 7\\0 & 1 & -2\\0 & 0 & 1\end{bmatrix}$.

2. 下列结论是否正确，不正确的举出反例：

设 $\boldsymbol{A},\boldsymbol{B}$ 为同阶的可逆矩阵，则

(1) $(\boldsymbol{AB})^{-1}=\boldsymbol{A}^{-1}\boldsymbol{B}^{-1}$；　(2) $(\boldsymbol{A}+\boldsymbol{B})^{-1}=\boldsymbol{A}^{-1}+\boldsymbol{B}^{-1}$；

(3) $(\boldsymbol{A}^2)^{-1}=(\boldsymbol{A}^{-1})^2$；　(4) $(k\boldsymbol{A})^{-1}=k\boldsymbol{A}^{-1}\quad(k\neq 0)$；

(5) $[(\boldsymbol{A}^{-1})^{-1}]^{\mathrm{T}}=[(\boldsymbol{A}^{\mathrm{T}})^{\mathrm{T}}]^{-1}$；　(6) $[(\boldsymbol{AB})^{\mathrm{T}}]^{-1}=(\boldsymbol{A}^{-1})^{\mathrm{T}}(\boldsymbol{B}^{-1})^{\mathrm{T}}$.

3. 设 n 阶矩阵 $\boldsymbol{A}$ 满足 $\boldsymbol{A}^2+2\boldsymbol{A}-3\boldsymbol{E}=\boldsymbol{O}$，试判断 $\boldsymbol{A},\boldsymbol{A}+4\boldsymbol{E}$ 是否可逆？若可逆，试求其逆矩阵.

4. 用初等变换求下列矩阵的逆矩阵：

(1) $\boldsymbol{A}=\begin{bmatrix}1 & 2 & 3\\2 & 2 & 1\\3 & 4 & 3\end{bmatrix}$；　(2) $\boldsymbol{A}=\begin{bmatrix}1 & 1 & 0 & 0\\1 & 2 & 0 & 0\\3 & 7 & 2 & 3\\2 & 5 & 1 & 2\end{bmatrix}$；　(3) $\boldsymbol{A}=\begin{bmatrix}2 & 2 & 3\\1 & -1 & 0\\-1 & 2 & 1\end{bmatrix}$；

(4) $\boldsymbol{A}=\begin{bmatrix}1 & 1 & 1 & 1\\1 & 1 & -1 & -1\\1 & -1 & 1 & -1\\1 & -1 & -1 & 1\end{bmatrix}$；　(5) $\boldsymbol{A}=\begin{bmatrix}0 & a_1 & 0 & \cdots & 0 & 0\\0 & 0 & a_2 & \cdots & 0 & 0\\ \vdots & \vdots & \vdots & & \vdots & \vdots\\0 & 0 & 0 & \cdots & 0 & a_{n-1}\\a_n & 0 & 0 & \cdots & 0 & 0\end{bmatrix}$，其中 $a_i\neq 0\ (i=1,2,\cdots,n)$.

5. 利用分块矩阵的性质，求矩阵

$$\boldsymbol{A}=\begin{bmatrix}1 & 2 & 0 & 0\\1 & 3 & 0 & 0\\0 & 0 & 2 & 3\\0 & 0 & 1 & 2\end{bmatrix}$$

的逆矩阵.

6. 证明矩阵 $\begin{bmatrix}\boldsymbol{O} & \boldsymbol{B}^{-1}\\ \boldsymbol{A}^{-1} & \boldsymbol{O}\end{bmatrix}$ 为分块矩阵 $\begin{bmatrix}\boldsymbol{O} & \boldsymbol{A}\\ \boldsymbol{B} & \boldsymbol{O}\end{bmatrix}$ 的逆矩阵，并利用此结论求矩阵

$$\begin{bmatrix}0 & 0 & 3 & 1\\0 & 0 & 0 & 2\\5 & 7 & 0 & 0\\8 & 11 & 0 & 0\end{bmatrix}$$

的逆矩阵.

7. 设 $\boldsymbol{A}=\begin{bmatrix}5 & -2\\-3 & 1\end{bmatrix}$，求 $(\boldsymbol{A}^{-1})^{\mathrm{T}},(\boldsymbol{A}^{\mathrm{T}})^{-1}$.

8. 设

$$A=\begin{bmatrix}-1 & 3 & -1\\ 0 & 2 & 1\\ 0 & 0 & 3\end{bmatrix},\quad P=\begin{bmatrix}1 & 1 & 1\\ 0 & 1 & 2\\ 0 & 0 & 2\end{bmatrix},$$

求：(1) P^{-1}； (2) $P^{-1}AP$.

9. 解矩阵方程：

(1) $\begin{bmatrix}1 & 1 & -1\\ 0 & 2 & 2\\ 1 & -1 & 0\end{bmatrix}X=\begin{bmatrix}3 & 2\\ 1 & 0\\ -2 & 1\end{bmatrix}$；　　(2) $X\begin{bmatrix}-2 & 1 & 0\\ 1 & -2 & 1\\ 0 & 1 & -2\end{bmatrix}=\begin{bmatrix}1 & 2 & 3\\ 0 & 1 & 2\end{bmatrix}$；

(3) 已知

$$A=\begin{bmatrix}1 & 2 & 3\\ 2 & 2 & 1\\ 3 & 4 & 3\end{bmatrix},\quad B=\begin{bmatrix}2 & 1\\ 5 & 3\end{bmatrix},\quad C=\begin{bmatrix}1 & 3\\ 2 & 0\\ 3 & 1\end{bmatrix},$$

且 $AXB=C$，求 X.

(4) 已知

$$A=\begin{bmatrix}3 & 0 & 0\\ 0 & 1 & -1\\ 0 & 1 & 4\end{bmatrix},\quad B=\begin{bmatrix}3 & 6\\ 1 & 1\\ 2 & 3\end{bmatrix},$$

X 满足：$AX=2X+B$，求 X.

10. 设 A,B 为三阶矩阵，且满足方程

$$A^{-1}BA=6A+BA,$$

若矩阵

$$A=\begin{bmatrix}1/3 & 0 & 0\\ 0 & 1/4 & 0\\ 0 & 0 & 1/7\end{bmatrix},$$

求矩阵 B.

11. 设 A 为四阶矩阵，矩阵

$$B=\begin{bmatrix}1 & 2 & -3 & -2\\ 0 & 1 & 2 & -3\\ 0 & 0 & 1 & 2\\ 0 & 0 & 0 & 1\end{bmatrix},\quad C=\begin{bmatrix}1 & 2 & 0 & 1\\ 0 & 1 & 2 & 0\\ 0 & 0 & 1 & 2\\ 0 & 0 & 0 & 1\end{bmatrix},$$

且满足 $(2E-C^{-1}B)A^{\mathrm{T}}=C^{-1}$，求矩阵 A.

（**提示**：方程两边左乘矩阵 C，化简.）

12. 利用逆矩阵解下列线性方程组：

(1) $\begin{cases}2x_1+2x_2+3x_3=1,\\ x_1-x_2=2,\\ -x_1+2x_2+x_3=-1.\end{cases}$　　(2) $\begin{cases}x_1+3x_2-2x_3=4,\\ 3x_1+2x_2-5x_3=11,\\ 2x_1+x_2+x_3=3.\end{cases}$

13. 若 n 阶方阵 A 满足 $A^2-3A-5E=O$，证明 $A+E$ 可逆，并求 $(A+E)^{-1}$.

14. 设 A 为 n 阶矩阵，满足 $A^k=O$，证明 $E-A$ 可逆，并且

$$(\boldsymbol{E}-\boldsymbol{A})^{-1}=\boldsymbol{E}+\boldsymbol{A}+\boldsymbol{A}^2+\cdots+\boldsymbol{A}^{k-1}.$$

15. 设矩阵 $\boldsymbol{A},\boldsymbol{B},\boldsymbol{C}$ 为同阶矩阵,且矩阵 $\boldsymbol{C}$ 可逆,满足 $\boldsymbol{C}^{-1}\boldsymbol{A}\boldsymbol{C}=\boldsymbol{B}$. 试证 $\boldsymbol{C}^{-1}\boldsymbol{A}^m\boldsymbol{C}=\boldsymbol{B}^m$.

*16. 设 $\boldsymbol{A},\boldsymbol{B},\boldsymbol{C}$ 均为 $m\times n$ 矩阵. 试证矩阵的等价关系满足以下性质:

(1) 自反性: $\boldsymbol{A}\cong\boldsymbol{A}$;

(2) 对称性: 若 $\boldsymbol{A}\cong\boldsymbol{B}$,则 $\boldsymbol{B}\cong\boldsymbol{A}$;

(3) 传递性: 若 $\boldsymbol{A}\cong\boldsymbol{B},\boldsymbol{B}\cong\boldsymbol{C}$,则 $\boldsymbol{A}\cong\boldsymbol{C}$.

*17. 设 $\boldsymbol{A},\boldsymbol{B},\boldsymbol{C}$ 均为 n 阶矩阵,如果

$$\boldsymbol{C}=\boldsymbol{A}+\boldsymbol{C}\boldsymbol{A},\quad \boldsymbol{B}=\boldsymbol{E}+\boldsymbol{A}\boldsymbol{B},$$

试证: $\boldsymbol{B}-\boldsymbol{C}=\boldsymbol{E}$.

18. 单项选择题:

(1) 设 $\boldsymbol{A}$ 为 n 阶矩阵,则下列结论中**不正确**的是( ).

(A) $(k\boldsymbol{A})^{\mathrm{T}}=k\boldsymbol{A}^{\mathrm{T}}$ (k 为常数); (B) $(k\boldsymbol{A})^{-1}=\dfrac{1}{k}\boldsymbol{A}^{-1}$ (k 为非零常数);

(C) $[(\boldsymbol{A}^{-1})^{-1}]^{\mathrm{T}}=[(\boldsymbol{A}^{\mathrm{T}})^{-1}]^{-1}$; (D) $[(\boldsymbol{A}^{\mathrm{T}})^{\mathrm{T}}]^{-1}=[(\boldsymbol{A}^{-1})^{-1}]^{\mathrm{T}}$.

(2) 已知 $\boldsymbol{A},\boldsymbol{B},\boldsymbol{C}$ 均为 n 阶可逆矩阵,且 $\boldsymbol{A}\boldsymbol{B}\boldsymbol{C}=\boldsymbol{E}$,则下列结论必成立的是( ).

(A) $\boldsymbol{A}\boldsymbol{C}\boldsymbol{B}=\boldsymbol{E}$; (B) $\boldsymbol{B}\boldsymbol{C}\boldsymbol{A}=\boldsymbol{E}$; (C) $\boldsymbol{C}\boldsymbol{B}\boldsymbol{A}=\boldsymbol{E}$; (D) $\boldsymbol{B}\boldsymbol{A}\boldsymbol{C}=\boldsymbol{E}$.

(3) 设 $\boldsymbol{A},\boldsymbol{B},\boldsymbol{C}$ 均为 n 阶矩阵,则下列结论中**不正确**的是( ).

(A) 若 $\boldsymbol{A}\boldsymbol{B}=\boldsymbol{A}\boldsymbol{C}$,且 $\boldsymbol{A}$ 可逆,则 $\boldsymbol{B}=\boldsymbol{C}$; (B) 若 $\boldsymbol{A}\boldsymbol{B}=\boldsymbol{A}\boldsymbol{C}$,且 $\boldsymbol{A}$ 可逆,则 $\boldsymbol{B}\boldsymbol{A}=\boldsymbol{C}\boldsymbol{A}$;

(C) 若 $(\boldsymbol{A}\boldsymbol{B})^2=\boldsymbol{E}$,则 $\boldsymbol{A}^{-1}=\boldsymbol{B}$; (D) 若 $(\boldsymbol{A}\boldsymbol{B})^2=\boldsymbol{E}$,则 $(\boldsymbol{B}\boldsymbol{A})^2=\boldsymbol{E}$.

(4) 设 $\boldsymbol{A}\boldsymbol{P}=\boldsymbol{P}\boldsymbol{B}$,其中

$$\boldsymbol{B}=\begin{bmatrix}1&0&0\\0&-1&0\\0&0&1\end{bmatrix},\quad \boldsymbol{P}=\begin{bmatrix}1&0&0\\0&2&0\\0&0&3\end{bmatrix},$$

则 $\boldsymbol{A}=$( ).

(A) $\begin{bmatrix}1&0&0\\0&-1&0\\0&0&1\end{bmatrix}$; (B) $\begin{bmatrix}1&0&0\\0&-2&0\\0&0&3\end{bmatrix}$; (C) $\begin{bmatrix}-1&0&0\\0&1&0\\0&0&-1\end{bmatrix}$; (D) $\begin{bmatrix}-1&0&0\\0&2&0\\0&0&3\end{bmatrix}$.

第二章　行　列　式

行列式的概念来自线性方程组的求解问题.在进一步讨论矩阵的性质时,也需要应用行列式的概念和性质.在本章,我们将介绍 n 阶行列式的概念、性质和计算方法.

§2.1　二阶、三阶行列式

考虑含有两个未知量 x_1,x_2 的线性方程组

$$\begin{cases}a_{11}x_1+a_{12}x_2=b_1,\\a_{21}x_1+a_{22}x_2=b_2.\end{cases}\tag{2.1}$$

方程组(2.1)的矩阵形式为

$$\boldsymbol{AX}=\boldsymbol{b},$$

其中

$$\boldsymbol{A}=\begin{bmatrix}a_{11}&a_{12}\\a_{21}&a_{22}\end{bmatrix},\quad \boldsymbol{X}=\begin{bmatrix}x_1\\x_2\end{bmatrix},\quad \boldsymbol{b}=\begin{bmatrix}b_1\\b_2\end{bmatrix}.$$

$\boldsymbol{A}$ 称为方程组(2.1)的系数矩阵,$\boldsymbol{X}$ 称为未知量矩阵,$\boldsymbol{b}$ 称为常数项矩阵.

为了求得方程组(2.1)的解,可以利用加减消元法得到

$$\begin{cases}(a_{11}a_{22}-a_{12}a_{21})x_1=b_1a_{22}-b_2a_{12},\\(a_{11}a_{22}-a_{12}a_{21})x_2=b_2a_{11}-b_1a_{21}.\end{cases}$$

当 $a_{11}a_{22}-a_{12}a_{21}\neq0$ 时,方程组(2.1)有惟一解:

$$\begin{cases}x_1=\dfrac{b_1a_{22}-b_2a_{12}}{a_{11}a_{22}-a_{12}a_{21}},\\[2ex]x_2=\dfrac{b_2a_{11}-b_1a_{21}}{a_{11}a_{22}-a_{12}a_{21}}.\end{cases}\tag{2.2}$$

(2.2)可以当作公式使用.为了便于记忆这一求解公式,对任意的二阶矩阵 $\boldsymbol{A}=\begin{bmatrix}a_{11}&a_{12}\\a_{21}&a_{22}\end{bmatrix}$,规定记号

$$\det\boldsymbol{A}=\begin{vmatrix}a_{11}&a_{12}\\a_{21}&a_{22}\end{vmatrix}=a_{11}a_{22}-a_{12}a_{21},$$

称 $\det\boldsymbol{A}$ 为**二阶矩阵 $\boldsymbol{A}$ 的行列式**,简称**二阶行列式**.二阶行列式计算规则,可根据图 2.1 来记忆,这称为二阶行列式的**对角线法则**.

$$\begin{vmatrix} a_{11} & a_{12} \\ a_{21} & a_{22} \end{vmatrix} = a_{11}a_{22} - a_{12}a_{21}.$$

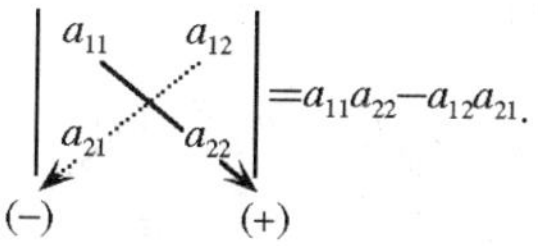

图 2.1

利用二阶行列式的概念，(2.2)中的分母、分子可分别记为

$$\det \boldsymbol{A} = \begin{vmatrix} a_{11} & a_{12} \\ a_{21} & a_{22} \end{vmatrix}, \quad \det \boldsymbol{A}_1 = \begin{vmatrix} b_1 & a_{12} \\ b_2 & a_{22} \end{vmatrix}, \quad \det \boldsymbol{A}_2 = \begin{vmatrix} a_{11} & b_1 \\ a_{21} & b_2 \end{vmatrix}.$$

因此，方程组(2.1)的解可表示为

$$x_1 = \frac{\det \boldsymbol{A}_1}{\det \boldsymbol{A}}, \quad x_2 = \frac{\det \boldsymbol{A}_2}{\det \boldsymbol{A}}.$$

例 1 解二元线性方程组

$$\begin{cases} 2x_1 + 3x_2 = -1, \\ 3x_1 + 5x_2 = 2. \end{cases}$$

解 方程组的系数矩阵 $\boldsymbol{A}$ 的行列式

$$\det \boldsymbol{A} = \begin{vmatrix} 2 & 3 \\ 3 & 5 \end{vmatrix} = 2 \times 5 - 3 \times 3 = 1 \neq 0,$$

所以方程组有惟一解. 又

$$\det \boldsymbol{A}_1 = \begin{vmatrix} -1 & 3 \\ 2 & 5 \end{vmatrix} = -11, \quad \det \boldsymbol{A}_2 = \begin{vmatrix} 2 & -1 \\ 3 & 2 \end{vmatrix} = 7,$$

于是方程组的解为

$$x_1 = \frac{\det \boldsymbol{A}_1}{\det \boldsymbol{A}} = -11, \quad x_2 = \frac{\det \boldsymbol{A}_2}{\det \boldsymbol{A}} = 7.$$

二阶行列式的概念可以推广到更高阶的情形. 对于三阶矩阵

$$\boldsymbol{A} = \begin{bmatrix} a_{11} & a_{12} & a_{13} \\ a_{21} & a_{22} & a_{23} \\ a_{31} & a_{32} & a_{33} \end{bmatrix},$$

规定

$$\det \boldsymbol{A} = \begin{vmatrix} a_{11} & a_{12} & a_{13} \\ a_{21} & a_{22} & a_{23} \\ a_{31} & a_{32} & a_{33} \end{vmatrix} = \begin{matrix} a_{11}a_{22}a_{33} + a_{12}a_{23}a_{31} + a_{13}a_{21}a_{32} \\ - a_{11}a_{23}a_{32} - a_{12}a_{21}a_{33} - a_{13}a_{22}a_{31}, \end{matrix}$$

(2.3)

并称 $\det \boldsymbol{A}$ 为**三阶矩阵 $\boldsymbol{A}$ 的行列式**，简称**三阶行列式**.

三阶行列式(2.3)所表示的代数和，可利用图 2.2 记忆. 图中各实线相连的三个数的积取正号；各虚线相连的三个数的积取负号，它们的代数和就是三阶行列式 $\det \boldsymbol{A}$. 这一计算方

法也称为三阶行列式的对角线法则.

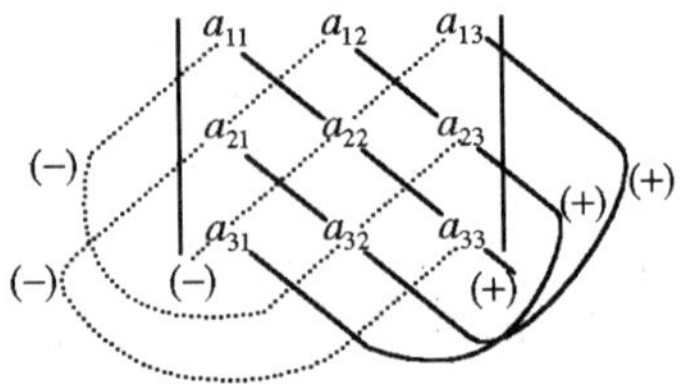

图　2.2

三阶行列式在求三元线性方程组时有重要的应用.

例 2　设矩阵

$$\boldsymbol{A}=\begin{bmatrix}1 & 2 & -1\\ -1 & 15 & 16\\ 3 & 1 & -2\end{bmatrix},$$

求 $\det\boldsymbol{A}$.

解

$$\begin{aligned}\det\boldsymbol{A}&=\begin{vmatrix}1 & 2 & -1\\ -1 & 15 & 16\\ 3 & 1 & -2\end{vmatrix}\\ &=1\times15\times(-2)+2\times16\times3\\ &\quad+(-1)\times(-1)\times1-1\times16\times1\\ &\quad-2\times(-1)\times(-2)-(-1)\times15\times3\\ &=-30+96+1-16-4+45=92.\end{aligned}$$

由二阶、三阶行列式的定义可以看出，二阶、三阶矩阵仅是排成正方形的数表，而它们的行列式是按一定规则计算得到的一个数.

习　题　2.1

1. 计算下列二阶矩阵的行列式：

(1) $\boldsymbol{A}=\begin{bmatrix}-1 & -2\\ 2 & 3\end{bmatrix}$；　(2) $\boldsymbol{A}=\begin{bmatrix}x & x+y\\ x-y & x\end{bmatrix}$；

(3) $\boldsymbol{A}=\begin{bmatrix}\log_a b & 1\\ 1 & \log_b a\end{bmatrix}$；　(4) $\boldsymbol{A}=\begin{bmatrix}t+1 & 1\\ 1 & t^2-t+1\end{bmatrix}$.

2. 计算下列三阶矩阵的行列式：

(1) $\boldsymbol{A}=\begin{bmatrix}1 & 1 & -1\\ 1 & 0 & 1\\ -1 & 1 & -2\end{bmatrix}$；　(2) $\boldsymbol{A}=\begin{bmatrix}\lambda & 1 & 1\\ 1 & \lambda & 1\\ 1 & 1 & \lambda\end{bmatrix}$；

(3) $\boldsymbol{A}=\begin{bmatrix} 0 & -a & b \\ a & 0 & -c \\ -b & c & 0 \end{bmatrix}$； (4) $\boldsymbol{A}=\begin{bmatrix} b & -a & 0 \\ 0 & 2c & 3b \\ c & 0 & a \end{bmatrix}$.

3. 解方程

$$\begin{vmatrix} 1 & x & y \\ x & 1 & 0 \\ y & 0 & 1 \end{vmatrix}=1.$$

4. 解方程

$$\begin{vmatrix} 1-x & x & 0 \\ -1 & 1-x & x \\ 0 & -1 & 1-x \end{vmatrix}=0.$$

5. 若三阶行列式

$$\begin{vmatrix} 1 & -c & -b \\ c & 1 & -a \\ b & a & 1 \end{vmatrix}=1,$$

求 a,b,c 的值.

6. 单项选择题：

(1) $\begin{vmatrix} 1 & k & 1 \\ k & 1 & k+1 \\ 1 & k+1 & 1 \end{vmatrix}=k-1$，则 $k=($ $)$.

(A) 0； (B) 1； (C) -1； (D) 任意实数.

(2) $\begin{vmatrix} \sin\alpha & \cos\alpha \\ \sin\beta & \cos\beta \end{vmatrix}\cdot\begin{vmatrix} \cos\alpha & \sin\beta \\ -\sin\alpha & \cos\beta \end{vmatrix}=($ $)$.

(A) $\sin2(\alpha-\beta)$； (B) $\sin2(\alpha+\beta)$； (C) $\frac{1}{2}\sin2(\alpha-\beta)$； (D) $\sin^2(\alpha-\beta)$.

§2.2 n阶行列式

为了把二阶、三阶行列式的概念推广到 n 阶矩阵的行列式，我们先分析三阶行列式的特点.

设 $\boldsymbol{A}=(a_{ij})$为三阶矩阵，其三阶行列式

$$\begin{aligned}\det\boldsymbol{A}=\begin{vmatrix} a_{11} & a_{12} & a_{13} \\ a_{21} & a_{22} & a_{23} \\ a_{31} & a_{32} & a_{33} \end{vmatrix}&=a_{11}a_{22}a_{33}+a_{12}a_{23}a_{31}+a_{13}a_{21}a_{32} \\ &\quad -a_{11}a_{23}a_{32}-a_{12}a_{21}a_{33}-a_{13}a_{22}a_{31} \\ &=a_{11}(a_{22}a_{33}-a_{23}a_{32})+a_{12}(a_{23}a_{31}-a_{21}a_{33})+a_{13}(a_{21}a_{32}-a_{22}a_{31}) \\ &=a_{11}\begin{vmatrix} a_{22} & a_{23} \\ a_{32} & a_{33} \end{vmatrix}-a_{12}\begin{vmatrix} a_{21} & a_{23} \\ a_{31} & a_{33} \end{vmatrix}+a_{13}\begin{vmatrix} a_{21} & a_{22} \\ a_{31} & a_{32} \end{vmatrix},\end{aligned}$$

即三阶行列式 $\det\boldsymbol{A}$ 等于它的第一行的各元素 $a_{1j}(j=1,2,3)$分别乘二阶行列式的代数和，

其中与 a_{1j} 相乘的二阶行列式恰是由 $\det\boldsymbol{A}$ 中划去 a_{1j} 所在行、列后余下元素组成的二阶行列式，并赋以符号 $(-1)^{1+j}(j=1,2,3)$.

我们注意到，这一规律也适用于二阶行列式. 实际上，若定义一阶矩阵 (a_{11}) 的行列式为数 a_{11}，即

$$\det(a_{11}) = a_{11},$$

则二阶行列式

$$\begin{vmatrix} a_{11} & a_{12} \\ a_{21} & a_{22} \end{vmatrix} = a_{11}\det(a_{22}) - a_{12}\det(a_{21}).$$

由上面的分析，可以把行列式的概念推广到一般的 n 阶的情形. 设矩阵

$$\boldsymbol{A} = \begin{bmatrix} a_{11} & a_{12} & \cdots & a_{1n} \\ a_{21} & a_{22} & \cdots & a_{2n} \\ \vdots & \vdots & & \vdots \\ a_{n1} & a_{n2} & \cdots & a_{nn} \end{bmatrix},$$

在矩阵 $\boldsymbol{A}=(a_{ij})_{n\times n}$ 中，划去元素 a_{ij} 所在的第 i 行和第 j 列，余下的元素按原顺序排列而构成的 $n-1$ 阶矩阵，称为元素 a_{ij} 的**余子矩阵**，记为 $\boldsymbol{M}_{ij}$，即

$$\boldsymbol{M}_{ij} = \begin{bmatrix} a_{11} & \cdots & a_{1\,j-1} & a_{1\,j+1} & \cdots & a_{1n} \\ \vdots & & \vdots & \vdots & & \vdots \\ a_{i-1\,1} & \cdots & a_{i-1\,j-1} & a_{i-1\,j+1} & \cdots & a_{i-1\,n} \\ a_{i+1\,1} & \cdots & a_{i+1\,j-1} & a_{i+1\,j+1} & \cdots & a_{i+1\,n} \\ \vdots & & \vdots & \vdots & & \vdots \\ a_{n1} & \cdots & a_{n\,j-1} & a_{n\,j+1} & \cdots & a_{nn} \end{bmatrix} \quad (i,j=1,2,\cdots,n).$$

利用余子矩阵的概念，可以归纳地给出 n 阶行列式的定义.

定义 2.1　一阶矩阵 (a_{11}) 的行列式定义为数 a_{11}，即

$$\det(a_{11}) = a_{11}.$$

设 $n-1$ 阶矩阵的行列式已定义，则对于 n 阶矩阵 $\boldsymbol{A}=(a_{ij})_{n\times n}$，定义 $\boldsymbol{A}$ 的行列式

$$\begin{aligned} \det\boldsymbol{A} = \begin{vmatrix} a_{11} & a_{12} & \cdots & a_{1n} \\ a_{21} & a_{22} & \cdots & a_{2n} \\ \vdots & \vdots & & \vdots \\ a_{n1} & a_{n2} & \cdots & a_{nn} \end{vmatrix} &= \sum_{j=1}^{n} a_{1j} \cdot (-1)^{1+j}\det\boldsymbol{M}_{1j} \\ &= a_{11}\det\boldsymbol{M}_{11} - a_{12}\det\boldsymbol{M}_{12} + \cdots + (-1)^{1+j}a_{1j}\det\boldsymbol{M}_{1j} \\ &\quad + \cdots + (-1)^{1+n}a_{1n}\det\boldsymbol{M}_{1n}, \end{aligned} \tag{2.4}$$

其中 $n-1$ 阶行列式 $\det\boldsymbol{M}_{1j}(j=1,2,\cdots,n)$ 称为元素 a_{1j} 的**余子式**.

如果记

$$A_{ij} = (-1)^{i+j}\det\boldsymbol{M}_{ij} \quad (i,j=1,2,\cdots,n),$$

A_{ij}称为元素 a_{ij}的**代数余子式**，则 n 阶行列式(2.4)可写为

$$\det\boldsymbol{A}=\begin{vmatrix} a_{11} & a_{12} & \cdots & a_{1n} \\ a_{21} & a_{22} & \cdots & a_{2n} \\ \vdots & \vdots & & \vdots \\ a_{n1} & a_{n2} & \cdots & a_{nn} \end{vmatrix}=\sum_{j=1}^{n} a_{1j}A_{1j}$$

$$=a_{11}A_{11}+a_{12}A_{12}+\cdots+a_{1n}A_{1n}, \tag{2.5}$$

即 n 阶行列式 $\det\boldsymbol{A}$ 等于 $\boldsymbol{A}$ 的第一行的各元素乘以对应的代数余子式的代数和.(2.5)也称为行列式**按第一行的展开式**.

例 1 利用行列式定义，计算矩阵 $\boldsymbol{A}$ 的行列式：

(1) $\boldsymbol{A}=\begin{bmatrix} -1 & 2 & 0 \\ 3 & 2 & 1 \\ 4 & -2 & -1 \end{bmatrix}$； (2) $\boldsymbol{A}=\begin{bmatrix} 0 & 1 & 0 & -2 \\ 3 & 1 & -2 & 7 \\ 1 & 3 & -1 & -3 \\ -4 & -1 & 5 & 1 \end{bmatrix}$.

解 (1) 由定义 2.1，有

$$\det\boldsymbol{A}=\sum_{j=1}^{3} a_{1j}A_{1j}=(-1)\times A_{11}+2A_{12}+0\cdot A_{13}=-A_{11}+2A_{12}.$$

而
$$A_{11}=(-1)^{1+1}\det\boldsymbol{M}_{11}=\begin{vmatrix} 2 & 1 \\ -2 & -1 \end{vmatrix}=0,$$

$$A_{12}=(-1)^{1+2}\det\boldsymbol{M}_{12}=-\begin{vmatrix} 3 & 1 \\ 4 & -1 \end{vmatrix}=7,$$

所以
$$\det\boldsymbol{A}=\begin{vmatrix} -1 & 2 & 0 \\ 3 & 2 & 1 \\ 4 & -2 & -1 \end{vmatrix}=(-1)\times 0+2\times 7=14.$$

(2) 由定义 2.1，有

$$\det\boldsymbol{A}=\begin{vmatrix} 0 & 1 & 0 & -2 \\ 3 & 1 & -2 & 7 \\ 1 & 3 & -1 & -3 \\ -4 & -1 & 5 & 1 \end{vmatrix}=\sum_{j=1}^{4} a_{1j}A_{1j}$$

$$=0\times A_{11}+1\times A_{12}+0\times A_{13}+(-2)\times A_{14}$$

$$=A_{12}-2A_{14},$$

故只需计算 $\boldsymbol{A}_{12}$和 $\boldsymbol{A}_{14}$. 而

$$A_{12}=(-1)^{1+2}\det\boldsymbol{M}_{12}=-\begin{vmatrix} 3 & -2 & 7 \\ 1 & -1 & -3 \\ -4 & 5 & 1 \end{vmatrix}=-27,$$

$$A_{14}=(-1)^{1+4}\det \boldsymbol{M}_{14}=-\begin{vmatrix} 3 & 1 & -2 \\ 1 & 3 & -1 \\ -4 & -1 & 5 \end{vmatrix}=-19,$$

于是
$$\det \boldsymbol{A}=-27-2\times(-19)=11.$$

例 2　利用行列式定义,计算下三角矩阵 $\boldsymbol{A}$ 的行列式,其中

$$\boldsymbol{A}=\begin{bmatrix} a_{11} & 0 & 0 & \cdots & 0 \\ a_{21} & a_{22} & 0 & \cdots & 0 \\ a_{31} & a_{32} & a_{33} & \cdots & 0 \\ \vdots & \vdots & \vdots & & \vdots \\ a_{n1} & a_{n2} & a_{n3} & \cdots & a_{nn} \end{bmatrix}.$$

解　由于 $a_{1j}=0\ (j=2,3,\cdots,n)$,所以

$$\det \boldsymbol{A}=\begin{vmatrix} a_{11} & 0 & 0 & \cdots & 0 \\ a_{21} & a_{22} & 0 & \cdots & 0 \\ a_{31} & a_{32} & a_{33} & \cdots & 0 \\ \vdots & \vdots & \vdots & & \vdots \\ a_{n1} & a_{n2} & a_{n3} & \cdots & a_{nn} \end{vmatrix}=\sum_{j=1}^{n}a_{1j}A_{1j}=a_{11}A_{11}=a_{11}\det \boldsymbol{M}_{11},$$

即

$$\det \boldsymbol{A}=a_{11}\begin{vmatrix} a_{22} & 0 & \cdots & 0 \\ a_{32} & a_{33} & \cdots & 0 \\ \vdots & \vdots & & \vdots \\ a_{n2} & a_{n3} & \cdots & a_{nn} \end{vmatrix}.$$

对等号右边的 $n-1$ 阶行列式,根据定义 2.1 按第一行展开,如此进行下去,可得

$$\det \boldsymbol{A}=\begin{vmatrix} a_{11} & 0 & 0 & \cdots & 0 \\ a_{21} & a_{22} & 0 & \cdots & 0 \\ a_{31} & a_{32} & a_{33} & \cdots & 0 \\ \vdots & \vdots & \vdots & & \vdots \\ a_{n1} & a_{n2} & a_{n3} & \cdots & a_{nn} \end{vmatrix}=a_{11}a_{22}\cdots a_{nn},$$

即**下三角矩阵的行列式等于其主对角线上元素的连乘积**. 此结论可作为定理使用. 为了方便,下三角矩阵的行列式就称为**下三角行列式**.

定理 2.1　设 n 阶矩阵 $\boldsymbol{A}=(a_{ij})_{n\times n}$,则

$$\det \boldsymbol{A}=\sum_{i=1}^{n}a_{i1}A_{i1}=a_{11}A_{11}+a_{21}A_{21}+\cdots+a_{n1}A_{n1}, \tag{2.6}$$

即行列式 $\det \boldsymbol{A}$ 可以按 $\boldsymbol{A}$ 的第一列展开,化为第一列各元素与对应的代数余子式乘积的代数和.(证明略)

例 3　计算上三角矩阵 $\boldsymbol{A}$ 的行列式,其中

$$
\boldsymbol{A}=\begin{bmatrix} a_{11} & a_{12} & a_{13} & \cdots & a_{1n} \\ 0 & a_{22} & a_{23} & \cdots & a_{2n} \\ 0 & 0 & a_{33} & \cdots & a_{3n} \\ \vdots & \vdots & \vdots & & \vdots \\ 0 & 0 & 0 & \cdots & a_{nn} \end{bmatrix}.
$$

解 根据定理 2.1,将 $\det\boldsymbol{A}$ 按第一列展开:

$$
\det\boldsymbol{A}=\begin{vmatrix} a_{11} & a_{12} & a_{13} & \cdots & a_{1n} \\ 0 & a_{22} & a_{23} & \cdots & a_{2n} \\ 0 & 0 & a_{33} & \cdots & a_{3n} \\ \vdots & \vdots & \vdots & & \vdots \\ 0 & 0 & 0 & \cdots & a_{nn} \end{vmatrix}=\sum_{i=1}^{n}a_{i1}A_{i1}=a_{11}A_{11},
$$

即

$$
\det\boldsymbol{A}=a_{11}\begin{vmatrix} a_{22} & a_{23} & \cdots & a_{2n} \\ 0 & a_{33} & \cdots & a_{3n} \\ \vdots & \vdots & & \vdots \\ 0 & 0 & \cdots & a_{nn} \end{vmatrix}.
$$

将等号右边的 $n-1$ 阶行列式按第一列展开. 如此进行下去,可得

$$
\det\boldsymbol{A}=a_{11}a_{22}\cdots a_{nn},
$$

即**上三角矩阵的行列式等于其主对角线上元素的连乘积**. 上三角矩阵的行列式简称为**上三角行列式**.

特别地,当 $\boldsymbol{A}=(a_{ij})_{n\times n}$ 为对角矩阵时,有

$$
\det\boldsymbol{A}=\begin{vmatrix} a_{11} & & & \\ & a_{22} & & \\ & & \ddots & \\ & & & a_{nn} \end{vmatrix}=a_{11}a_{22}\cdots a_{nn},
$$

即**对角矩阵的行列式**(简称**对角形行列式**)**等于主对角线上元素的连乘积**. 例 3 的结论可作为定理应用.

例 4 计算 n 阶行列式

$$
\begin{vmatrix} 0 & 0 & \cdots & 0 & 0 & a_1 \\ 0 & 0 & \cdots & 0 & a_2 & 0 \\ 0 & 0 & \cdots & a_3 & 0 & 0 \\ \vdots & \vdots & & \vdots & \vdots & \vdots \\ 0 & a_{n-1} & \cdots & 0 & 0 & 0 \\ a_n & 0 & \cdots & 0 & 0 & 0 \end{vmatrix}.
$$

解　根据 n 阶行列式定义，将此行列式按第一行展开：

$$\begin{vmatrix} 0 & 0 & \cdots & 0 & 0 & a_1 \\ 0 & 0 & \cdots & 0 & a_2 & 0 \\ 0 & 0 & \cdots & a_3 & 0 & 0 \\ \vdots & \vdots & & \vdots & \vdots & \vdots \\ 0 & a_{n-1} & \cdots & 0 & 0 & 0 \\ a_n & 0 & \cdots & 0 & 0 & 0 \end{vmatrix} = a_1 \cdot (-1)^{1+n} \begin{vmatrix} 0 & 0 & \cdots & 0 & a_2 \\ 0 & 0 & \cdots & a_3 & 0 \\ \vdots & \vdots & & \vdots & \vdots \\ 0 & a_{n-1} & \cdots & 0 & 0 \\ a_n & 0 & \cdots & 0 & 0 \end{vmatrix}$$

$$= (-1)^{1+n} a_1 \cdot a_2 \cdot (-1)^{1+(n-1)} \begin{vmatrix} 0 & 0 & \cdots & 0 & a_3 \\ 0 & 0 & \cdots & a_4 & 0 \\ \vdots & \vdots & & \vdots & \vdots \\ 0 & a_{n-1} & \cdots & 0 & 0 \\ a_n & 0 & \cdots & 0 & 0 \end{vmatrix}$$

$$= \cdots\cdots$$

$$= (-1)^{(1+n)+n+\cdots+3} a_1 a_2 \cdots a_n$$

$$= (-1)^{\frac{(n+4)(n-1)}{2}} a_1 a_2 \cdots a_n$$

$$= (-1)^{\frac{n(n-1)}{2}} a_1 a_2 \cdots a_n.$$

本题也可根据定理 2.1 按第一列展开，请读者自行练习.

习　题　2.2

1. 利用行列式定义计算下列矩阵的行列式：

(1) $\boldsymbol{A} = \begin{bmatrix} 2 & -1 & 6 \\ 1 & 1 & 3 \\ -1 & 2 & 0 \end{bmatrix}$；　(2) $\boldsymbol{A} = \begin{bmatrix} 2 & 0 & -3 & 0 \\ 1 & 2 & 5 & -2 \\ 3 & 1 & -1 & -5 \\ 4 & 2 & 1 & -4 \end{bmatrix}$.

2. 根据定理 2.1，计算下列矩阵的行列式：

(1) $\boldsymbol{A} = \begin{bmatrix} 0 & 19 & -16 \\ 1 & -9 & 3 \\ 0 & 1 & -1 \end{bmatrix}$；　(2) $\boldsymbol{A} = \begin{bmatrix} 1 & -5 & 2 & 2 \\ 0 & 2 & -1 & 6 \\ 2 & -9 & 5 & 7 \\ 0 & -1 & 2 & 0 \end{bmatrix}$.

3. 计算下列矩阵的行列式：

(1) $\boldsymbol{A} = \begin{bmatrix} 0 & 1 & 0 & 0 & 0 \\ 0 & 0 & 2 & 0 & 0 \\ 0 & 0 & 0 & 3 & 0 \\ 0 & 0 & 0 & 0 & 4 \\ 5 & 0 & 0 & 0 & 0 \end{bmatrix}$；　(2) $\boldsymbol{A} = \begin{bmatrix} 5 & 0 & 0 & 0 & 0 \\ 0 & 0 & 0 & 0 & 1 \\ 0 & 0 & 0 & 2 & 0 \\ 0 & 0 & 3 & 0 & 0 \\ 0 & 4 & 0 & 0 & 0 \end{bmatrix}$.

4. 若 $\begin{vmatrix} x & 0 & 1 & 0 \\ 0 & 0 & 0 & 2 \\ 0 & x & 0 & 0 \\ 3 & 4 & 0 & 5 \end{vmatrix}=1$，求 x 的值.

5. 设 n 阶矩阵

$$A=\begin{bmatrix} a & 0 & 0 & \cdots & 0 & 0 \\ 0 & 0 & 0 & \cdots & 0 & b \\ 0 & 0 & 0 & \cdots & b & 0 \\ \vdots & \vdots & \vdots & & \vdots & \vdots \\ 0 & 0 & b & \cdots & 0 & 0 \\ 0 & b & 0 & \cdots & 0 & 0 \end{bmatrix} \quad (a\neq 0, b\neq 0),$$

求 $\det\boldsymbol{A}$.

6. 单项选择题：

(1) 设五阶矩阵

$$\boldsymbol{A}=\begin{bmatrix} 0 & 0 & 0 & 1 & 0 \\ 0 & 0 & 2 & 0 & 0 \\ 0 & 3 & 0 & 0 & 0 \\ 4 & 0 & 0 & 0 & 0 \\ 0 & 0 & 0 & 0 & 5 \end{bmatrix},$$

则 $\det\boldsymbol{A}=($　　$)$.

(A) 5!；　　(B) －5!；　　(C) 4!；　　(D) －4!.

(2) 三阶行列式 $\begin{vmatrix} 3 & 0 & 4 \\ 2 & 2 & 2 \\ 0 & -7 & 0 \end{vmatrix}$ 中第三行各元素的余子式之和的值为(　　).

(A) 0；　　(B) －4；　　(C) 4；　　(D) －6.

§2.3 行列式的性质

利用 n 阶行列式的定义 2.1 或定理 2.1 计算较高阶的行列式时，计算仍相当繁琐，因此有必要讨论行列式的性质. 利用这些性质可以大大简化行列式的计算.

性质 1 矩阵 $\boldsymbol{A}=(a_{ij})_{n\times n}$ 的转置的行列式等于 $\boldsymbol{A}$ 的行列式. 即，若

$$\boldsymbol{A}=\begin{bmatrix} a_{11} & a_{12} & \cdots & a_{1n} \\ a_{21} & a_{22} & \cdots & a_{2n} \\ \vdots & \vdots & & \vdots \\ a_{n1} & a_{n2} & \cdots & a_{nn} \end{bmatrix},\quad \boldsymbol{A}^{\mathrm{T}}=\begin{bmatrix} a_{11} & a_{21} & \cdots & a_{n1} \\ a_{12} & a_{22} & \cdots & a_{n2} \\ \vdots & \vdots & & \vdots \\ a_{1n} & a_{2n} & \cdots & a_{nn} \end{bmatrix},$$

则 $\det\boldsymbol{A}^{\mathrm{T}}=\det\boldsymbol{A}$. (证明略)

例如，在§2.2 例 1 中，

$$\det\boldsymbol{A}=\begin{vmatrix}-1&2&0\\3&2&1\\4&-2&-1\end{vmatrix}=14,$$

则

$$\det\boldsymbol{A}^{\mathrm{T}}=\begin{vmatrix}-1&3&4\\2&2&-2\\0&1&-1\end{vmatrix}=14.$$

由性质 1 可知,对于行列式的"行"成立的性质,对于"列"同样成立.

性质 2 交换行列式 $\det\boldsymbol{A}$ 两行(列)的位置,行列式变号.(证明略)

例如 $\det\boldsymbol{A}=\begin{vmatrix}-1&2&0\\3&2&1\\4&-2&-1\end{vmatrix}=14$,则不难验证

$$\begin{vmatrix}3&2&1\\-1&2&0\\4&-2&-1\end{vmatrix}=-14.$$

推论 如果行列式中有两行(列)完全相同,则此行列式等于零.

实际上,若行列式 $\det\boldsymbol{A}$ 中有两行(列)相同,交换这两行(列)的位置,有 $\det\boldsymbol{A}=-\det\boldsymbol{A}$. 由此得 $\det\boldsymbol{A}=0$.

性质 3 行列式某一行(列)的公因子可提到行列式外.(证明略)

例如

$$\begin{vmatrix}a_{11}&a_{12}&a_{13}\\ka_{21}&ka_{22}&ka_{23}\\a_{31}&a_{32}&a_{33}\end{vmatrix}=k\begin{vmatrix}a_{11}&a_{12}&a_{13}\\a_{21}&a_{22}&a_{23}\\a_{31}&a_{32}&a_{33}\end{vmatrix}.$$

推论 1 若行列式中有一行(列)的元素全为零,则此行列式等于零.

实际上,把该行(列)的零因子提到行列式外,则可得此结论.

推论 2 若行列式有两行(列)的对应元素成比例,则此行列式等于零,即

$$\begin{vmatrix}a_{11}&a_{12}&\cdots&a_{1n}\\\vdots&\vdots&&\vdots\\a_{i1}&a_{i2}&\cdots&a_{in}\\\vdots&\vdots&&\vdots\\ka_{i1}&ka_{i2}&\cdots&ka_{in}\\\vdots&\vdots&&\vdots\\a_{n1}&a_{n2}&\cdots&a_{nn}\end{vmatrix}\begin{matrix}\\\\(\text{第 } i \text{ 行})\\\\(\text{第 } s \text{ 行})\\\\\\\end{matrix}=0.$$

实际上,若把第 s 行的公因子 k 提到行列式外面,则行列式有两行完全相同,由性质 2 的推论可得原行列式等于零.

性质 4 若行列式中某一行(列)的所有元素都是两个数的和,由此行列式可写成两个

行列式的和，即

$$\begin{vmatrix} a_{11} & a_{12} & \cdots & a_{1n} \\ \vdots & \vdots & & \vdots \\ a_{i1}+b_{i1} & a_{i2}+b_{i2} & \cdots & a_{in}+b_{in} \\ \vdots & \vdots & & \vdots \\ a_{n1} & a_{n2} & \cdots & a_{nn} \end{vmatrix} = \begin{vmatrix} a_{11} & a_{12} & \cdots & a_{1n} \\ \vdots & \vdots & & \vdots \\ a_{i1} & a_{i2} & \cdots & a_{in} \\ \vdots & \vdots & & \vdots \\ a_{n1} & a_{n2} & \cdots & a_{nn} \end{vmatrix} + \begin{vmatrix} a_{11} & a_{12} & \cdots & a_{1n} \\ \vdots & \vdots & & \vdots \\ b_{i1} & b_{i2} & \cdots & b_{in} \\ \vdots & \vdots & & \vdots \\ a_{n1} & a_{n2} & \cdots & a_{nn} \end{vmatrix}.$$

(证明略)

例 1 计算三阶行列式

$$\det \boldsymbol{A} = \begin{vmatrix} 798 & 4 & -1 \\ 401 & 2 & 3 \\ 202 & 1 & -2 \end{vmatrix}.$$

解 若利用对角线法则或行列式定义直接计算，计算量较大. 利用性质 4，有

$$\det \boldsymbol{A} = \begin{vmatrix} 800-2 & 4 & -1 \\ 400+1 & 2 & 3 \\ 200+2 & 1 & -2 \end{vmatrix} = \begin{vmatrix} 800 & 4 & -1 \\ 400 & 2 & 3 \\ 200 & 1 & 2 \end{vmatrix} + \begin{vmatrix} -2 & 4 & -1 \\ 1 & 2 & 3 \\ 2 & 1 & -2 \end{vmatrix} = 0+49=49.$$

性质 5 把行列式的某一行(列)的所有元素乘以数 k 加到另一行(列)的相应元素上，行列式的值不变，即

$$\begin{vmatrix} a_{11} & a_{12} & \cdots & a_{1n} \\ \vdots & \vdots & & \vdots \\ a_{i1} & a_{i2} & \cdots & a_{in} \\ \vdots & \vdots & & \vdots \\ a_{s1} & a_{s2} & \cdots & a_{sn} \\ \vdots & \vdots & & \vdots \\ a_{n1} & a_{n2} & \cdots & a_{nn} \end{vmatrix} = \begin{vmatrix} a_{11} & a_{12} & \cdots & a_{1n} \\ \vdots & \vdots & & \vdots \\ a_{i1} & a_{i2} & \cdots & a_{in} \\ \vdots & \vdots & & \vdots \\ a_{s1}+ka_{i1} & a_{s2}+ka_{i2} & \cdots & a_{sn}+ka_{in} \\ \vdots & \vdots & & \vdots \\ a_{n1} & a_{n2} & \cdots & a_{nn} \end{vmatrix}.$$ (证明略)

性质 6 n 阶行列式等于它的任意一行(列)的各元素与其对应的代数余子式的乘积之和(证明略). 即对于矩阵 $\boldsymbol{A}=(a_{ij})_{n\times n}$，

$$\det \boldsymbol{A} = \sum_{j=1}^{n} a_{ij}A_{ij} = a_{i1}A_{i1} + a_{i2}A_{i2} + \cdots + a_{in}A_{in} \quad (i=1,2,\cdots,n),$$

或

$$\det \boldsymbol{A} = \sum_{i=1}^{n} a_{ij}A_{ij} = a_{1j}A_{1j} + a_{2j}A_{2j} + \cdots + a_{nj}A_{nj} \quad (j=1,2,\cdots,n).$$

推论 n 阶行列式某一行(列)的元素与另一行(列)对应元素的代数余子式的乘积的和等于零. 即

$$a_{i1}A_{s1} + a_{i2}A_{s2} + \cdots + a_{in}A_{sn} = 0 \quad (i \neq s, 1 \leqslant i,s \leqslant n),$$
$$a_{1j}A_{1t} + a_{2j}A_{2t} + \cdots + a_{nj}A_{nt} = 0 \quad (j \neq t, 1 \leqslant j,t \leqslant n).$$

证 设 n 阶矩阵 $\boldsymbol{A}=(a_{ij})_{n\times n}$，将矩阵 $\boldsymbol{A}$ 的第 s 行元素换为第 i 行($i\neq s, 1\leqslant i,s\leqslant n$)的元

素，可得矩阵 $\boldsymbol{A}_1$：

$$\boldsymbol{A}_1=\begin{bmatrix} a_{11} & a_{12} & \cdots & a_{1n} \\ \vdots & \vdots & & \vdots \\ a_{i1} & a_{i2} & \cdots & a_{in} \\ \vdots & \vdots & & \vdots \\ a_{i1} & a_{i2} & \cdots & a_{in} \\ \vdots & \vdots & & \vdots \\ a_{n1} & a_{n2} & \cdots & a_{nn} \end{bmatrix}\begin{matrix} \\ \\ (\text{第 } i \text{ 行}) \\ \\ (\text{第 } s \text{ 行}) \\ \\ \\ \end{matrix},$$

根据性质 2 的推论，$\det\boldsymbol{A}_1=0$. 若将 $\det\boldsymbol{A}_1$ 按第 s 行展开，则

$$\det\boldsymbol{A}_1=a_{i1}A_{s1}+a_{i2}A_{s2}+\cdots+a_{in}A_{sn}=0 \quad (i\neq s;\ 1\leqslant i,s\leqslant n).$$

同理可证

$$a_{1j}A_{1t}+a_{2j}A_{2t}+\cdots+a_{nj}A_{nt}=0 \quad (j\neq t;\ 1\leqslant j,t\leqslant n).$$

例 2 计算矩阵 $\boldsymbol{A}$ 的行列式 $\det\boldsymbol{A}$，其中

$$\boldsymbol{A}=\begin{bmatrix} 1 & 2 & 3 & 4 \\ 2 & 3 & 4 & 1 \\ 3 & 4 & 1 & 2 \\ 4 & 1 & 2 & 3 \end{bmatrix}.$$

解法 1 利用行列式性质，先将 $\det\boldsymbol{A}$ 化为上(或下)三角行列式.

$$\det\boldsymbol{A}=\begin{vmatrix} 1 & 2 & 3 & 4 \\ 2 & 3 & 4 & 1 \\ 3 & 4 & 1 & 2 \\ 4 & 1 & 2 & 3 \end{vmatrix}\begin{matrix} \times(-2)\ \times(-3)\ \times(-4) \\ \leftarrow \\ \leftarrow \\ \leftarrow \end{matrix}$$

$$=\begin{vmatrix} 1 & 2 & 3 & 4 \\ 0 & -1 & -2 & -7 \\ 0 & -2 & -8 & -10 \\ 0 & -7 & -10 & -13 \end{vmatrix}\begin{matrix} \\ \times(-2)\ \times(-7) \\ \leftarrow \\ \leftarrow \end{matrix}$$

$$=\begin{vmatrix} 1 & 2 & 3 & 4 \\ 0 & -1 & -2 & -7 \\ 0 & 0 & -4 & 4 \\ 0 & 0 & 4 & 36 \end{vmatrix}\begin{matrix} \\ \\ \times(1) \\ \leftarrow \end{matrix}$$

$$=\begin{vmatrix} 1 & 2 & 3 & 4 \\ 0 & -1 & -2 & -7 \\ 0 & 0 & -4 & 4 \\ 0 & 0 & 0 & 40 \end{vmatrix}=1\times(-1)\times(-4)\times 40$$

$$=160.$$

解法 2 利用行列式性质，将行列式化为某一行(或列)仅含一个非零元素，然后按此行(或列)展开. 注意到 $\boldsymbol{A}$ 的每列元素的和都等于 10，将第一行到第三行都加到第四行上：

$$\det\boldsymbol{A}=\begin{vmatrix}1&2&3&4\\2&3&4&1\\3&4&1&2\\4&1&2&3\end{vmatrix}\begin{matrix}&&\times(1)\\&\times(1)&\\\times(1)&&\\\leftarrow&\leftarrow&\leftarrow\end{matrix}$$

$$=\begin{vmatrix}1&2&3&4\\2&3&4&1\\3&4&1&2\\10&10&10&10\end{vmatrix}\quad(\text{第四行提出公因子 }10)$$

$$=10\begin{vmatrix}1&2&3&4\\2&3&4&1\\3&4&1&2\\1&1&1&1\end{vmatrix}=10\begin{vmatrix}1&1&2&3\\2&1&2&-1\\3&1&-2&-1\\1&0&0&0\end{vmatrix}\quad(\text{按第四行展开})$$

$$=10\times1\times(-1)^{4+1}\begin{vmatrix}1&2&3\\1&2&-1\\1&-2&-1\end{vmatrix}$$

$$=-10\times(-16)=160.$$

在计算较高阶的行列式，特别是元素均为数值的行列式时，我们可采用例 2 的解法 1 和解法 2.

例 3 计算 $n+1$ 阶行列式

$$\det\boldsymbol{A}=\begin{vmatrix}1&a_1&0&\cdots&0&0\\-1&1-a_1&a_2&\cdots&0&0\\0&-1&1-a_2&\cdots&0&0\\\vdots&\vdots&\vdots&&\vdots&\vdots\\0&0&0&\cdots&1-a_{n-1}&a_n\\0&0&0&\cdots&-1&1-a_n\end{vmatrix}.$$

解 将行列式的第一行加到第二行，所得的第二行再加到第三行，如此继续，直到新得到的第 n 行加到第 $n+1$ 行，可得

$$\det\boldsymbol{A}=\begin{vmatrix}1&a_1&0&\cdots&0&0\\0&1&a_2&\cdots&0&0\\0&0&1&\cdots&0&0\\\vdots&\vdots&\vdots&&\vdots&\vdots\\0&0&0&\cdots&1&a_n\\0&0&0&\cdots&0&1\end{vmatrix}=1.$$

例 4 解方程

$$\begin{vmatrix} 1 & 2 & 3 & \cdots & n \\ 1 & x+1 & 3 & \cdots & n \\ 1 & 2 & x+1 & \cdots & n \\ \vdots & \vdots & \vdots & & \vdots \\ 1 & 2 & 3 & \cdots & x+1 \end{vmatrix} = 0.$$

解 将方程左边行列式的第一行乘以(−1)加到其余各行,原方程化为

$$\begin{vmatrix} 1 & 2 & 3 & \cdots & n \\ 0 & x-1 & 0 & \cdots & 0 \\ 0 & 0 & x-2 & \cdots & 0 \\ \vdots & \vdots & \vdots & & \vdots \\ 0 & 0 & 0 & \cdots & x-n+1 \end{vmatrix} = 0,$$

所以

$$(x-1)(x-2)\cdots(x-n+1) = 0.$$

由此得方程的根为

$$x_1 = 1, \quad x_2 = 2, \quad \cdots, \quad x_{n-1} = n-1.$$

例 5 计算 n 阶行列式

$$\begin{vmatrix} a_0 & -1 & 0 & \cdots & 0 & 0 \\ a_1 & x & -1 & \cdots & 0 & 0 \\ \vdots & \vdots & \vdots & & \vdots & \vdots \\ a_{n-2} & 0 & 0 & \cdots & x & -1 \\ a_{n-1} & 0 & 0 & \cdots & 0 & x \end{vmatrix}.$$

解 从行列式的第一行开始,每行乘 x 后逐次下加到下一行,

$$\begin{vmatrix} a_0 & -1 & 0 & \cdots & 0 & 0 \\ a_1 & x & -1 & \cdots & 0 & 0 \\ \vdots & \vdots & \vdots & & \vdots & \vdots \\ a_{n-2} & 0 & 0 & \cdots & x & -1 \\ a_{n-1} & 0 & 0 & \cdots & 0 & x \end{vmatrix} = \begin{vmatrix} a_0 & -1 & 0 & \cdots & 0 & 0 \\ a_0x + a_1 & 0 & -1 & \cdots & 0 & 0 \\ \vdots & \vdots & \vdots & & \vdots & \vdots \\ \sum\limits_{i=0}^{n-2} a_i x^{n-i-1} & 0 & 0 & \cdots & 0 & -1 \\ \sum\limits_{i=0}^{n-1} a_i x^{n-i-1} & 0 & 0 & \cdots & 0 & 0 \end{vmatrix}$$

(按最后一行展开)

$$= \sum_{i=0}^{n-1} a_i x^{n-i-1} \times (-1)^{n-1} \begin{vmatrix} -1 & 0 & \cdots & 0 & 0 \\ 0 & -1 & \cdots & 0 & 0 \\ \vdots & \vdots & & \vdots & \vdots \\ 0 & 0 & \cdots & -1 & 0 \\ 0 & 0 & \cdots & 0 & -1 \end{vmatrix}$$

$$= a_0 x^{n-1} + a_1 x^{n-2} + \cdots + a_{n-2} x + a_{n-1}.$$

性质 7 设 $\boldsymbol{A},\boldsymbol{B}$ 都是 n 阶矩阵，则 $\boldsymbol{A},\boldsymbol{B}$ 乘积的行列式等于它们行列式的积，即 $\det(\boldsymbol{AB}) = \det\boldsymbol{A} \cdot \det\boldsymbol{B}$.（证明略）

性质 8 设 $\boldsymbol{A}$ 为 m 阶矩阵，$\boldsymbol{B}$ 为 n 阶矩阵，$\boldsymbol{C}$ 为 $m\times n$ 矩阵，则分块矩阵 $\begin{bmatrix} \boldsymbol{A} & \boldsymbol{C} \\ \boldsymbol{O} & \boldsymbol{B} \end{bmatrix}$ 的行列式等于 $\boldsymbol{A},\boldsymbol{B}$ 行列式的积，即

$$\det\begin{bmatrix} \boldsymbol{A} & \boldsymbol{C} \\ \boldsymbol{O} & \boldsymbol{B} \end{bmatrix} = \det\boldsymbol{A} \cdot \det\boldsymbol{B}. \quad \text{（证明略）}$$

例 6 设矩阵 $\boldsymbol{A}$ 可逆，试证 $\det\boldsymbol{A}^{-1} = \dfrac{1}{\det\boldsymbol{A}}$.

证 因为 $\boldsymbol{A}$ 可逆，所以 $\boldsymbol{AA}^{-1}=\boldsymbol{E}$，两边取行列式，有

$$\det(\boldsymbol{AA}^{-1}) = \det\boldsymbol{E} = 1, \quad \text{即} \quad \det\boldsymbol{A} \cdot \det\boldsymbol{A}^{-1} = 1.$$

由此可知，$\det\boldsymbol{A} \neq 0$，且 $\det\boldsymbol{A}^{-1} = \dfrac{1}{\det\boldsymbol{A}}$.

习 题 2.3

1. 计算下列矩阵的行列式：

(1) $\boldsymbol{A} = \begin{bmatrix} 3 & 1 & 302 \\ 3 & -4 & 297 \\ 2 & 2 & 203 \end{bmatrix}$； (2) $\boldsymbol{A} = \begin{bmatrix} 103 & 100 & 204 \\ 199 & 200 & 395 \\ 301 & 300 & 600 \end{bmatrix}$； (3) $\boldsymbol{A} = \begin{bmatrix} 1 & 2 & -5 & 1 \\ -3 & 1 & 0 & -6 \\ 2 & 0 & -1 & 2 \\ 4 & 1 & -7 & 6 \end{bmatrix}$；

(4) $\boldsymbol{A} = \begin{bmatrix} 3 & 2 & 1 & 1 \\ 0 & 4 & 0 & 2 \\ 2 & 0 & 1 & 1 \\ 0 & 1 & 0 & 2 \end{bmatrix}$； (5) $\boldsymbol{A} = \begin{bmatrix} 2 & 4 & -1 & -2 \\ -3 & 7 & -1 & 4 \\ 5 & -9 & 2 & 7 \\ 2 & -5 & 1 & 2 \end{bmatrix}$.

2. 计算下列矩阵的行列式：

(1) $\boldsymbol{A} = \begin{bmatrix} x & y & x+y \\ y & x+y & x \\ x+y & x & y \end{bmatrix}$； (2) $\boldsymbol{B} = \begin{bmatrix} a+b+2c & a & b \\ c & b+c+2a & b \\ c & a & c+a+2b \end{bmatrix}$；

(3) $\boldsymbol{C} = \begin{bmatrix} 2 & 2 & 2 & 2+x \\ 2 & 2 & 2-x & 2 \\ 2 & 2+y & 2 & 2 \\ 2-y & 2 & 2 & 2 \end{bmatrix}$.

3. 计算下列 n 阶行列式：

(1) $\det\boldsymbol{A}=\begin{vmatrix} 0 & 0 & \cdots & 0 & 0 & 1 & 0 \\ 0 & 0 & \cdots & 0 & 2 & 0 & 0 \\ \vdots & \vdots & & \vdots & \vdots & \vdots & \vdots \\ n-1 & 0 & \cdots & 0 & 0 & 0 & 0 \\ 0 & 0 & \cdots & 0 & 0 & 0 & n \end{vmatrix}$；　(2) $\det\boldsymbol{B}=\begin{vmatrix} x & a & a & \cdots & a \\ a & x & a & \cdots & a \\ a & a & x & \cdots & a \\ \vdots & \vdots & \vdots & & \vdots \\ a & a & a & \cdots & x \end{vmatrix}$；

(3) $\det\boldsymbol{C}=\begin{vmatrix} x & y & 0 & \cdots & 0 & 0 \\ 0 & x & y & \cdots & 0 & 0 \\ \vdots & \vdots & \vdots & & \vdots & \vdots \\ 0 & 0 & 0 & \cdots & x & y \\ y & 0 & 0 & \cdots & 0 & x \end{vmatrix}$；　(4) $\det\boldsymbol{D}=\begin{vmatrix} 1 & 2 & 3 & \cdots & n \\ 2 & 3 & 4 & \cdots & 1 \\ 3 & 4 & 5 & \cdots & 2 \\ \vdots & \vdots & \vdots & & \vdots \\ n & 1 & 2 & \cdots & n-1 \end{vmatrix}$；

(5) $\det\boldsymbol{F}=\begin{vmatrix} 2 & 1 & 0 & \cdots & 0 & 0 \\ 1 & 2 & 1 & \cdots & 0 & 0 \\ 0 & 1 & 2 & \cdots & 0 & 0 \\ \vdots & \vdots & \vdots & & \vdots & \vdots \\ 0 & 0 & 0 & \cdots & 2 & 1 \\ 0 & 0 & 0 & \cdots & 1 & 2 \end{vmatrix}$.

4. 证明 $\begin{vmatrix} a+b & b+c & c+a \\ a_1+b_1 & b_1+c_1 & c_1+a_1 \\ a_2+b_2 & b_2+c_2 & c_2+a_2 \end{vmatrix}=2\begin{vmatrix} a & b & c \\ a_1 & b_1 & c_1 \\ a_2 & b_2 & c_2 \end{vmatrix}$.

5. 设 $\boldsymbol{A}$ 为三阶矩阵，且按列分块为 $\boldsymbol{A}=(\boldsymbol{A}_1\quad \boldsymbol{A}_2\quad \boldsymbol{A}_3)$. 若 $\det\boldsymbol{A}=-2$，$\boldsymbol{B}=(\boldsymbol{A}_3\quad 3\boldsymbol{A}_1-2\boldsymbol{A}_3\quad \boldsymbol{A}_2+\boldsymbol{A}_3)$，求 $\det\boldsymbol{B}$.

6. 设 $\boldsymbol{A}$ 为 n 阶矩阵. 证明：$\det(k\boldsymbol{A})=k^n\cdot\det\boldsymbol{A}$，其中 k 为常数.

7. 判断下述结论是否正确，简述理由，其中矩阵 $\boldsymbol{A},\boldsymbol{B},\boldsymbol{C}$ 均为 n 阶矩阵.

(1) $\det(\boldsymbol{A}^{\mathrm{T}}+\boldsymbol{B}^{\mathrm{T}})=\det(\boldsymbol{A}+\boldsymbol{B})$；　(2) $\det(-\boldsymbol{A})=-\det\boldsymbol{A}$；

(3) $\det(\boldsymbol{ABC})=\det\boldsymbol{A}\cdot\det\boldsymbol{B}\cdot\det\boldsymbol{C}$；　(4) $\det(\boldsymbol{A}+\boldsymbol{B})=\det\boldsymbol{A}+\det\boldsymbol{B}$；

(5) $\det[(\boldsymbol{AB})^2]=[\det\boldsymbol{A}]^2\cdot[\det\boldsymbol{B}]^2$；　(6) $\det(k\boldsymbol{A})^{-1}=k^n\cdot\dfrac{1}{\det\boldsymbol{A}}$；

(7) $\det\begin{bmatrix}\boldsymbol{A} & \boldsymbol{O} \\ \boldsymbol{O} & \boldsymbol{B}\end{bmatrix}=\det\boldsymbol{A}\cdot\det\boldsymbol{B}$.

8. 单项选择题：

(1) 已知 $\begin{vmatrix} a_{11} & a_{12} & a_{13} \\ a_{21} & a_{22} & a_{23} \\ a_{31} & a_{32} & a_{33} \end{vmatrix}=-2$，则 $\begin{vmatrix} a_{11} & 3a_{31}-2a_{21} & 3a_{21} \\ a_{12} & 3a_{32}-2a_{22} & 3a_{22} \\ a_{13} & 3a_{33}-2a_{23} & 3a_{23} \end{vmatrix}=(\qquad)$.

(A) 18；　(B) -18；　(C) -12；　(D) 12.

(2) 设 $\boldsymbol{A}$ 为三阶矩阵，$\boldsymbol{A}_j$ 是 $\boldsymbol{A}$ 的第 j 列($j=1,2,3$)，矩阵 $\boldsymbol{B}=(\boldsymbol{A}_3,3\boldsymbol{A}_2-\boldsymbol{A}_3,2\boldsymbol{A}_1+5\boldsymbol{A}_2)$. 若 $\det\boldsymbol{A}=-2$，则 $\det\boldsymbol{B}=(\qquad)$.

(A) 7；　(B) 10；　(C) 12；　(D) 16.

(3) 下列各命题中正确的是(　　).

(A) 若 $\boldsymbol{A}$ 为 n 阶矩阵，k 为常数，则 $\det(k\boldsymbol{A})=k\det\boldsymbol{A}$；

(B) 若 $\boldsymbol{A},\boldsymbol{B}$ 分别为 $m\times n$ 和 $n\times m$ 矩阵，则

$$\det(\boldsymbol{AB})=\det(\boldsymbol{BA});$$

(C) 若 $\boldsymbol{A}$ 为 n 阶矩阵，则 $\det(\boldsymbol{A}^{\mathrm{T}}+\boldsymbol{A})=2\det\boldsymbol{A}$；

(D) 若 $\boldsymbol{A},\boldsymbol{B}$ 都是 n 阶矩阵，则 $\det(\boldsymbol{AB})^k=(\det\boldsymbol{A})^k\cdot(\det\boldsymbol{B})^k$.

(4) 已知矩阵

$$\boldsymbol{A}=\begin{bmatrix}2 & 2 & -2\\ 2 & 5 & -4\\ -2 & -4 & 5\end{bmatrix},$$

则方程 $\det(\boldsymbol{A}-x\boldsymbol{E})=0$ 的根为(　　).

(A) $x=-1$ 或 $x=-10$；　　(B) $x=1$ 或 $x=10$；

(C) $x=2$ 或 $x=5$；　　(D) $x=-2$ 或 $x=5$.

§2.4　逆矩阵公式和矩阵的秩

行列式是研究矩阵的重要工具. 利用行列式可得到可逆矩阵的充分必要条件、逆矩阵公式. 对于一般的 $m\times n$ 矩阵，又可得到矩阵的秩的概念.

一、逆矩阵公式

定义 2.2　若 n 阶矩阵 $\boldsymbol{A}$ 的行列式 $\det\boldsymbol{A}\neq 0$，则称 $\boldsymbol{A}$ 是**非奇异矩阵**或**非退化矩阵**. 否则，称 $\boldsymbol{A}$ 是**奇异矩阵**或**退化矩阵**.

定义 2.3　设 $\boldsymbol{A}=(a_{ij})_{n\times n}$，$A_{ij}$ 是 $\boldsymbol{A}$ 中元素 a_{ij} 的代数余子式，则矩阵

$$\boldsymbol{A}^*=\begin{bmatrix}A_{11} & A_{21} & \cdots & A_{n1}\\ A_{12} & A_{22} & \cdots & A_{n2}\\ \vdots & \vdots & & \vdots\\ A_{1n} & A_{2n} & \cdots & A_{nn}\end{bmatrix} \tag{2.7}$$

称为 $\boldsymbol{A}$ 的**伴随矩阵**.

矩阵 $\boldsymbol{A}$ 的伴随矩阵 $\boldsymbol{A}^*$ 具有以下性质：

定理 2.2　设 $\boldsymbol{A}^*$ 是 n 阶矩阵 $\boldsymbol{A}$ 的伴随矩阵，则

$$\boldsymbol{AA}^*=\boldsymbol{A}^*\boldsymbol{A}=\det\boldsymbol{A}\cdot\boldsymbol{E}. \tag{2.8}$$

证　根据 §2.3 行列式的性质 6 及其推论，有

$$\boldsymbol{AA}^*=\begin{bmatrix}a_{11} & a_{12} & \cdots & a_{1n}\\ a_{21} & a_{22} & \cdots & a_{2n}\\ \vdots & \vdots & & \vdots\\ a_{n1} & a_{n2} & \cdots & a_{nn}\end{bmatrix}\begin{bmatrix}A_{11} & A_{21} & \cdots & A_{n1}\\ A_{12} & A_{22} & \cdots & A_{n2}\\ \vdots & \vdots & & \vdots\\ A_{1n} & A_{2n} & \cdots & A_{nn}\end{bmatrix}$$

$$=\begin{bmatrix}\sum_{j=1}^{n}a_{1j}A_{1j} & \sum_{j=1}^{n}a_{1j}A_{2j} & \cdots & \sum_{j=1}^{n}a_{1j}A_{nj}\\ \sum_{j=1}^{n}a_{2j}A_{1j} & \sum_{j=1}^{n}a_{2j}A_{2j} & \cdots & \sum_{j=1}^{n}a_{2j}A_{nj}\\ \vdots & \vdots & & \vdots\\ \sum_{j=1}^{n}a_{nj}A_{1j} & \sum_{j=1}^{n}a_{nj}A_{2j} & \cdots & \sum_{j=1}^{n}a_{nj}A_{nj}\end{bmatrix}$$

$$=\begin{bmatrix}\det\boldsymbol{A} & 0 & \cdots & 0\\ 0 & \det\boldsymbol{A} & \cdots & 0\\ \vdots & \vdots & & \vdots\\ 0 & 0 & \cdots & \det\boldsymbol{A}\end{bmatrix}=\det\boldsymbol{A}\cdot\boldsymbol{E}.$$

类似可证 $\boldsymbol{A}^*\boldsymbol{A}=\det\boldsymbol{A}\cdot\boldsymbol{E}$.

定理 2.3 矩阵 $\boldsymbol{A}=(a_{ij})_{n\times n}$是可逆矩阵的充分必要条件为 $\boldsymbol{A}$ 是非奇异矩阵，并且当 $\boldsymbol{A}$ 可逆时，有

$$\boldsymbol{A}^{-1}=\frac{1}{\det\boldsymbol{A}}\boldsymbol{A}^*. \tag{2.9}$$

证 *必要性* 若 $\boldsymbol{A}$ 为可逆矩阵，则存在矩阵 $\boldsymbol{A}^{-1}$，有 $\boldsymbol{A}\boldsymbol{A}^{-1}=\boldsymbol{E}$. 所以

$$\det(\boldsymbol{A}\boldsymbol{A}^{-1})=\det\boldsymbol{E}=1,$$

即 $\det\boldsymbol{A}\cdot\det\boldsymbol{A}^{-1}=1$. 由此可知 $\det\boldsymbol{A}\neq 0$，故 $\boldsymbol{A}$ 是非奇异矩阵.

充分性 设 $\boldsymbol{A}$ 是非奇异矩阵，$\det\boldsymbol{A}\neq 0$，记 $\boldsymbol{B}=\frac{1}{\det\boldsymbol{A}}\boldsymbol{A}^*$，则由定理 2.2，

$$\boldsymbol{A}\boldsymbol{B}=\boldsymbol{A}\left(\frac{1}{\det\boldsymbol{A}}\boldsymbol{A}^*\right)=\frac{1}{\det\boldsymbol{A}}\boldsymbol{A}\boldsymbol{A}^*=\boldsymbol{E}.$$

根据定理 1.8，$\boldsymbol{A}$ 可逆，且

$$\boldsymbol{A}^{-1}=\frac{1}{\det\boldsymbol{A}}\boldsymbol{A}^*.$$

(2.9)提供了求逆矩阵的另一种方法，这一方法称为**伴随矩阵法**.

例 1 利用伴随矩阵法求下列矩阵的逆矩阵：

(1) $\boldsymbol{A}=\begin{bmatrix}1 & 3\\ 2 & 4\end{bmatrix}$； (2) $\boldsymbol{A}=\begin{bmatrix}1 & 1 & 1\\ 1 & 2 & 1\\ 3 & 1 & 1\end{bmatrix}$.

解 (1) 矩阵 $\boldsymbol{A}$ 的行列式

$$\det\boldsymbol{A}=\begin{vmatrix}1 & 3\\ 2 & 4\end{vmatrix}=-2\neq 0,$$

所以 $\boldsymbol{A}$ 可逆. 又

$$A_{11}=4,\quad A_{12}=-2,\quad A_{21}=-3,\quad A_{22}=1,$$

所以,$\boldsymbol{A}$ 的伴随矩阵

$$\boldsymbol{A}^{*}=\begin{bmatrix}4 & -3\\ -2 & 1\end{bmatrix},$$

于是

$$\boldsymbol{A}^{-1}=\frac{1}{\det\boldsymbol{A}}\boldsymbol{A}^{*}=-\frac{1}{2}\begin{bmatrix}4 & -3\\ -2 & 1\end{bmatrix},$$

即

$$\boldsymbol{A}^{-1}=\begin{bmatrix}-2 & 3/2\\ 1 & -1/2\end{bmatrix}.$$

(2) 矩阵 $\boldsymbol{A}$ 的行列式

$$\det\boldsymbol{A}=\begin{vmatrix}1 & 1 & 1\\ 1 & 2 & 1\\ 3 & 1 & 1\end{vmatrix}=-2\neq 0,$$

所以 $\boldsymbol{A}$ 可逆. 又

$$A_{11}=\begin{vmatrix}2 & 1\\ 1 & 1\end{vmatrix}=1,\quad A_{12}=-\begin{vmatrix}1 & 1\\ 3 & 1\end{vmatrix}=2,\quad A_{13}=\begin{vmatrix}1 & 2\\ 3 & 1\end{vmatrix}=-5.$$

类似可得

$$A_{21}=0,\quad A_{22}=-2,\quad A_{23}=2,$$
$$A_{31}=-1,\quad A_{32}=0,\quad A_{33}=1.$$

$\boldsymbol{A}$ 的伴随矩阵

$$\boldsymbol{A}^{*}=\begin{bmatrix}1 & 0 & -1\\ 2 & -2 & 0\\ -5 & 2 & 1\end{bmatrix},$$

$\boldsymbol{A}$ 的逆矩阵

$$\boldsymbol{A}^{-1}=\frac{1}{\det\boldsymbol{A}}\boldsymbol{A}^{*}=\begin{bmatrix}-\frac{1}{2} & 0 & \frac{1}{2}\\ -1 & 1 & 0\\ \frac{5}{2} & -1 & -\frac{1}{2}\end{bmatrix}.$$

由例 1 可以看出,利用伴随矩阵法求矩阵的逆矩阵,计算量较大,一般,对于 n 阶矩阵 $\boldsymbol{A}$,首先要计算 $\det\boldsymbol{A}$. 当 $\det\boldsymbol{A}\neq 0$ 时,$\boldsymbol{A}$ 可逆. 为计算伴随矩阵,需计算 n^2 个代数余子式 A_{ij} $(i,j=1,2,\cdots,n)$,计算量大. 因此,求逆矩阵的公式(2.9)和定理 2.3 仅具有理论上的意义. 在实际计算时,利用初等变换法求矩阵的逆更为方便、实用,并且易于在计算机上实现.

例 2 设 $\boldsymbol{A}$ 为三阶矩阵,$\det\boldsymbol{A}=-1$, $\boldsymbol{A}^{*}$ 是 $\boldsymbol{A}$ 的伴随矩阵,求 $\det[(2\boldsymbol{A})^{-1}+2\boldsymbol{A}^{*}]$.

解 由 $\det\boldsymbol{A}=-1$,知 $\boldsymbol{A}$ 可逆,又 $\boldsymbol{A}\boldsymbol{A}^{*}=\det\boldsymbol{A}\cdot\boldsymbol{E}$,所以 $\boldsymbol{A}^{*}=(\det\boldsymbol{A})\boldsymbol{A}^{-1}=-\boldsymbol{A}^{-1}$,于是

$$\det[(2\boldsymbol{A})^{-1}+2\boldsymbol{A}^{*}]=\det\left(\frac{1}{2}\boldsymbol{A}^{-1}-2\boldsymbol{A}^{-1}\right)=\det\left(-\frac{3}{2}\boldsymbol{A}^{-1}\right)=-\frac{27}{8}\det\boldsymbol{A}^{-1},$$

而 $\det A^{-1}=\dfrac{1}{\det A}=-1$，所以 $\det[(2A)^{-1}+2A^{*}]=\dfrac{27}{8}$.

二、矩阵的秩

一个 n 阶矩阵可能是奇异的，也可能是非奇异的，$m\times n$ 矩阵不存在通常意义下的逆矩阵. 为了讨论一般矩阵的性质，我们需引入矩阵的秩的概念. 矩阵的秩是矩阵的本质属性之一，在讨论逆矩阵和线性方程组时，它也有重要应用.

定义 2.4 在 $m\times n$ 矩阵 $\boldsymbol{A}=(a_{ij})$ 中任取 k 行、k 列 $(k\leqslant\min(m,n))$，位于这些行、列交叉处的 k^2 个元素按原来的相应位置构成的一个 k 阶行列式，称为矩阵 $\boldsymbol{A}$ 的一个 **k 阶子式**.

例如，设

$$\boldsymbol{A}=\begin{bmatrix}-1 & 2 & 3 & 4\\ 0 & 1 & -5 & 2\\ 2 & -1 & 3 & 0\end{bmatrix}.$$

取定 $\boldsymbol{A}$ 的第二行、第三列，交叉处元素可构成一阶子式 $\det(-5)=-5$.

取定 $\boldsymbol{A}$ 的第一、二两行，第二、四两列，位于这些行、列交叉处元素按原来的相对位置就可构成 $\boldsymbol{A}$ 的一个二阶子式

$$\begin{vmatrix}2 & 4\\ 1 & 2\end{vmatrix}=0.$$

定义 2.5 设 $\boldsymbol{A}=(a_{ij})_{m\times n}$，$\boldsymbol{A}$ 中不等于零的子式的最高阶数 r 称为矩阵 $\boldsymbol{A}$ 的**秩**，记作秩 $(\boldsymbol{A})=r$ 或 $\mathrm{r}(\boldsymbol{A})=r$. 即 $\boldsymbol{A}$ 中存在一个 r 阶子式不等于零，而所有 $r+1$ 阶子式都等于零时，$\mathrm{r}(\boldsymbol{A})=r$.

对于零矩阵 $\boldsymbol{O}_{m\times n}$，它的任一子式都等于零. 规定 $\mathrm{r}(\boldsymbol{O})=0$.

设 $\boldsymbol{A}=(a_{ij})_{n\times n}$ 是可逆矩阵，则 $\det\boldsymbol{A}\neq0$. $\boldsymbol{A}$ 的不等于零的子式的最高阶数为 n，所以 $\mathrm{r}(\boldsymbol{A})=n$. 反之，若 n 阶矩阵 $\boldsymbol{A}$ 的秩为 n，则 $\boldsymbol{A}$ 的 n 阶子式不等于零，即 $\det\boldsymbol{A}\neq0$. 所以 $\boldsymbol{A}$ 可逆，即 n 阶矩阵 $\boldsymbol{A}$ 可逆的充分必要条件是 $\mathrm{r}(\boldsymbol{A})=n$.

根据定义 2.5，矩阵 $\boldsymbol{A}_{m\times n}$ 的秩有下述性质：

(1) $\mathrm{r}(\boldsymbol{A})=\mathrm{r}(\boldsymbol{A}^{\mathrm{T}})$；

(2) $0\leqslant\mathrm{r}(\boldsymbol{A})\leqslant\min(m,n)$.

当 $\mathrm{r}(\boldsymbol{A})=\min(m,n)$ 时，称矩阵 $\boldsymbol{A}$ 为**满秩矩阵**. 特别地，当 $\mathrm{r}(\boldsymbol{A})=m$ 时，称 $\boldsymbol{A}$ 为行满秩矩阵；当 $\mathrm{r}(\boldsymbol{A})=n$ 时，称 $\boldsymbol{A}$ 为列满秩矩阵.

例 3 求矩阵 $\boldsymbol{A}$ 的秩，其中

$$\boldsymbol{A}=\begin{bmatrix}3 & -1 & 5 & 0 & 4\\ 0 & 0 & 2 & -1 & 3\\ 0 & 0 & 0 & 0 & 0\end{bmatrix}.$$

解 矩阵 $\boldsymbol{A}\neq\boldsymbol{O}$，故 $\boldsymbol{A}$ 中有一阶子式不等于零. 注意到矩阵 $\boldsymbol{A}$ 是一个阶梯形矩阵，取 $\boldsymbol{A}$

的第一、二行，第一、三列，可得二阶子式

$$\begin{vmatrix} 3 & 5 \\ 0 & 2 \end{vmatrix} = 6 \neq 0,$$

而 $\boldsymbol{A}$ 的所有 3 阶子式都等于零，所以 $\mathrm{r}(\boldsymbol{A})=2$，即阶梯形矩阵的秩等于其非零行的个数.

一般，利用定义求矩阵 $\boldsymbol{A}$ 的秩，需检查多个子式的值，十分不方便，但我们可以用矩阵的初等变换求矩阵的秩.

定理 2.4 矩阵经初等变换后，其秩不变.

证* 设矩阵 $\boldsymbol{A}=(a_{ij})_{m\times n}$，我们仅证明 $\boldsymbol{A}$ 经过初等行变换其秩不变.

当对 $\boldsymbol{A}$ 施以交换两行或用非零数 k 乘某一行的变换时，变换后的矩阵的任一子式都能在原矩阵 $\boldsymbol{A}$ 中找到相对应的子式，它们之间仅可能是行的顺序不同，或仅是某行乘以非零数，因此对应的子式或同为零、或都不为零. 所以经前两种初等行变换后，矩阵的秩不变.

当对 $\boldsymbol{A}$ 施以第三种初等行变换时，不妨设把 $\boldsymbol{A}$ 的第二行的 l 倍加到第一行上，得到矩阵

$$\boldsymbol{B} = \begin{bmatrix} a_{11}+la_{21} & a_{12}+la_{22} & \cdots & a_{1n}+la_{2n} \\ a_{21} & a_{22} & \cdots & a_{2n} \\ \vdots & \vdots & & \vdots \\ a_{m1} & a_{m2} & \cdots & a_{mn} \end{bmatrix}.$$

若矩阵 $\boldsymbol{B}$ 的秩为 $\bar{r}$，则矩阵 $\boldsymbol{B}$ 中有 $\bar{r}$ 阶子式 $\det(\boldsymbol{B}_1)\neq 0$.

如果 $\det(\boldsymbol{B}_1)$ 不包含 $\boldsymbol{B}$ 的第一行元素，则在原矩阵 $\boldsymbol{A}$ 中可找到与 $\det(\boldsymbol{B}_1)$ 完全相同的 $\bar{r}$ 阶非零子式，所以 $\mathrm{r}(\boldsymbol{A})\geqslant \bar{r}$.

如果 $\det(\boldsymbol{B}_1)$ 含有 $\boldsymbol{B}$ 的第一行元素，不妨设

$$\det(\boldsymbol{B}_1) = \begin{vmatrix} a_{1j_1}+la_{2j_1} & a_{1j_2}+la_{2j_2} & \cdots & a_{1j_{\bar{r}}}+la_{2j_{\bar{r}}} \\ a_{i_2j_1} & a_{i_2j_2} & \cdots & a_{i_2j_{\bar{r}}} \\ \vdots & \vdots & & \vdots \\ a_{i_{\bar{r}}j_1} & a_{i_{\bar{r}}j_2} & \cdots & a_{i_{\bar{r}}j_{\bar{r}}} \end{vmatrix} \neq 0,$$

根据行列式性质，有

$$\det(\boldsymbol{B}_1) = \begin{vmatrix} a_{1j_1} & a_{1j_2} & \cdots & a_{1j_{\bar{r}}} \\ a_{i_2j_1} & a_{i_2j_2} & \cdots & a_{i_2j_{\bar{r}}} \\ \vdots & \vdots & & \vdots \\ a_{i_{\bar{r}}j_1} & a_{i_{\bar{r}}j_2} & \cdots & a_{i_{\bar{r}}j_{\bar{r}}} \end{vmatrix} + l \begin{vmatrix} a_{2j_1} & a_{2j_2} & \cdots & a_{2j_{\bar{r}}} \\ a_{i_1j_1} & a_{i_1j_2} & \cdots & a_{i_1j_{\bar{r}}} \\ \vdots & \vdots & & \vdots \\ a_{i_{\bar{r}}j_1} & a_{i_{\bar{r}}j_2} & \cdots & a_{i_{\bar{r}}j_{\bar{r}}} \end{vmatrix} \neq 0.$$

而 $l\neq 0$，故等式右边的两个行列式中至少有一个不为零. 这两个行列式都是矩阵 $\boldsymbol{A}$ 中的 $\bar{r}$ 阶子式，所以 $\mathrm{r}(\boldsymbol{A})\geqslant \bar{r}$ 或 $\mathrm{r}(\boldsymbol{A})\geqslant \mathrm{r}(\boldsymbol{B})$.

反之，矩阵 $\boldsymbol{B}$ 也可以通过第三种初等行变换化为矩阵 $\boldsymbol{A}$，由同样的推导可得 $\mathrm{r}(\boldsymbol{A})\leqslant \mathrm{r}(\boldsymbol{B})$. 于是 $\mathrm{r}(\boldsymbol{A})=\mathrm{r}(\boldsymbol{B})$，即初等行变换不改变矩阵的秩.

对于初等列变换可得同样的结论.

根据定理 2.4,求矩阵 $A_{m\times n}$的秩只需利用初等变换把 A 化为其等价标准形$\begin{bmatrix} E_r & O \\ O & O \end{bmatrix}$,就可求得 $r(A)=r$,或更为简便地,仅利用矩阵的初等行变换将 A 化为阶梯形矩阵,阶梯形矩阵中非零行个数就是矩阵 A 的秩.

例 4 设矩阵

$$A=\begin{bmatrix} 1 & -3 & -1 & 1 & 1 \\ 3 & -9 & 4 & -1 & 4 \\ 1 & -3 & -8 & 5 & 0 \end{bmatrix},$$

求 A 的秩.

解 对 A 仅施以初等行变换化为阶梯形矩阵:

$$A=\begin{bmatrix} 1 & -3 & -1 & 1 & 1 \\ 3 & -9 & 4 & -1 & 4 \\ 1 & -3 & -8 & 5 & 0 \end{bmatrix} \begin{matrix} \times(-3) \quad \times(-1) \\ \\ \\ \end{matrix}$$

$$\to \begin{bmatrix} 1 & -3 & -1 & 1 & 1 \\ 0 & 0 & 7 & -4 & 1 \\ 0 & 0 & -7 & 4 & -1 \end{bmatrix} \times(1)$$

$$\to \begin{bmatrix} 1 & -3 & -1 & 1 & 1 \\ 0 & 0 & 7 & -4 & 1 \\ 0 & 0 & 0 & 0 & 0 \end{bmatrix}.$$

所以,$r(A)=2$.

例 5 设 A 为 n 阶非奇异矩阵,B 为 $n\times m$ 矩阵. 证明:A 与 B 之积的秩等于 B 的秩,即

$$r(AB)=r(B).$$

证 因为 A 为非奇异矩阵,故 A 可逆. 根据定理 1.10 的推论,必存在初等矩阵 $P_1,P_2,\cdots,P_s$,使得

$$A=P_1P_2\cdots P_s,$$

所以,$AB=P_1P_2\cdots P_sB$. 即 AB 是矩阵 B 经过 s 次初等行变换后得到的. 由于初等变换不改变矩阵的秩,有 $r(AB)=r(B)$.

类似地,我们可以证明:若 $A_{n\times n}$可逆,B 为 $m\times n$ 矩阵时,有

$$r(BA)=r(B).$$

例 5 的结论可作为定理直接应用.

习 题 2.4

1. 用伴随矩阵求下列矩阵的逆矩阵:

(1) $A=\begin{bmatrix} 2 & 5 \\ 1 & 3 \end{bmatrix}$; (2) $A=\begin{bmatrix} 2 & -1 & 1 \\ 4 & -2 & 1 \\ -3 & 2 & -1 \end{bmatrix}$;

(3) $A=\begin{bmatrix}1&0&1\\2&1&0\\-3&2&-5\end{bmatrix}$； (4) $A=\begin{bmatrix}-1&1&0\\-1&0&1\\-1&0&-2\end{bmatrix}$.

2. 设 n 阶矩阵 A 可逆，A^* 为 A 的伴随矩阵，试证 A^* 也可逆，且 $(A^*)^{-1}=\dfrac{1}{\det A}A$.

3. 设三阶矩阵 A 的逆矩阵为 $A^{-1}=\begin{bmatrix}1&1&1\\1&2&1\\1&1&3\end{bmatrix}$，试求伴随矩阵 A^* 的逆矩阵.

4. 设 A 为三阶矩阵，且 $\det A=-2$，求 $\det A^{-1}$，$\det A^*$.

5. 设 n 阶矩阵 A 可逆，试证：$\det A^*=(\det A)^{n-1}$.

6. 求下列矩阵的秩：

(1) $A=\begin{bmatrix}1&2&-3\\-1&-1&1\\2&-3&1\end{bmatrix}$； (2) $A=\begin{bmatrix}1&3&-1&-1\\3&-1&5&-3\\2&1&2&-2\\-1&2&-3&1\end{bmatrix}$；

(3) $A=\begin{bmatrix}3&-7&6&1&5\\1&2&4&-1&3\\-1&1&-10&5&-7\\4&-11&-2&8&0\end{bmatrix}$.

7. 设矩阵

$$A=\begin{bmatrix}1&1&1&1\\1&0&2&2\\-1&0&a-3&-2\\2&3&1&a\end{bmatrix},$$

当 a 为何值时，矩阵 A 满秩？当 a 为何值时，$r(A)=2$？

8. 设 A 为三阶矩阵，且 $\det A=-2$，求 $\det\left[\left(\dfrac{1}{12}A\right)^{-1}+(3A)^*\right]$.

9. 设矩阵 $A_{n\times n}$ 的秩 $r(A)<n-1$，试求伴随矩阵 A^* 的秩.

*10. 设 A 为 n 阶矩阵，其伴随矩阵为 A^*. 试证：

(1) $(kA)^*=k^{n-1}A^*$；

(2) 若 A 为非奇异矩阵，则 $(A^*)^*=(\det A)^{n-2}A$.

11. 单项选择题：

(1) 设 $A=\begin{bmatrix}1&0\\2&3\end{bmatrix}$，$A^*$ 是 A 的伴随矩阵，则 $(A^*)^{-1}=($ $)$.

(A) $\begin{bmatrix}-1&0\\2&-3\end{bmatrix}$； (B) $\begin{bmatrix}1&0\\-2&3\end{bmatrix}$； (C) $\begin{bmatrix}1/3&0\\2/3&1\end{bmatrix}$； (D) $\begin{bmatrix}1/3&0\\-2/3&1\end{bmatrix}$.

(2) 设 A,B 均为三阶矩阵，且 $\det A=2$，$\det B=\dfrac{1}{2}$，则

$$\det(AB)^*=(\quad).$$

(A) 1； (B) −1； (C) 1/4； (D) −1/4.

(3) 设 A,B 均为 n 阶矩阵，且 A 与 B 等价，则下列命题中**不正确**的是（ ）.

(A) 存在 n 阶可逆矩阵 P 和 Q，使得 $PAQ=B$； (B) 若 $\det A\neq 0$，则存在可逆矩阵 P，使得 $PB=E$；

(C) 若 $\boldsymbol{A}$ 与 $\boldsymbol{E}$ 等价,则 $\boldsymbol{B}$ 可逆； (D) 若 $\det\boldsymbol{A}>0$,则 $\det\boldsymbol{B}>0$.

(4) 设 $\boldsymbol{A}=(a_{ij})_{n\times n}$,则 $\det\boldsymbol{A}=0$ 是 $\det\boldsymbol{A}^*=0$ 的( ).

(A) 充分条件但非必要条件； (B) 必要条件但非充分条件；

(C) 充分必要条件； (D) 既非充分条件,也非必要条件.

(5) 设 $\boldsymbol{A}$ 为 n 阶矩阵($n\geqslant 2$),$\mathrm{r}(\boldsymbol{A})=r$,则( ).

(A) $\boldsymbol{A}$ 的任意一个 r 阶子式都不等于零； (B) $\boldsymbol{A}$ 中至少有一个 r 阶子式都不等于零；

(C) $\boldsymbol{A}$ 的任意一个 $r-1$ 阶子式都不等于零； (D) $\boldsymbol{A}$ 中有一个 $r+1$ 阶子式不等于零.

(6) 设

$$\boldsymbol{A}=\begin{bmatrix} a & 1 & 1 \\ -1 & 1 & 0 \\ 1 & 2 & 1 \end{bmatrix},\quad \boldsymbol{B}=\begin{bmatrix} 1 & 2 & 0 \\ 2 & 1 & 0 \\ 0 & 0 & 1 \end{bmatrix},$$

已知 $\mathrm{r}(\boldsymbol{AB})=2$，则 $a=$( ).

(A) -1； (B) 1； (C) 2； (D) 3.

第三章　线性方程组

本章将讨论一般的线性方程组的解法和解的结构问题.由于工程技术、经济管理中的许多理论问题、实际问题都可归结为线性方程组的求解,因此线性方程组的理论和方法不仅是线性代数理论的重要组成部分,而且在其他领域具有广泛的应用.

§3.1　克莱姆法则

在§2.1,我们通过二元线性方程组的求解引入了行列式的概念,并看到,当系数行列式不等于零时,方程组有惟一解,方程组的解可用公式表示.这一结果可以在一定条件下推广到 n 元线性方程组的情形.

含有 n 个未知量、n 个方程的线性方程组的一般形式为:

$$\begin{cases} a_{11}x_1 + a_{12}x_2 + \cdots + a_{1n}x_n = b_1, \\ a_{21}x_1 + a_{22}x_2 + \cdots + a_{2n}x_n = b_2, \\ \cdots\cdots\cdots\cdots\cdots\cdots\cdots\cdots \\ a_{n1}x_1 + a_{n2}x_2 + \cdots + a_{nn}x_n = b_n. \end{cases} \tag{3.1}$$

记矩阵

$$\boldsymbol{A} = \begin{bmatrix} a_{11} & a_{12} & \cdots & a_{1n} \\ a_{21} & a_{22} & \cdots & a_{2n} \\ \vdots & \vdots & & \vdots \\ a_{n1} & a_{n2} & \cdots & a_{nn} \end{bmatrix}, \quad \boldsymbol{X} = \begin{bmatrix} x_1 \\ x_2 \\ \vdots \\ x_n \end{bmatrix}, \quad \boldsymbol{b} = \begin{bmatrix} b_1 \\ b_2 \\ \vdots \\ b_n \end{bmatrix},$$

则(3.1)可写成矩阵形式

$$\boldsymbol{AX} = \boldsymbol{b}.$$

矩阵 $\boldsymbol{A}$ 称为方程组(3.1)的**系数矩阵**,$\boldsymbol{b}$ 称为**常数项矩阵**,$\boldsymbol{X}$ 称为**未知量矩阵**,$\boldsymbol{A}$ 的行列式 $\det\boldsymbol{A}$ 简称为**系数行列式**.

定理 3.1(克莱姆法则)　若线性方程组(3.1)的系数行列式 $\det\boldsymbol{A}\neq 0$,则方程组有惟一解,且方程组的解为

$$x_1 = \frac{\det\boldsymbol{A}_1}{\det\boldsymbol{A}}, \quad x_2 = \frac{\det\boldsymbol{A}_2}{\det\boldsymbol{A}}, \quad \cdots, \quad x_n = \frac{\det\boldsymbol{A}_n}{\det\boldsymbol{A}},$$

其中 $\det\boldsymbol{A}_j(j=1,2,\cdots,n)$ 是将 $\det\boldsymbol{A}$ 的第 j 列换为 $\boldsymbol{b}$ 后,其余各列不变所得到的 n 阶行列式.

证　由 $\det\boldsymbol{A}\neq0$，根据§2.4 定理 2.3，矩阵 $\boldsymbol{A}$ 可逆，且 $\boldsymbol{A}^{-1}=\frac{1}{\det\boldsymbol{A}}\boldsymbol{A}^*$. 在方程组 $\boldsymbol{AX}=\boldsymbol{b}$ 两边左乘 $\boldsymbol{A}^{-1}$，可得方程组的惟一解：

$$\boldsymbol{X}=\boldsymbol{A}^{-1}\boldsymbol{b}=\frac{1}{\det\boldsymbol{A}}\boldsymbol{A}^*\boldsymbol{b}$$

$$=\frac{1}{\det\boldsymbol{A}}\begin{bmatrix}A_{11}&A_{21}&\cdots&A_{n1}\\A_{12}&A_{22}&\cdots&A_{n2}\\\vdots&\vdots&&\vdots\\A_{1n}&A_{2n}&\cdots&A_{nn}\end{bmatrix}\begin{bmatrix}b_1\\b_2\\\vdots\\b_n\end{bmatrix}=\frac{1}{\det\boldsymbol{A}}\begin{bmatrix}b_1A_{11}+b_2A_{21}+\cdots+b_nA_{n1}\\b_1A_{12}+b_2A_{22}+\cdots+b_nA_{n2}\\\vdots\\b_1A_{1n}+b_2A_{2n}+\cdots+b_nA_{nn}\end{bmatrix}.$$

根据行列式性质，行列式

$$\det\boldsymbol{A}_j=\begin{vmatrix}a_{11}&\cdots&a_{1j-1}&b_1&a_{1j+1}&\cdots&a_{1n}\\a_{21}&\cdots&a_{2j-1}&b_2&a_{2j+1}&\cdots&a_{2n}\\\vdots&&\vdots&\vdots&\vdots&&\vdots\\a_{n1}&\cdots&a_{nj-1}&b_n&a_{nj+1}&\cdots&a_{nn}\end{vmatrix}\quad(\text{按第 }j\text{ 列展开})$$

$$=b_1A_{1j}+b_2A_{2j}+\cdots+b_nA_{nj}\quad(j=1,2,\cdots,n),$$

由此可得

$$\boldsymbol{X}=\begin{bmatrix}x_1\\x_2\\\vdots\\x_n\end{bmatrix}=\frac{1}{\det\boldsymbol{A}}\begin{bmatrix}\det\boldsymbol{A}_1\\\det\boldsymbol{A}_2\\\vdots\\\det\boldsymbol{A}_n\end{bmatrix},$$

即
$$x_j=\frac{\det\boldsymbol{A}_j}{\det\boldsymbol{A}}\quad(j=1,2,\cdots,n).$$

例 1　用克莱姆法则解线性方程组

$$\begin{cases}x_1-x_2-x_3-2x_4=-1,\\x_1+x_2-2x_3+x_4=1,\\x_1+x_2+x_4=2,\\x_2+x_3-x_4=1.\end{cases}$$

解　方程组的系数行列式

$$\det\boldsymbol{A}=\begin{vmatrix}1&-1&-1&-2\\1&1&-2&1\\1&1&0&1\\0&1&1&-1\end{vmatrix}=-10\neq0,$$

所以方程组有惟一解. 又

$$\det\boldsymbol{A}_1=\begin{vmatrix}-1&-1&-1&-2\\1&1&-2&1\\2&1&0&1\\1&1&1&-1\end{vmatrix}=-9,\quad\det\boldsymbol{A}_2=\begin{vmatrix}1&-1&-1&-2\\1&1&-2&1\\1&2&0&1\\0&1&1&-1\end{vmatrix}=-8,$$

$$\det\boldsymbol{A}_3=\begin{vmatrix}1&-1&-1&-2\\1&1&1&1\\1&1&2&1\\0&1&1&-1\end{vmatrix}=-5,\quad \det\boldsymbol{A}_4=\begin{vmatrix}1&-1&-1&-1\\1&1&-2&1\\1&1&0&2\\0&1&1&1\end{vmatrix}=-3,$$

所以方程组的解为 $x_j=\dfrac{\det\boldsymbol{A}_j}{\det\boldsymbol{A}}(j=1,2,3,4)$,即

$$x_1=\frac{9}{10},\quad x_2=\frac{4}{5},\quad x_3=\frac{1}{2},\quad x_4=\frac{3}{10}.$$

例 2 设二次函数 $f(x)=ax^2+bx+c$,且 $f(1)=1,f(-1)=9,f(2)=0$. 试求 a,b,c 的值.

解 由已知条件,有

$$f(1)=a+b+c=1,$$
$$f(-1)=a-b+c=9,$$
$$f(2)=4a+2b+c=0.$$

解以 a,b,c 为未知量的线性方程组,系数行列式

$$\det\boldsymbol{A}=\begin{vmatrix}1&1&1\\1&-1&1\\4&2&1\end{vmatrix}=6\neq 0,$$

所以方程组有惟一解. 又

$$\det\boldsymbol{A}_1=\begin{vmatrix}1&1&1\\9&-1&1\\0&2&1\end{vmatrix}=6,\quad \det\boldsymbol{A}_2=\begin{vmatrix}1&1&1\\1&9&1\\4&0&1\end{vmatrix}=-24,$$

$$\det\boldsymbol{A}_3=\begin{vmatrix}1&1&1\\1&-1&9\\4&2&0\end{vmatrix}=24,$$

所以方程组的解为 $x_j=\dfrac{\det\boldsymbol{A}_j}{\det\boldsymbol{A}}(j=1,2,3)$,即

$$a=1,\quad b=-4,\quad c=4.$$

所求二次函数为 $f(x)=x^2-4x+4$.

当方程组(3.1)的常数项全为零时,方程组化为

$$\begin{cases}a_{11}x_1+a_{12}x_2+\cdots+a_{1n}x_n=0,\\a_{21}x_1+a_{22}x_2+\cdots+a_{2n}x_n=0,\\\cdots\cdots\cdots\cdots\cdots\cdots\cdots\cdots\cdots\cdots\\a_{n1}x_1+a_{n2}x_2+\cdots+a_{nn}x_n=0.\end{cases}\tag{3.2}$$

方程组(3.2)称为**齐次线性方程组**,其矩阵形式为

$$\boldsymbol{AX}=\boldsymbol{O}.$$

不难看出,齐次线性方程组必有零解：$x_1=0,x_2=0,\cdots,x_n=0$. 然而方程组(3.2)是否还有非零解,则需要进一步研究.

定理 3.2　若齐次线性方程组(3.2)的系数行列式 $\det\boldsymbol{A}\neq 0$,则方程组(3.2)仅有零解.

证　因为 $\det\boldsymbol{A}\neq 0$,由定理 3.1,方程组(3.2)有惟一解

$$x_j=\frac{\det\boldsymbol{A}_j}{\det\boldsymbol{A}}\quad (j=1,2,\cdots,n),$$

而 $\det\boldsymbol{A}_j$ 中第 j 列元素全为零,故 $\det\boldsymbol{A}_j=0(j=1,2,\cdots,n)$. 所以方程组(3.2)仅有零解

$$x_1=0,\quad x_2=0,\quad \cdots,\quad x_n=0.$$

推论　若 n 元齐次线性方程组(3.2)有非零解,则其系数行列式 $\det\boldsymbol{A}=0$.

这一结论是定理 3.2 的逆否定理,它给出了齐次方程组 $\boldsymbol{AX}=\boldsymbol{O}$ 有非零解的必要条件. 可以证明,这一条件也是充分的,即齐次线性方程组(3.2)有非零解的充分必要条件是其系数行列式 $\det\boldsymbol{A}=0$.

例 3　若齐次线性方程组

$$\begin{cases}ax_1+4x_2-\ \ x_3=0,\\ \ \ x_1+3x_2+\ \ x_3=0,\\ 3x_1+2x_2+3x_3=0\end{cases}$$

有非零解,求 a 的值.

解　由定理 3.2 的推论,方程组的系数行列式

$$\begin{vmatrix}a & 4 & -1\\ 1 & 3 & 1\\ 3 & 2 & 3\end{vmatrix}=7(a+1)=0,$$

即当方程组有非零解时,$a=-1$.

例 4　设矩阵 $\boldsymbol{A}=\begin{bmatrix}1 & 4 & 2\\ 2 & t & -3\\ -2 & 3 & 3\end{bmatrix}$,$\boldsymbol{B}$ 为三阶非零矩阵,且 $\boldsymbol{AB}=\boldsymbol{O}$,求 t 的值和 $\det\boldsymbol{B}$.

解　将矩阵 $\boldsymbol{B}$ 按列分块为 $\boldsymbol{B}=(\boldsymbol{B}_1\quad \boldsymbol{B}_2\quad \boldsymbol{B}_3)$,其中 $\boldsymbol{B}_j$ 是矩阵 $\boldsymbol{B}$ 的第 j 列$(j=1,2,3)$. 于是,

$$\boldsymbol{AB}=\boldsymbol{A}(\boldsymbol{B}_1\quad \boldsymbol{B}_2\quad \boldsymbol{B}_3)=(\boldsymbol{AB}_1\quad \boldsymbol{AB}_2\quad \boldsymbol{AB}_3)=\boldsymbol{O}.$$

由此得到 $\boldsymbol{AB}_j=\boldsymbol{O}\ (j=1,2,3)$. 即 $\boldsymbol{B}_j(j=1,2,3)$必是齐次线性方程组 $\boldsymbol{AX}=\boldsymbol{O}$ 的解. 由矩阵 $\boldsymbol{B}\neq\boldsymbol{O}$,可知方程组 $\boldsymbol{AX}=\boldsymbol{O}$ 有非零解. 所以

$$\det\boldsymbol{A}=\begin{vmatrix}1 & 4 & 2\\ 2 & t & -3\\ -2 & 3 & 3\end{vmatrix}=7t+21=0,$$

解得 $t=-3$.

设 $\det\boldsymbol{B}\neq 0$,则 $\boldsymbol{B}$ 可逆. 在 $\boldsymbol{AB}=\boldsymbol{O}$ 两边右乘 $\boldsymbol{B}^{-1}$,得

$$\boldsymbol{A}=\boldsymbol{O},$$

这与已知条件矛盾. 由此可得 $\det\boldsymbol{B}=0$.

习 题 3.1

1. 用克莱姆法则解下列线性方程组:

(1) $\begin{cases}5x_1-3x_2=13,\\3x_1+4x_2=2;\end{cases}$

(2) $\begin{cases}2x_1-x_2-x_3=4,\\3x_1+4x_2-2x_3=11,\\3x_1-2x_2+4x_3=11;\end{cases}$

(3) $\begin{cases}2x_1-5x_2+x_3+x_4=1,\\x_1+x_2+3x_3-x_4=2,\\3x_2+2x_3+2x_4=-2,\\2x_1-x_2+4x_3+2x_4=0;\end{cases}$

(4) $\begin{cases}bx-ay+2ab=0,\\-2cy+3bz-bc=0,\\cx+az=0.\end{cases}$ (其中 $abc\neq0$)

2. k 为何值时,方程组

$$\begin{cases}3x+2y-z=0,\\kx+7y-2z=0,\\2x-y+3z=0\end{cases}$$

仅有零解.

3. 若齐次线性方程组

$$\begin{cases}(\lambda-1)x_1-x_2+x_3=0,\\2x_1+(\lambda-4)x_2+2x_3=0,\\2x_1-2x_2+\lambda x_3=0\end{cases}$$

有非零解,求 λ 的值.

4. 齐次线性方程组

$$\begin{cases}\lambda x_1+x_2+\lambda^2x_3=0,\\x_1+\lambda x_2+x_3=0,\\x_1+x_2+\lambda x_3=0\end{cases}$$

的系数矩阵记为 $\boldsymbol{A}$,如果存在三阶矩阵 $\boldsymbol{B}\neq\boldsymbol{O}$,使得 $\boldsymbol{AB}=\boldsymbol{O}$,求 λ 的值,并判断 $\boldsymbol{B}$ 是否可逆.

5. 单项选择题:

(1) 线性方程组

$$\begin{cases}2x_1+\lambda x_2-x_3=1,\\\lambda x_1-x_2+x_3=2,\\4x_1+5x_2-5x_3=-1\end{cases}$$

有惟一解,则( ).

(A) $\lambda=1$ 或 $\lambda=-4/5$; (B) $\lambda=-1$; (C) $\lambda\neq1$ 且 $\lambda\neq-4/5$; (D) $\lambda=4/5$.

(2) 设一条抛物线过点 $(1,-1)$, $(2,1)$, $(-1,7)$,并且该抛物线的对称轴平行于 y 轴,则此抛物线的方程为( ).

(A) $y=1-4x+2x^2$; (B) $y=1-4x-2x^2$; (C) $y=1+4x-2x^2$; (D) $y=-1+4x-2x^2$.

§3.2　线性方程组的消元解法

克莱姆法则只能应用于未知量个数等于方程个数，且系数行列式不为零的线性方程组，需计算多个行列式.这在行列式阶数较高时，十分繁琐，因此克莱姆法则一般只具有理论意义.为了求出一般的线性方程组的解，并讨论解的情况，本节将介绍线性方程组的消元解法.

一、例

例 1　解线性方程组

$$\begin{cases} x_1+3x_2+x_3=5, & ① \\ 2x_1+x_2+x_3=2, & ② \\ x_1+x_2+5x_3=-7. & ③ \end{cases} \tag{3.3}$$

解　方程组中的方程①分别乘(−2)，(−1)加到方程②和③上，消去这两个方程中的x_1，得

$$\begin{cases} x_1+3x_2+x_3=5, & ① \\ -5x_2-x_3=-8, & ④ \\ -2x_2+4x_3=-12. & ⑤ \end{cases}$$

将⑤式两边除以(−2)，并与④式交换位置，得

$$\begin{cases} x_1+3x_2+x_3=5, & ① \\ x_2-2x_3=6, & ⑥ \\ -5x_2-x_3=-8. & ④ \end{cases}$$

再将⑥式的 5 倍加到④式上，得

$$\begin{cases} x_1+3x_2+x_3=5, & ① \\ x_2-2x_3=6, & ⑥ \\ -11x_3=22. & ⑦ \end{cases} \tag{3.4}$$

方程组 3.4 与原线性方程组(3.3)同解，这一过程称为**消元过程**.方程组(3.4)中自上而下的各方程所含未知量个数依次减少，这种形式的方程组称为**阶梯形方程组**.

在(3.4)中，由⑦式可得 $x_3=-2$.将 $x_3=-2$ 代入⑥可得 $x_2=2$.将 $x_2=2,x_3=-2$ 代入①可得 $x_1=1$.所以原方程组的解为

$$x_1=1,\quad x_2=2,\quad x_3=-2.$$

由阶梯形方程组逐次求得各未知量的过程，称为**回代过程**.线性方程组的这种解法称为**消元法**.

不难看出，上面的求解过程只是对各方程的系数和常数项进行运算，消元过程和回代过程可以用矩阵的初等行变换表示：

$$(\boldsymbol{A} \vdots \boldsymbol{b}) = \left[\begin{array}{ccc:c} 1 & 3 & 1 & 5 \\ 2 & 1 & 1 & 2 \\ 1 & 1 & 5 & -7 \end{array}\right] \xrightarrow[-r_1+r_3]{-2r_1+r_2} \left[\begin{array}{ccc:c} 1 & 3 & 1 & 5 \\ 0 & -5 & -1 & -8 \\ 0 & -2 & 4 & -12 \end{array}\right]$$

$$\xrightarrow[r_2 \leftrightarrow r_3]{r_3/(-2)} \left[\begin{array}{ccc:c} 1 & 3 & 1 & 5 \\ 0 & 1 & -2 & 6 \\ 0 & -5 & -1 & -8 \end{array}\right] \xrightarrow{5r_2+r_3} \left[\begin{array}{ccc:c} 1 & 3 & 1 & 5 \\ 0 & 1 & -2 & 6 \\ 0 & 0 & -11 & 22 \end{array}\right].$$

最后一个阶梯形矩阵对应的线性方程组就是方程组(3.4). 利用矩阵的初等行变换,回代过程可表示如下(接上面最后一个矩阵):

$$\xrightarrow{-\frac{1}{11}r_3} \left[\begin{array}{ccc:c} 1 & 3 & 1 & 5 \\ 0 & 1 & -2 & 6 \\ 0 & 0 & 1 & -2 \end{array}\right] \xrightarrow[-r_3+r_1]{2r_3+r_2} \left[\begin{array}{ccc:c} 1 & 3 & 0 & 7 \\ 0 & 1 & 0 & 2 \\ 0 & 0 & 1 & -2 \end{array}\right] \xrightarrow{-3r_2+r_1} \left[\begin{array}{ccc:c} 1 & 0 & 0 & 1 \\ 0 & 1 & 0 & 2 \\ 0 & 0 & 1 & -2 \end{array}\right].$$

由此可得方程组(3.3)的解

$$x_1=1, \quad x_2=2, \quad x_3=-2.$$

在例 1 中,方程组的系数矩阵和常数项写在一起所构成的分块矩阵$(\boldsymbol{A} \vdots \boldsymbol{b})$,称为方程组的**增广矩阵**. 用消元法求解线性方程组,就相当于对相应的增广矩阵施以初等行变换化为阶梯形矩阵(消元过程). 再由阶梯形矩阵继续进行初等行变换(回代过程),求得方程组的解. 回代过程的最后一个矩阵恰为**简化的阶梯形矩阵**.

在求解未知量个数与方程个数不同的线性方程组,或方程组无解或有无穷多解的情形,也可以采用上面消元法的矩阵形式.

例 2 解线性方程组

$$\begin{cases} 2x_1 - 2x_2 - 11x_3 + 4x_4 = 0, \\ x_1 - x_2 - 3x_3 + x_4 = 1, \\ 2x_1 - 2x_2 - x_3 = 4, \\ 4x_1 - 4x_2 + 3x_3 - 2x_4 = 6. \end{cases}$$

解 对方程组的增广矩阵施以初等行变换,化为阶梯形矩阵:

$$(\boldsymbol{A} \vdots \boldsymbol{b}) = \left[\begin{array}{cccc:c} 2 & -2 & -11 & 4 & 0 \\ 1 & -1 & -3 & 1 & 1 \\ 2 & -2 & -1 & 0 & 4 \\ 4 & -4 & 3 & -2 & 6 \end{array}\right] \xrightarrow{r_1 \leftrightarrow r_2} \left[\begin{array}{cccc:c} 1 & -1 & -3 & 1 & 1 \\ 2 & -2 & -11 & 4 & 0 \\ 2 & -2 & -1 & 0 & 4 \\ 4 & -4 & 3 & -2 & 6 \end{array}\right]$$

$$\xrightarrow[\substack{-2r_1+r_3 \\ -4r_1+r_4}]{-2r_1+r_2} \left[\begin{array}{cccc:c} 1 & -1 & -3 & 1 & 1 \\ 0 & 0 & -5 & 2 & -2 \\ 0 & 0 & 5 & -2 & 2 \\ 0 & 0 & 15 & -6 & 2 \end{array}\right] \xrightarrow[3r_2+r_4]{r_2+r_3} \left[\begin{array}{cccc:c} 1 & -1 & -3 & 1 & 1 \\ 0 & 0 & -5 & 2 & -2 \\ 0 & 0 & 0 & 0 & 0 \\ 0 & 0 & 0 & 0 & -4 \end{array}\right]$$

$$\xrightarrow{r_3 \leftrightarrow r_4} \left[\begin{array}{cccc:c} 1 & -1 & -3 & 1 & 1 \\ 0 & 0 & -5 & 2 & -2 \\ 0 & 0 & 0 & 0 & -4 \\ 0 & 0 & 0 & 0 & 0 \end{array}\right].$$

最后的阶梯形矩阵对应的阶梯形方程组为

$$\begin{cases} x_1 - x_2 - 3x_3 + x_4 = 1, \\ \qquad -5x_3 + 2x_4 = -2, \\ \qquad\qquad 0 = -4. \end{cases}$$

这是一个矛盾方程组，无解. 所以原方程组也无解.

在例 2 中，我们注意到，系数矩阵的秩 $\mathrm{r}(\boldsymbol{A})=2$，而增广矩阵的秩 $\mathrm{r}(\boldsymbol{A}\quad\boldsymbol{b})=3$，即 $\mathrm{r}(\boldsymbol{A}) \neq \mathrm{r}(\boldsymbol{A}\quad\boldsymbol{b})$ 时，方程组无解.

例 3 解线性方程组

$$\begin{cases} x_1 + 3x_2 - 2x_3 + x_4 = 3, \\ 2x_1 + x_2 - 3x_3 = 2, \\ x_1 - 2x_2 - x_3 - x_4 = -1. \end{cases}$$

解 对方程组的增广矩阵施以初等行变换，化为阶梯形矩阵：

$$(\boldsymbol{A} \vdots \boldsymbol{b}) = \left[\begin{array}{cccc:c} 1 & 3 & -2 & 1 & 3 \\ 2 & 1 & -3 & 0 & 2 \\ 1 & -2 & -1 & -1 & -1 \end{array}\right] \xrightarrow[-r_1 + r_3]{-2r_1 + r_2} \left[\begin{array}{cccc:c} 1 & 3 & -2 & 1 & 3 \\ 0 & -5 & 1 & -2 & -4 \\ 0 & -5 & 1 & -2 & -4 \end{array}\right]$$

$$\xrightarrow{-r_2 + r_3} \left[\begin{array}{cccc:c} 1 & 3 & -2 & 1 & 3 \\ 0 & -5 & 1 & -2 & -4 \\ 0 & 0 & 0 & 0 & 0 \end{array}\right].$$

最后的阶梯形矩阵所对应的阶梯形方程组为

$$\begin{cases} x_1 + 3x_2 - 2x_3 + x_4 = 3, \\ \quad -5x_2 + x_3 - 2x_4 = -4, \end{cases}$$

其中最后一个方程已化为“0＝0”，说明该方程是“**多余**”方程，不再写出. 把上面的阶梯形方程组改写为

$$\begin{cases} x_1 + 3x_2 = 3 + 2x_3 - x_4, \\ \quad -5x_2 = -4 - x_3 + 2x_4. \end{cases}$$

可以看出，若任意取定 x_3, x_4 的一组值，就可以惟一地确定对应的 x_1, x_2 的值，从而得到方程组的一组解. 因此原方程组有无穷多组解. 这时，变量 x_3, x_4 称为**自由未知量**.

为使未知量 x_1, x_2 只用自由未知量表示，可以由上面的阶梯形矩阵继续进行初等行变换化为简化的阶梯形矩阵，完成回代过程（接上面的最后一个矩阵）：

$$\xrightarrow{-\frac{1}{5}r_2}\left[\begin{array}{cccc:c}1 & 3 & -2 & 1 & 3\\ 0 & 1 & -\frac{1}{5} & \frac{2}{5} & \frac{4}{5}\\ 0 & 0 & 0 & 0 & 0\end{array}\right]\xrightarrow{-3r_2+r_1}\left[\begin{array}{cccc:c}1 & 0 & -\frac{7}{5} & -\frac{1}{5} & \frac{3}{5}\\ 0 & 1 & -\frac{1}{5} & \frac{2}{5} & \frac{4}{5}\\ 0 & 0 & 0 & 0 & 0\end{array}\right],$$

最后的阶梯形矩阵对应的线性方程组

$$\begin{cases}x_1=\dfrac{3}{5}+\dfrac{7}{5}x_3+\dfrac{1}{5}x_4,\\ x_2=\dfrac{4}{5}+\dfrac{1}{5}x_3-\dfrac{2}{5}x_4\end{cases}$$

与原方程组同解. 取自由未知量

$$x_3=c_1,\quad x_4=c_2,$$

则原方程组的全部解(或一般解)为

$$\begin{cases}x_1=\dfrac{3}{5}+\dfrac{7}{5}c_1+\dfrac{1}{5}c_2,\\ x_2=\dfrac{4}{5}+\dfrac{1}{5}c_1-\dfrac{2}{5}c_2,\quad (c_1,c_2\text{ 为任意常数})\\ x_3=c_1,\\ x_3=c_2.\end{cases}$$

由上面的例 1 至例 3 可以看出：利用消元法可以求解任意的线性方程组，求解过程可由方程组的增广矩阵进行初等行变换得到. 方程组可能无解，可能有惟一解，也可能有无穷多解.

二、线性方程组有解判别定理

将上面的结论一般化，考虑线性方程组

$$\begin{cases}a_{11}x_1+a_{12}x_2+\cdots+a_{1n}x_n=b_1,\\ a_{21}x_1+a_{22}x_2+\cdots+a_{2n}x_n=b_2,\\ \cdots\cdots\cdots\cdots\cdots\cdots\cdots\cdots\cdots\\ a_{m1}x_1+a_{m2}x_2+\cdots+a_{mn}x_n=b_m.\end{cases}\tag{3.5}$$

记

$$\boldsymbol{A}=\begin{bmatrix}a_{11} & a_{12} & \cdots & a_{1n}\\ a_{21} & a_{22} & \cdots & a_{2n}\\ \vdots & \vdots & & \vdots\\ a_{m1} & a_{m2} & \cdots & a_{mn}\end{bmatrix},\quad \boldsymbol{X}=\begin{bmatrix}x_1\\ x_2\\ \vdots\\ x_n\end{bmatrix},\quad \boldsymbol{b}=\begin{bmatrix}b_1\\ b_2\\ \vdots\\ b_m\end{bmatrix}.$$

$\boldsymbol{A},\boldsymbol{X},\boldsymbol{b}$ 分别称为方程组(3.5)的系数矩阵、未知量矩阵和常数项矩阵. 矩阵$(\boldsymbol{A}\quad\boldsymbol{b})$称为方程组(3.5)的增广矩阵.

为了解方程组(3.5)，对于增广矩阵施以初等行变换，化为阶梯形矩阵. 不妨设由$(\boldsymbol{A}\quad \boldsymbol{b})$经初等行变换所得的阶梯形矩阵为

$$\begin{bmatrix} \bar{a}_{11} & \bar{a}_{12} & \cdots & \bar{a}_{1r} & \bar{a}_{1r+1} & \cdots & \bar{a}_{1n} & d_1 \\ 0 & \bar{a}_{22} & \cdots & \bar{a}_{2r} & \bar{a}_{2r+1} & \cdots & \bar{a}_{2n} & d_2 \\ \vdots & \vdots & & \vdots & \vdots & & \vdots & \vdots \\ 0 & 0 & \cdots & \bar{a}_{rr} & \bar{a}_{rr+1} & \cdots & \bar{a}_{rn} & d_r \\ 0 & 0 & \cdots & 0 & 0 & \cdots & 0 & d_{r+1} \\ 0 & 0 & \cdots & 0 & 0 & \cdots & 0 & 0 \\ \vdots & \vdots & & \vdots & \vdots & & \vdots & \vdots \\ 0 & 0 & \cdots & 0 & 0 & \cdots & 0 & 0 \end{bmatrix}, \tag{3.6}$$

其中 $\bar{a}_{ii}\neq 0\ (i=1,2,\cdots,r)$. 可以证明：阶梯形矩阵(3.6)所对应的线性方程组与原方程组(3.5)同解. 由此，我们得到以下结论：

(1) 若 $d_{r+1}\neq 0$，则(3.6)对应的方程组的第 $r+1$ 个方程为"$0=d_{r+1}$"，这是一个矛盾方程. 因此方程组(3.5)无解(如本节例 2).

(2) 若 $d_{r+1}=0$，则(3.6)对应的阶梯形方程组有解，对应的原方程组(3.5)也有解. 这时，可能有两种情况：

① 若 $r=n$，则(3.6)对应的阶梯形方程组为

$$\begin{cases} \bar{a}_{11}x_1+\bar{a}_{12}x_2+\cdots+\bar{a}_{1n}x_n=d_1, \\ \qquad\quad \bar{a}_{22}x_2+\cdots+\bar{a}_{2n}x_n=d_2, \\ \qquad\qquad\qquad \cdots\cdots\cdots\cdots \\ \qquad\qquad\qquad\qquad \bar{a}_{nn}x_n=d_n. \end{cases}$$

由下而上依次回代求出 $x_n,x_{n-1},\cdots,x_1$ 的值就得到原方程组 (3.5) 的惟一解(如本节例 1).

② 若 $r<n$，则阶梯形矩阵(3.6)对应的阶梯形方程组为

$$\begin{cases} \bar{a}_{11}x_1+\bar{a}_{12}x_2+\cdots+\bar{a}_{1r}x_r+\cdots+\bar{a}_{1n}x_n=d_1, \\ \qquad\quad \bar{a}_{22}x_2+\cdots+\bar{a}_{2r}x_r+\cdots+\bar{a}_{2n}x_n=d_2, \\ \qquad\qquad\qquad \cdots\cdots\cdots\cdots\cdots\cdots \\ \qquad\qquad\qquad \bar{a}_{rr}x_r+\cdots+\bar{a}_{rn}x_n=d_r. \end{cases}$$

将 $x_{r+1},\cdots,x_n$ 确定为自由未知量，任意取定这 $n-r$ 个自由未知量的值，就可以惟一确定对应的 $x_1,\cdots,x_r$ 的值，因而方程组 (3.5) 有无穷多组解.

实际计算时，可对阶梯形矩阵(3.6)施以初等行变换，化为简化的阶梯形矩阵，求得 $x_1,x_2,\cdots,x_r$ 用自由未知量表示的表达式(如本节的例 3)，这样的解称为方程组(3.5)的**全部解**或**一般解**.

综合上面的分析，求解线性方程组(3.5)的一般步骤是：对方程组(3.5)的增广矩阵施以初等行变换，将$(\boldsymbol{A}\quad \boldsymbol{b})$化为阶梯形矩阵. 根据 d_{r+1}是否等于零可判断方程组(3.5)是否有

解：若 $d_{r+1}\neq 0$，则 $\mathrm{r}(\boldsymbol{A})=r$，而 $\mathrm{r}(\boldsymbol{A}\quad \boldsymbol{b})=r+1$，即 $\mathrm{r}(\boldsymbol{A})\neq\mathrm{r}(\boldsymbol{A}\quad \boldsymbol{b})$ 时，方程组无解；若 $d_{r+1}=0$，即 $\mathrm{r}(\boldsymbol{A})=\mathrm{r}(\boldsymbol{A}\quad \boldsymbol{b})=r$ 时，方程组(3.5)有解，且 $r=n$ 时，方程组有惟一解；$r<n$ 时方程组(3.5)有无穷多组解.

由于阶梯形矩阵(3.6)对应的阶梯形方程组与原方程组(3.5)同解，所以上述条件不仅是充分的，而且是必要的.

总结一下，有

定理 3.3 线性方程组(3.5)有解的充分必要条件是 $\mathrm{r}(\boldsymbol{A})=\mathrm{r}(\boldsymbol{A}\quad \boldsymbol{b})$.

推论 1 线性方程组(3.5)有惟一解的充分必要条件是 $\mathrm{r}(\boldsymbol{A})=\mathrm{r}(\boldsymbol{A}\quad \boldsymbol{b})=n$.

推论 2 线性方程组(3.5)有无穷多组解的充分必要条件是 $\mathrm{r}(\boldsymbol{A})=\mathrm{r}(\boldsymbol{A}\quad \boldsymbol{b})<n$.

将定理 3.3 及其推论应用到齐次线性方程组

$$\begin{cases} a_{11}x_1+a_{12}x_2+\cdots+a_{1n}x_n=0, \\ a_{21}x_1+a_{22}x_2+\cdots+a_{2n}x_n=0, \\ \cdots\cdots\cdots\cdots\cdots\cdots\cdots\cdots \\ a_{m1}x_1+a_{m2}x_2+\cdots+a_{mn}x_n=0. \end{cases} \tag{3.7}$$

由于总有 $\mathrm{r}(\boldsymbol{A})=\mathrm{r}(\boldsymbol{A}\quad \boldsymbol{O})$. 所以齐次方程组(3.7)一定有解，且有

推论 3 齐次线性方程组(3.7)仅有零解的充分必要条件是 $\mathrm{r}(\boldsymbol{A})=n$.

推论 4 齐次线性方程组(3.7)有非零解的充分必要条件是 $\mathrm{r}(\boldsymbol{A})<n$.

特别地，若方程组(3.7)中有 $m<n$，即方程个数小于未知量个数时，方程组(3.7)必有非零解.

例 4 解线性方程组

$$\begin{cases} 2x_1+4x_2-x_3+x_4=0, \\ x_1-3x_2+2x_3+3x_4=0, \\ 3x_1+x_2+x_3+4x_4=0. \end{cases}$$

解 这是一个齐次线性方程组，且方程个数小于未知量个数. 故此方程组必有非零解，对方程组的增广矩阵施以初等行变换

$$(\boldsymbol{A}\ \vdots\ \boldsymbol{O})=\begin{bmatrix} 2 & 4 & -1 & 1 & \vdots & 0 \\ 1 & -3 & 2 & 3 & \vdots & 0 \\ 3 & 1 & 1 & 4 & \vdots & 0 \end{bmatrix} \xrightarrow{r_1\leftrightarrow r_2} \begin{bmatrix} 1 & -3 & 2 & 3 & \vdots & 0 \\ 2 & 4 & -1 & 1 & \vdots & 0 \\ 3 & 1 & 1 & 4 & \vdots & 0 \end{bmatrix}$$

$$\xrightarrow[-3r_1+r_3]{-2r_1+r_2} \begin{bmatrix} 1 & -3 & 2 & 3 & \vdots & 0 \\ 0 & 10 & -5 & -5 & \vdots & 0 \\ 0 & 10 & -5 & -5 & \vdots & 0 \end{bmatrix} \xrightarrow[\frac{1}{10}r_2]{-r_2+r_3} \begin{bmatrix} 1 & -3 & 2 & 3 & \vdots & 0 \\ 0 & 1 & -\frac{1}{2} & -\frac{1}{2} & \vdots & 0 \\ 0 & 0 & 0 & 0 & \vdots & 0 \end{bmatrix}$$

$$\xrightarrow{3r_2+r_1} \begin{bmatrix} 1 & 0 & 1/2 & 3/2 & \vdots & 0 \\ 0 & 1 & -1/2 & -1/2 & \vdots & 0 \\ 0 & 0 & 0 & 0 & \vdots & 0 \end{bmatrix},$$

由此可得

$$\begin{cases} x_1 = -\dfrac{1}{2}x_3 - \dfrac{3}{2}x_4, \\ x_2 = \quad \dfrac{1}{2}x_3 + \dfrac{1}{2}x_4. \end{cases}$$

令自由未知量 $x_3=c_1, x_4=c_2$，得原方程组的一般解为

$$\begin{cases} x_1 = -\dfrac{1}{2}c_1 - \dfrac{3}{2}c_2, \\ x_2 = \dfrac{1}{2}c_1 + \dfrac{1}{2}c_2, \\ x_3 = c_1, \\ x_4 = c_2. \end{cases} \quad (c_1, c_2 \text{ 为任意常数}).$$

我们注意到，在计算过程中常数项始终为零. 因此，在求齐次线性方程组的解时，可只对系数矩阵 $\boldsymbol{A}$ 施以初等行变换，就可以求得该方程组的一般解.

例 5　讨论 a,b 为何值时，线性方程组

$$\begin{cases} x_1 + x_2 + x_3 + x_4 = 0, \\ x_2 + 2x_3 + 2x_4 = 1, \\ -x_2 + (a-3)x_3 - 2x_4 = b, \\ 3x_1 + 2x_2 + x_3 + ax_4 = -1 \end{cases}$$

有惟一解？无解？有无穷多解？当有无穷多组解时，求出它的全部解.

解　对方程组的增广矩阵施以初等行变换，化为阶梯形矩阵：

$$(\boldsymbol{A} \;\vdots\; \boldsymbol{b}) = \left[\begin{array}{cccc:c} 1 & 1 & 1 & 1 & 0 \\ 0 & 1 & 2 & 2 & 1 \\ 0 & -1 & a-3 & -2 & b \\ 3 & 2 & 1 & a & -1 \end{array}\right] \xrightarrow{-3r_1+r_4} \left[\begin{array}{cccc:c} 1 & 1 & 1 & 1 & 0 \\ 0 & 1 & 2 & 2 & 1 \\ 0 & -1 & a-3 & -2 & b \\ 0 & -1 & -2 & a-3 & -1 \end{array}\right]$$

$$\xrightarrow[r_2+r_4]{r_2+r_3} \left[\begin{array}{cccc:c} 1 & 1 & 1 & 1 & 0 \\ 0 & 1 & 2 & 2 & 1 \\ 0 & 0 & a-1 & 0 & b+1 \\ 0 & 0 & 0 & a-1 & 0 \end{array}\right].$$

由最后一个矩阵可得

(1) 当 $a\neq 1$ 时，

$$\mathrm{r}(\boldsymbol{A}) = \mathrm{r}(\boldsymbol{A} \quad \boldsymbol{b}) = 4,$$

此时方程组有惟一解.

(2) 当 $a=1, b\neq -1$ 时，

$$\mathrm{r}(\boldsymbol{A}) = 2, \quad \mathrm{r}(\boldsymbol{A} \quad \boldsymbol{b}) = 3,$$

即 $\mathrm{r}(\boldsymbol{A}) \neq \mathrm{r}(\boldsymbol{A} \quad \boldsymbol{b})$，方程组无解.

(3) 当 $a=1,b=-1$ 时，

$$\mathrm{r}(A)=\mathrm{r}(A\quad b)=2<4,$$

方程组有无穷多组解.这时，将最后的阶梯形矩阵继续施以初等行变换，化为简化的阶梯形矩阵：

$$\left[\begin{array}{cccc:c}1&1&1&1&0\\0&1&2&2&1\\0&0&0&0&0\\0&0&0&0&0\end{array}\right]\xrightarrow{-r_2+r_1}\left[\begin{array}{cccc:c}1&0&-1&-1&-1\\0&1&2&2&1\\0&0&0&0&0\\0&0&0&0&0\end{array}\right],$$

对应的方程组

$$\begin{cases}x_1=-1+x_3+x_4,\\x_2=1-2x_3-2x_4\end{cases}$$

与原方程组同解.令自由未知量 $x_3=c_1,x_4=c_2$，则原方程组的全部解为

$$\begin{cases}x_1=-1+c_1+c_2,\\x_2=1-2c_1-2c_2,\\x_3=c_1,\\x_4=c_2.\end{cases}\quad(c_1,c_2\text{ 为任意常数})$$

习 题 3.2

1. 用消元法解下列线性方程组：

(1) $\begin{cases}x_1+x_2-2x_3=-3,\\5x_1-2x_2+7x_3=22,\\2x_1-5x_2+4x_3=4;\end{cases}$

(2) $\begin{cases}2x_1+x_2+3x_3=6,\\3x_1+2x_2+x_3=1,\\5x_1+3x_2+4x_3=27;\end{cases}$

(3) $\begin{cases}2x_1+5x_2+x_3+15x_4=7,\\x_1+2x_2-x_3+4x_4=2,\\x_1+3x_2+2x_3+11x_4=5;\end{cases}$

(4) $\begin{cases}2x_1-3x_2+x_3+5x_5=6,\\3x_1-x_2-2x_3+4x_4=-5,\\x_1+2x_2-3x_3-x_4=-2;\end{cases}$

(5) $\begin{cases}2x_1-2x_2+x_3-x_4+x_5=2,\\x_1-4x_2+2x_3-2x_4+3x_5=3,\\3x_1-6x_2+x_3-3x_4+4x_5=5,\\x_1+x_2-x_3+x_4-2x_5=-1;\end{cases}$

(6) $\begin{cases}x_1-x_3+5x_3-x_4=0,\\x_1+3x_2-9x_3+7x_4=0,\\2x_1-2x_2+10x_3-2x_4=0,\\3x_1-x_2+8x_3+x_4=0.\end{cases}$

2. 当 a 取何值时，线性方程组

$$\begin{cases}x_1+x_2-x_3=1,\\2x_1+3x_2+ax_3=3,\\x_1+ax_2+3x_3=2\end{cases}$$

无解？有惟一解？有无穷多解？当方程组有无穷多解时，求出其全部解.

3. 当 a,b 取何值时，方程组

$$\begin{cases} x_1 + \quad + 2x_3 = -1, \\ -x_1 + x_2 - 3x_3 = 2, \\ 2x_1 - x_2 + ax_3 = b \end{cases}$$

无解？有惟一解？有无穷多解？当方程组有无穷多解时，求其全部解.

4. 证明：线性方程组

$$\begin{cases} x_1 - x_2 = a_1, \\ x_2 - x_3 = a_2, \\ x_3 - x_4 = a_3, \\ x_4 - x_5 = a_4, \\ x_5 - x_1 = a_5 \end{cases}$$

有解的充分必要条件是$\sum\limits_{i=1}^{5} a_i = 0$.

5. 证明：如果线性方程组

$$\begin{cases} a_{11}x_1 + a_{12}x_2 + \cdots + a_{1n}x_n = b_1, \\ a_{21}x_1 + a_{22}x_2 + \cdots + a_{2n}x_n = b_2, \\ \cdots\cdots\cdots\cdots\cdots\cdots\cdots\cdots\cdots\cdots \\ a_{n1}x_1 + a_{n2}x_2 + \cdots + a_{nn}x_n = b_n \end{cases}$$

的系数矩阵$\boldsymbol{A} = (a_{ij})_{n\times n}$与矩阵

$$\boldsymbol{C} = \begin{bmatrix} a_{11} & a_{12} & \cdots & a_{1n} & b_1 \\ a_{21} & a_{22} & \cdots & a_{2n} & b_2 \\ \vdots & \vdots & & \vdots & \vdots \\ a_{n1} & a_{n2} & \cdots & a_{nn} & b_n \\ b_1 & b_2 & \cdots & b_n & 0 \end{bmatrix}$$

的秩相等，则此线性方程组有解.

6. 单项选择题：

(1) 已知线性方程组

$$\begin{cases} x_1 + 2x_2 + x_3 = 1, \\ 2x_1 + 3x_2 + (a+2)x_3 = 3, \\ x_1 + ax_2 - 2x_3 = 0 \end{cases}$$

无解，则$a=$(　　).

(A) 1；　　(B) 0；　　(C) -1；　　(D) -2.

(2) 设$\boldsymbol{A}$为$m\times n$矩阵，线性方程组$\boldsymbol{AX}=\boldsymbol{b}$对应的齐次线性方程组为$\boldsymbol{AX}=\boldsymbol{O}$，则下述结论中正确的是(　　).

(A) 若$\boldsymbol{AX}=\boldsymbol{O}$仅有零解，则$\boldsymbol{AX}=\boldsymbol{b}$有惟一解；

(B) 若$\boldsymbol{AX}=\boldsymbol{O}$有非零解，则$\boldsymbol{AX}=\boldsymbol{b}$有无穷多解；

(C) 若$\boldsymbol{AX}=\boldsymbol{b}$有无穷多解，则$\boldsymbol{AX}=\boldsymbol{O}$有非零解；

(D) 若$\boldsymbol{AX}=\boldsymbol{b}$有无穷多解，则$\boldsymbol{AX}=\boldsymbol{O}$仅有零解.

(3) 设非齐次线性方程组$\boldsymbol{AX}=\boldsymbol{b}$中，系数矩阵$\boldsymbol{A}$为$m\times n$矩阵，且$\mathrm{r}(\boldsymbol{A})=r$，则(　　).

(A) $r=n$时，方程组$\boldsymbol{AX}=\boldsymbol{b}$有惟一解；

(B) $r=m$时，方程组$\boldsymbol{AX}=\boldsymbol{b}$有解；

(C) $m=n$时，方程组$\boldsymbol{AX}=\boldsymbol{b}$有惟一解；

(D) $r<n$时，方程组$\boldsymbol{AX}=\boldsymbol{b}$有无穷多解.

§3.3 向量及其线性运算

在中学解析几何中，通过建立直角坐标系，平面上的点与有序实数(a,b)一一对应，为研究几何问题提供了有力的工具和手段. 这样的有序数组(a,b)也称为**二维向量**. 在研究线性方程组解的结构时，我们需研究由更多实数组成的有序数组. 在科学技术、经济管理的许多问题中，这样的有序数组也起着重要作用. 因此，我们有必要推广二维向量的概念.

一、向量的概念

定义 3.1 n 个实数组成的有序数组$(a_1,a_2,\cdots,a_n)$称为一个 **n 维向量**，其中第 i 个数 a_i 称为该向量的**第 i 个分量**.

向量一般用 $\boldsymbol{\alpha},\boldsymbol{\beta},\boldsymbol{\gamma}$ 等黑斜体希腊字母表示，有时也可用 $\boldsymbol{a},\boldsymbol{b},\boldsymbol{c}$ 等英文小写黑斜体字母表示，而向量的分量则用英文小写字母 a,b,c 等加下标表示. 例如，我们可以记

$$\boldsymbol{\alpha}=(a_1,a_2,\cdots,a_n),\quad \boldsymbol{\beta}=(b_1,b_2,\cdots,b_n),$$

这时，$\boldsymbol{\alpha},\boldsymbol{\beta}$ 都称为 **n 维行向量**. 有时，根据问题的需要，向量需用列的形式表示. 如

$$\boldsymbol{\alpha}=\begin{bmatrix}a_1\\a_2\\\vdots\\a_n\end{bmatrix},\quad \boldsymbol{\beta}=\begin{bmatrix}b_1\\b_2\\\vdots\\b_n\end{bmatrix},$$

这时，$\boldsymbol{\alpha},\boldsymbol{\beta}$ 都称为 **n 维列向量**. 列向量也可以记为

$$\boldsymbol{\alpha}=(a_1,a_2,\cdots,a_n)^{\mathrm{T}},\quad \boldsymbol{\beta}=(b_1,b_2,\cdots,b_n)^{\mathrm{T}}.$$

一般 n 维行(列)向量可以看做 $1\times n$ 矩阵($n\times 1$ 矩阵)，反之亦然.

例 1 在线性方程组(3.5)中，系数矩阵

$$\boldsymbol{A}=\begin{bmatrix}a_{11}&a_{12}&\cdots&a_{1n}\\a_{21}&a_{22}&\cdots&a_{2n}\\\vdots&\vdots&&\vdots\\a_{m1}&a_{m2}&\cdots&a_{mn}\end{bmatrix},$$

$\boldsymbol{A}$ 的每一行$(a_{i1},a_{i2},\cdots,a_{in})$ $(i=1,2,\cdots,m)$都是 n 维行向量；$\boldsymbol{A}$ 的每一列$(a_{1j},a_{2j},\cdots,a_{mj})^{\mathrm{T}}$ $(j=1,2,\cdots,m)$都是 m 维列向量. 方程组的常数项可组成 m 维列向量 $\boldsymbol{b}=(b_1,b_2,\cdots,b_m)^{\mathrm{T}}$；方程组的未知量可组成 n 维列向量 $\boldsymbol{X}=(x_1,x_2,\cdots,x_n)^{\mathrm{T}}$.

例 2 在计算机成像技术中，像的区域被分为许多小区域，这些小区域称为象素. 对每个象素需要利用向量将其数字化，如彩色图像，象素向量(x,y,r,g,b)是一个五维向量，其中用(x,y)表示象素的位置，用(r,g,b)表示三种基本颜色的强度. 计算机对于这样的向量才能进行处理.

例 3 投入产出分析是研究国民经济各部门之间“投入”与“产出”关系的重要方法，在

全世界90多个国家和地区都应用这一方法对经济系统进行分析，而矩阵和向量的有关理论是这一方法的理论基础之一.

二、向量的线性运算

如果 n 维向量 $\alpha=(a_1,a_2,\cdots,a_n)$，$\beta=(b_1,b_2,\cdots,b_n)$ 的对应分量相等，即 $a_i=b_i(i=1,2,\cdots,n)$，则称这**两个向量相等**，记作 $\alpha=\beta$.

所有分量都是零的向量称为**零向量**，零向量记作 $o=(0,0,\cdots,0)$. 如果向量 $\alpha=o$，则 α 的所有分量都等于零.

定义 3.2　设 $\alpha=(a_1,a_2,\cdots,a_n)$，$\beta=(b_1,b_2,\cdots,b_n)$，向量 α 与 β 的**和**

$$\alpha+\beta=(a_1+b_1,\ a_2+b_2,\ \cdots,\ a_n+b_n),$$

即 α 与 β 对应分量的和构成的 n 维向量就是 $\alpha+\beta$.

n 维向量 $\alpha=(a_1,a_2,\cdots,a_n)$ 各分量的相反数组成的向量称为 α 的**负向量**，记作

$$-\alpha=(-a_1,\ -a_2,\ \cdots,\ -a_n).$$

由向量加法的定义和负向量，可定义向量的**减法**，即若 $\alpha=(a_1,a_2,\cdots,a_n)$，$\beta=(b_1,b_2,\cdots,b_n)$，则

$$\alpha-\beta=\alpha+(-\beta)=(a_1-b_1,\ a_2-b_2,\ \cdots,\ a_n-b_n).$$

定义 3.3　设 $\alpha=(a_1,a_2,\cdots,a_n)$，$k$ 为实数，数 k 与向量 α 的**乘积**(简称**数乘**)为

$$k\alpha=(ka_1,\ ka_2,\ \cdots,\ ka_n),$$

即数 k 与 α 的各分量的乘积组成的 n 维向量就是 $k\alpha$.

向量的加法运算和数乘运算统称为向量的**线性运算**. 不难看出，向量的线性运算与 $1\times n$ 矩阵(或 $n\times 1$ 矩阵)的对应运算是一致的. 因此向量的线性运算满足矩阵加法和数乘运算的各个运算律.

例 4　设 $\alpha=(1,2,-1,5)^{\mathrm{T}}$，$\beta=(2,-1,1,1)^{\mathrm{T}}$，$\gamma=(4,3,-1,11)^{\mathrm{T}}$，求数 k，使 $\gamma=k\alpha+\beta$.

解　由向量加法和数乘运算的定义，有

$$\begin{bmatrix}4\\3\\-1\\11\end{bmatrix}=k\begin{bmatrix}1\\2\\-1\\5\end{bmatrix}+\begin{bmatrix}2\\-1\\1\\1\end{bmatrix}=\begin{bmatrix}k+2\\2k-1\\-k+1\\5k+1\end{bmatrix},$$

由此可得：$k+2=4$，$2k-1=3$，$-k+1=-1$，$5k+1=11$. 解得 $k=2$.

三、向量组的线性组合

在讨论向量间的关系时，一般不再写出其分量. 当我们论及向量 α,β 等，均认为它们是同维的行向量或列向量.

定义 3.4　对于向量 $\alpha_1,\alpha_2,\cdots,\alpha_s$ 和 β，若存在一组数 $k_1,k_2,\cdots,k_s$，使得

$$\boldsymbol{\beta}=k_1\boldsymbol{\alpha}_1+k_2\boldsymbol{\alpha}_2+\cdots+k_s\boldsymbol{\alpha}_s,$$

则称向量 $\boldsymbol{\beta}$ 是向量组 $\boldsymbol{\alpha}_1,\boldsymbol{\alpha}_2,\cdots,\boldsymbol{\alpha}_s$ 的**线性组合**,或称向量 $\boldsymbol{\beta}$ 可以由向量组 $\boldsymbol{\alpha}_1,\boldsymbol{\alpha}_2,\cdots,\boldsymbol{\alpha}_n$ **线性表示**.

例 5 n 维零向量 $\boldsymbol{o}=(0,0,\cdots,0)$ 可以由任意的 n 维向量组 $\boldsymbol{\alpha}_1,\boldsymbol{\alpha}_2,\cdots,\boldsymbol{\alpha}_s$ 线性表出. 实际上,取 $k_1=k_2=\cdots=k_s=0$,有

$$\boldsymbol{o}=0\boldsymbol{\alpha}_1+0\boldsymbol{\alpha}_2+\cdots+0\boldsymbol{\alpha}_s.$$

例 6 n 维向量组 $\boldsymbol{\varepsilon}_1=(1,0,\cdots,0),\boldsymbol{\varepsilon}_2=(0,1,\cdots,0),\cdots,\boldsymbol{\varepsilon}_n=(0,0,\cdots,1)$ 称为 n 维**初始单位向量组**,则任一 n 维向量 $\boldsymbol{\alpha}=(a_1,a_2,\cdots,a_n)$ 是向量组 $\boldsymbol{\varepsilon}_1,\boldsymbol{\varepsilon}_2,\cdots,\boldsymbol{\varepsilon}_n$ 的线性组合.

实际上,可以直接验证

$$\boldsymbol{\alpha}=a_1\boldsymbol{\varepsilon}_1+a_2\boldsymbol{\varepsilon}_2+\cdots+a_n\boldsymbol{\varepsilon}_n.$$

例 7 线性方程组

$$\begin{cases}a_{11}x_1+a_{12}x_2+\cdots+a_{1n}x_n=b_1,\\ a_{21}x_1+a_{22}x_2+\cdots+a_{2n}x_n=b_2,\\ \cdots\cdots\cdots\cdots\cdots\cdots\cdots\cdots\cdots\cdots\\ a_{m1}x_1+a_{m2}x_2+\cdots+a_{mn}x_n=b_m\end{cases}\tag{3.8}$$

的系数矩阵 $\boldsymbol{A}=(a_{ij})_{m\times n}$. 记

$$\boldsymbol{\alpha}_j=\begin{bmatrix}a_{1j}\\ a_{2j}\\ \vdots\\ a_{mj}\end{bmatrix},\quad j=1,2,\cdots,n;\quad \boldsymbol{\beta}=\begin{bmatrix}b_1\\ b_2\\ \vdots\\ b_m\end{bmatrix},$$

则方程组(3.8)可以写成

$$x_1\boldsymbol{\alpha}_1+x_2\boldsymbol{\alpha}_2+\cdots+x_n\boldsymbol{\alpha}_n=\boldsymbol{\beta}.\tag{3.9}$$

(3.9)称为方程组(3.8)的**向量形式**. 如果方程组(3.8)解是 $x_1=k_1,x_2=k_2,\cdots,x_n=k_n$,由(3.9),有

$$k_1\boldsymbol{\alpha}_1+k_2\boldsymbol{\alpha}_2+\cdots+k_n\boldsymbol{\alpha}_n=\boldsymbol{\beta},\tag{3.10}$$

即向量 $\boldsymbol{\beta}$ 是向量组 $\boldsymbol{\alpha}_1,\boldsymbol{\alpha}_2,\cdots,\boldsymbol{\alpha}_n$ 的线性组合. 反之,若有数 $k_1,k_2,\cdots,k_n$ 使得(3.10)成立,则 $x_1=k_1,x_2=k_2,\cdots,x_n=k_n$ 就是线性方程组(3.8)的一组解. 由此得到

定理 3.4 设向量 $\boldsymbol{\alpha}_j=(a_{1j},a_{2j},\cdots,a_{mj})^{\mathrm{T}}(j=1,2,\cdots,n)$,$\boldsymbol{\beta}=(b_1,b_2,\cdots,b_m)^{\mathrm{T}}$,则向量 $\boldsymbol{\beta}$ 是向量组 $\boldsymbol{\alpha}_1,\boldsymbol{\alpha}_2,\cdots,\boldsymbol{\alpha}_n$ 的线性组合的充分必要条件是线性方程组(3.8)有解.

推论 列向量 $\boldsymbol{\beta}$ 是列向量组 $\boldsymbol{\alpha}_1,\boldsymbol{\alpha}_2,\cdots,\boldsymbol{\alpha}_n$ 的线性组合的充分必要条件是以 $\boldsymbol{\alpha}_1,\boldsymbol{\alpha}_2,\cdots,\boldsymbol{\alpha}_n$ 为列向量的矩阵与 $\boldsymbol{\alpha}_1,\boldsymbol{\alpha}_2,\cdots,\boldsymbol{\alpha}_n,\boldsymbol{\beta}$ 为列向量的矩阵有相同的秩.

若向量 $\boldsymbol{\beta}$ 和向量组 $\boldsymbol{\alpha}_1,\boldsymbol{\alpha}_2,\cdots,\boldsymbol{\alpha}_n$ 均为同维行向量,则上述推论也可以叙述为:$\boldsymbol{\beta}$ 是向量组 $\boldsymbol{\alpha}_1,\boldsymbol{\alpha}_2,\cdots,\boldsymbol{\alpha}_n$ 的线性组合的充分必要条件是以 $\boldsymbol{\alpha}_1^{\mathrm{T}},\boldsymbol{\alpha}_2^{\mathrm{T}},\cdots,\boldsymbol{\alpha}_n^{\mathrm{T}}$ 为列向量的矩阵与 $\boldsymbol{\alpha}_1^{\mathrm{T}},\boldsymbol{\alpha}_2^{\mathrm{T}},\cdots,\boldsymbol{\alpha}_n^{\mathrm{T}},\boldsymbol{\beta}^{\mathrm{T}}$ 为列向量组的矩阵有相同的秩.

例 8　设 $\alpha_1=(1,2,4,2)$，$\alpha_2=(2,3,3,5)$，$\alpha_3=(-3,-5,-9,-8)$，$\beta=(4,7,9,8)$，判断向量 β 是否可由向量组 $\alpha_1,\alpha_2,\alpha_3$ 线性表示. 若可以，求出其表达式.

解　设有数 k_1,k_2,k_3，使得

$$\beta = k_1\alpha_1 + k_2\alpha_2 + k_3\alpha_3,$$

即

$$(4,7,9,8)=k_1(1,2,4,2)+k_2(2,3,3,5)+k_3(-3,-5,-9,-8).$$

由此可得以 k_1,k_2,k_3 为未知量的线性方程组

$$\begin{cases} k_1+2k_2-3k_3=4, \\ 2k_1+3k_2-5k_3=7, \\ 4k_1+3k_2-9k_3=9, \\ 2k_1+5k_2-8k_3=8. \end{cases}$$

对方程组的增广矩阵 $(\alpha_1^{\mathrm T}\quad \alpha_2^{\mathrm T}\quad \alpha_3^{\mathrm T}\quad \beta^{\mathrm T})$ 施以初等行变换，化为阶梯形：

$$\begin{bmatrix} 1 & 2 & -3 & 4 \\ 2 & 3 & -5 & 7 \\ 4 & 3 & -9 & 9 \\ 2 & 5 & -8 & 8 \end{bmatrix} \xrightarrow[-2r_1+r_4]{\substack{-2r_1+r_2 \\ -4r_1+r_3}} \begin{bmatrix} 1 & 2 & -3 & 4 \\ 0 & -1 & 1 & -1 \\ 0 & -5 & 3 & -7 \\ 0 & 1 & -2 & 0 \end{bmatrix} \xrightarrow[r_2+r_4]{-5r_2+r_3} \begin{bmatrix} 1 & 2 & -3 & 4 \\ 0 & 1 & -1 & 1 \\ 0 & 0 & -2 & -2 \\ 0 & 0 & -1 & -1 \end{bmatrix}$$

$$\xrightarrow{\substack{-\frac{1}{2}r_3+r_4 \\ -\frac{1}{2}r_3}} \begin{bmatrix} 1 & 2 & -3 & 4 \\ 0 & 1 & -1 & 1 \\ 0 & 0 & 1 & 1 \\ 0 & 0 & 0 & 0 \end{bmatrix}.$$

由于矩阵 $(\alpha_1^{\mathrm T}\quad \alpha_2^{\mathrm T}\quad \alpha_3^{\mathrm T})$ 的秩等于 $(\alpha_1^{\mathrm T}\quad \alpha_2^{\mathrm T}\quad \alpha_3^{\mathrm T}\quad \beta^{\mathrm T})$ 的秩都等于 3，故方程组有惟一解，即向量 β 可由向量组 $\alpha_1,\alpha_2,\alpha_3$ 线性表示. 为求出线性表达式，继续初等行变换，有

$$\xrightarrow{\substack{r_3+r_2 \\ 3r_3+r_1}} \begin{bmatrix} 1 & 2 & 0 & 7 \\ 0 & 1 & 0 & 2 \\ 0 & 0 & 1 & 1 \\ 0 & 0 & 0 & 0 \end{bmatrix} \xrightarrow{-2r_2+r_1} \begin{bmatrix} 1 & 0 & 0 & 3 \\ 0 & 1 & 0 & 2 \\ 0 & 0 & 1 & 1 \\ 0 & 0 & 0 & 0 \end{bmatrix},$$

所以 $k_1=3,k_2=2,k_3=1$，即

$$\beta = 3\alpha_1 + 2\alpha_2 + \alpha_3.$$

根据定理 3.4，向量 β 可否由向量组 $\alpha_1,\alpha_2,\cdots,\alpha_n$ 线性表示可以化为线性方程组求解的问题. 因此可能有三种情形：β 可由 $\alpha_1,\alpha_2,\cdots,\alpha_n$ 惟一地线性表示(如例 8)；β 可由 $\alpha_1,\alpha_2,\cdots,\alpha_n$ 线性表示，表示方式有无穷多种；或 β 不能由向量组线性表示. 若不需求出表达式，则只需求出对应矩阵的秩就可以了.

设有两个向量组

$$\alpha_1, \alpha_2, \cdots, \alpha_s, \qquad (\text{I})$$

$$\beta_1, \beta_2, \cdots, \beta_t. \qquad (\text{II})$$

如果向量组(Ⅰ)中每一个向量都可以由向量组(Ⅱ)线性表示,则称向量组(Ⅰ)可由向量组(Ⅱ)**线性表示.**

例9 设 n 维向量组

$$\alpha_1 = (1,0,0,\cdots,0),$$
$$\alpha_2 = (1,1,0,\cdots,0),$$
$$\cdots\cdots\cdots\cdots,$$
$$\alpha_n = (1,1,1,\cdots,1).$$

试证:向量组 $\alpha_1,\alpha_2,\cdots,\alpha_n$ 与 n 维初始单位向量组 $\varepsilon_1,\varepsilon_2,\cdots,\varepsilon_n$ 可以相互线性表示.

证 向量组 $\alpha_1,\alpha_2,\cdots,\alpha_n$ 可由单位向量组线性表示:

$$\begin{cases} \alpha_1 = \varepsilon_1, \\ \alpha_2 = \varepsilon_1 + \varepsilon_2, \\ \cdots\cdots\cdots\cdots\cdots\cdots \\ \alpha_n = \varepsilon_1 + \varepsilon_2 + \cdots + \varepsilon_n, \end{cases}$$

由此可得

$$\begin{cases} \varepsilon_1 = \alpha_1, \\ \varepsilon_2 = \alpha_2 - \varepsilon_1 = \alpha_2 - \alpha_1, \\ \cdots\cdots\cdots\cdots\cdots\cdots \\ \varepsilon_n = \alpha_n - \alpha_{n-1}, \end{cases}$$

即两个向量组可以相互线性表示.

习 题 3.3

1. 已知向量 $\alpha=(3,5,-1,0)$,$\beta=(2,0,-4,3)$. 求 $3\beta-2\alpha$.

2. 设向量 $\alpha_1=(-1,4)$,$\alpha_2=(1,2)$,$\alpha_3=(4,11)$. 求 a,b 的值,使 $a\alpha_1-b\alpha_2-\alpha_3=\boldsymbol{o}$.

3. 把向量 β 表示为其他向量的线性组合:

(1) $\beta=(4,1)$;$\alpha_1=(1,2)$,$\alpha_2=(-2,3)$;

(2) $\beta=(4,5,6)$;$\alpha_1=(3,-3,2)$,$\alpha_2=(-2,1,2)$,$\alpha_3=(1,2,-1)$;

(3) $\beta=(-1,1,3,1)$;$\alpha_1=(1,2,1,1)$,$\alpha_2=(1,1,1,2)$,$\alpha_3=(-3,-2,1,-3)$.

4. 设有三个向量组

$$\alpha_1, \alpha_2, \cdots, \alpha_s, \qquad (\text{I})$$

$$\beta_1, \beta_2, \cdots, \beta_t, \qquad (\text{II})$$

$$\gamma_1, \gamma_2, \cdots, \gamma_p. \qquad (\text{III})$$

如果向量组(Ⅰ)可由向量组(Ⅱ)线性表示,而向量组(Ⅱ)又可由向量组(Ⅲ)线性表示,证明:向量组(Ⅰ)也可由向量组(Ⅲ)线性表示.

5. 单项选择题:

(1) 设

$$\alpha_1=(2,1,-2),\quad \alpha_2=(-4,2,3),\quad \alpha_3=(-8,8,5),$$

数 k 使得 $2\alpha_1+k\alpha_2-\alpha_3=o$，则 $k=$(　　).

(A) -3；　(B) 3；　(C) -2；　(D) 2.

(2) 下列各命题中**不正确**的是(　　).

(A) 零向量必可由任一向量组 $\alpha_1,\alpha_2,\cdots,\alpha_s$ 线性表示；

(B) 任一 n 维向量 α 是 n 维单位向量组 $\varepsilon_1,\varepsilon_2,\cdots,\varepsilon_n$ 的线性组合；

(C) 若线性方程组 $\boldsymbol{AX}=\boldsymbol{b}$ 有解，则向量 $\boldsymbol{b}$ 可由 $\boldsymbol{A}$ 的列向量组惟一地线性表示；

(D) 向量组 $\alpha_1,\alpha_2,\cdots,\alpha_s$ 中任一向量 α_i $(1\leqslant i\leqslant s)$都可由此向量组线性表示.

(3) 设向量 β 可由向量组 $\alpha_1,\alpha_2,\alpha_3$ 线性表示，但不能由向量组 α_1,α_2 线性表示. 记向量组 α_1,α_2 为(Ⅰ)，向量组 α_1,α_2,β 为(Ⅱ)，则(　　).

(A) α_3 不能由(Ⅰ)线性表示，也不能由(Ⅱ)线性表示；

(B) α_3 不能由(Ⅰ)线性表示，但可由(Ⅱ)线性表示；

(C) α_3 可由(Ⅰ)线性表示，也可由(Ⅱ)线性表示；

(D) α_3 可由(Ⅰ)线性表示，但不可由(Ⅱ)线性表示.

§3.4　向量间的线性关系

一、向量组的线性相关和线性无关

定义 3.5　对于向量组 $\alpha_1,\alpha_2,\cdots,\alpha_s$，若存在不全为零的数 $k_1,k_2,\cdots,k_s$，使得

$$k_1\alpha_1+k_2\alpha_2+\cdots+k_s\alpha_s=\boldsymbol{o},\tag{3.11}$$

则称向量组 $\alpha_1,\alpha_2,\cdots,\alpha_s$ **线性相关**. 否则，称向量组 $\alpha_1,\alpha_2,\cdots,\alpha_s$ **线性无关**，即，若仅当 $k_1,k_2,\cdots,k_s$ 全为零时，才有(3.11)成立，则称向量组 $\alpha_1,\alpha_2,\cdots,\alpha_s$ **线性无关**.

例 1　含有零向量的任一向量组线性相关.

设此向量组为 $\boldsymbol{o},\alpha_1,\alpha_2,\cdots,\alpha_s$，则取 $k\neq 0,k_1=k_2=\cdots=k_s=0$，就有

$$k\boldsymbol{o}+k_1\alpha_1+k_2\alpha_2+\cdots+k_s\alpha_s=\boldsymbol{o},$$

所以向量组 $\boldsymbol{o},\alpha_1,\alpha_2,\cdots,\alpha_s$ 线性相关.

例 2　n 维初始单位向量组 $\varepsilon_1=(1,0,\cdots,0),\varepsilon_2=(0,1,\cdots,0),\cdots,\varepsilon_n=(0,0,\cdots,1)$线性无关.

实际上，设有数 $k_1,k_2,\cdots,k_n$，使得

$$k_1\varepsilon_1+k_2\varepsilon_2+\cdots+k_n\varepsilon_n=\boldsymbol{o},\tag{3.12}$$

得

$$(k_1,k_2,\cdots,k_n)=\boldsymbol{o}.$$

于是 $k_1=0,k_2=0,\cdots,k_n=0$，即仅当 $k_1=k_2=\cdots=k_n=0$ 时，才有(3.12)成立. 所以 $\varepsilon_1,\varepsilon_2,\cdots,\varepsilon_n$ 线性无关.

例 3　齐次线性方程组

$$\begin{cases}2x_1+x_2=0,\\4x_1+2x_2=0\end{cases}$$

的向量形式为

$$x_1\begin{bmatrix}2\\4\end{bmatrix}+x_2\begin{bmatrix}1\\2\end{bmatrix}=\boldsymbol{o}.$$

不难看出,该齐次线性方程组有非零解,即向量组 $\boldsymbol{\alpha}_1=(2,4)^{\mathrm{T}}$, $\boldsymbol{\alpha}_2=(1,2)^{\mathrm{T}}$ 线性相关.

一般,对于 m 维列向量组 $\boldsymbol{\alpha}_1,\boldsymbol{\alpha}_2,\cdots,\boldsymbol{\alpha}_n$,其中

$$\boldsymbol{\alpha}_j=\begin{bmatrix}a_{1j}\\a_{2j}\\\vdots\\a_{mj}\end{bmatrix},\quad j=1,2,\cdots,n,$$

考虑齐次线性方程组

$$x_1\boldsymbol{\alpha}_1+x_2\boldsymbol{\alpha}_2+\cdots+x_n\boldsymbol{\alpha}_n=\boldsymbol{o},$$

即

$$\begin{cases}a_{11}x_1+a_{12}x_2+\cdots+a_{1n}x_n=0,\\a_{21}x_1+a_{22}x_2+\cdots+a_{2n}x_n=0,\\\cdots\cdots\cdots\cdots\cdots\cdots\cdots\cdots\\a_{m1}x_1+a_{m2}x_2+\cdots+a_{mn}x_n=0.\end{cases}\tag{3.13}$$

如果向量组 $\boldsymbol{\alpha}_1,\boldsymbol{\alpha}_2,\cdots,\boldsymbol{\alpha}_n$ 线性相关,则齐次线性方程组(3.13)有非零解;反之,如果方程组(3.13)有非零解 $x_1=k_1,x_2=k_2,\cdots,x_n=k_n$,其中 $k_1,k_2,\cdots,k_n$ 不全为零,则

$$k_1\boldsymbol{\alpha}_1+k_2\boldsymbol{\alpha}_2+\cdots+k_n\boldsymbol{\alpha}_n=\boldsymbol{o},$$

即 $\boldsymbol{\alpha}_1,\boldsymbol{\alpha}_2,\cdots,\boldsymbol{\alpha}_n$ 线性相关.

由此可得:

定理 3.5 m 维向量 $\boldsymbol{\alpha}_1,\boldsymbol{\alpha}_2,\cdots,\boldsymbol{\alpha}_n$ 线性相关的充分必要条件是齐次线性方程组(3.13)有非零解.

定理 3.5 也可以叙述为: m 维向量 $\boldsymbol{\alpha}_1,\boldsymbol{\alpha}_2,\cdots,\boldsymbol{\alpha}_n$ 线性无关的充分必要条件是齐次线性方程组仅有零解.

推论 1 m 维列向量组 $\boldsymbol{\alpha}_1,\boldsymbol{\alpha}_2,\cdots,\boldsymbol{\alpha}_n$ 线性相关的充分必要条件是以 $\boldsymbol{\alpha}_1,\boldsymbol{\alpha}_2,\cdots,\boldsymbol{\alpha}_n$ 为列向量的矩阵的秩小于 n.

推论 2 若向量组中所含向量个数大于向量的维数,则此向量组线性相关.

推论 3 设 n 个 n 维向量 $\boldsymbol{\alpha}_j=(a_{1j},a_{2j},\cdots,a_{nj})$ $(j=1,2,\cdots,n)$,则向量组 $\boldsymbol{\alpha}_1,\boldsymbol{\alpha}_2,\cdots,\boldsymbol{\alpha}_n$ 线性相关的充分必要条件是

$$\begin{vmatrix}a_{11}&a_{12}&\cdots&a_{1n}\\a_{21}&a_{22}&\cdots&a_{2n}\\\vdots&\vdots&&\vdots\\a_{n1}&a_{n2}&\cdots&a_{nn}\end{vmatrix}=0.$$

实际上,根据推论 1,n 维向量组 $\alpha_1,\alpha_2,\cdots,\alpha_n$ 线性相关的充要条件是以 $\alpha_1,\alpha_2,\cdots,\alpha_n$ 为列向量的矩阵的秩小于 n. 所以,有

$$\begin{vmatrix} a_{11} & a_{12} & \cdots & a_{1n} \\ a_{21} & a_{22} & \cdots & a_{2n} \\ \vdots & \vdots & & \vdots \\ a_{n1} & a_{n2} & \cdots & a_{nn} \end{vmatrix} = 0.$$

推论 3 也可以叙述为：设 n 个 n 维向量 $\alpha_j=(a_{1j},a_{2j},\cdots,a_{nj})$ $(j=1,2,\cdots,n)$,则向量组 $\alpha_1,\alpha_2,\cdots,\alpha_n$ 线性无关的充分必要条件是

$$\begin{vmatrix} a_{11} & a_{12} & \cdots & a_{1n} \\ a_{21} & a_{22} & \cdots & a_{2n} \\ \vdots & \vdots & & \vdots \\ a_{n1} & a_{n2} & \cdots & a_{nn} \end{vmatrix} \neq 0.$$

根据定理 3.5,判断向量组是线性相关或线性无关的问题就转化为齐次线性方程组有无非零解的问题.

例 4　判断向量组 $\alpha_1=(1,3,1,4)$,$\alpha_2=(2,12,-2,12)$,$\alpha_3=(2,-3,8,2)$是否线性相关.

解　设有数 k_1,k_2,k_3,使得

$$k_1\alpha_1+k_2\alpha_2+k_3\alpha_3=\boldsymbol{o},$$

由此得到齐次线性方程组

$$\begin{cases} k_1+2k_2+2k_3=0, \\ 3k_1+12k_2-3k_3=0, \\ k_1-2k_2+8k_3=0, \\ 4k_1+12k_2+2k_3=0. \end{cases}$$

对方程组的系数矩阵施以初等行变换化为阶梯形矩阵：

$$\begin{bmatrix} 1 & 2 & 2 \\ 3 & 12 & -3 \\ 1 & -2 & 8 \\ 4 & 12 & 2 \end{bmatrix} \longrightarrow \begin{bmatrix} 1 & 2 & 2 \\ 0 & 6 & -9 \\ 0 & -4 & 6 \\ 0 & 4 & -6 \end{bmatrix} \longrightarrow \begin{bmatrix} 1 & 2 & 2 \\ 0 & 2 & -3 \\ 0 & 0 & 0 \\ 0 & 0 & 0 \end{bmatrix}.$$

由于系数矩阵的秩为 2,小于未知量个数,故齐次线性方程组有非零解,即存在不全为零的数 k_1,k_2,k_3,使得

$$k_1\alpha_1+k_2\alpha_2+k_3\alpha_3=\boldsymbol{o}.$$

所以 $\alpha_1,\alpha_2,\alpha_3$ 线性相关.

细心的读者恐怕已注意到,这类问题可以直接令矩阵 $\boldsymbol{A}=(\alpha_1^{\mathrm{T}}\ \ \alpha_2^{\mathrm{T}}\ \ \alpha_3^{\mathrm{T}})$,然后求出 $\boldsymbol{A}$ 的秩 $\mathrm{r}(\boldsymbol{A})=2<3$,即可由定理 3.5 的推论直接判定 $\alpha_1,\alpha_2,\alpha_3$ 线性相关.

例 5 已知向量 $\alpha_1=(-2,3,1)^T$, $\alpha_2=(3,1,2)^T$, $\alpha_3=(2,t,-1)^T$ 线性无关，求 t 的值.

解 根据定理 3.5 的推论 3，有

$$\begin{vmatrix} -2 & 3 & 2 \\ 3 & 1 & t \\ 1 & 2 & -1 \end{vmatrix} = 7t+21\neq 0,$$

解得 $t\neq -3$.

例 6 设向量组 $\alpha_1,\alpha_2,\alpha_3$ 线性无关，试证：向量组 $\alpha_1,\alpha_1+\alpha_2,\alpha_1+\alpha_2+\alpha_3$ 线性无关.

证 设有数 k_1,k_2,k_3，有

$$k_1\alpha_1+k_2(\alpha_1+\alpha_2)+k_3(\alpha_1+\alpha_2+\alpha_3)=\boldsymbol{o},$$

即

$$(k_1+k_2+k_3)\alpha_1+(k_2+k_3)\alpha_2+k_3\alpha_3=\boldsymbol{o}.$$

因为 $\alpha_1,\alpha_2,\alpha_3$ 线性无关，所以上式仅当

$$\begin{cases} k_1+k_2+k_2=0, \\ \qquad k_2+k_3=0, \\ \qquad\qquad k_3=0 \end{cases}$$

时成立. 由此得 $k_1=0$, $k_2=0$, $k_3=0$. 根据定义 3.5，向量组 $\alpha_1,\alpha_1+\alpha_2$, $\alpha_1+\alpha_2+\alpha_3$ 线性无关.

向量组的线性关系还具有下述性质：

定理 3.6 向量组 $\alpha_1,\alpha_2,\cdots,\alpha_s(s>2)$ 线性相关的充分必要条件是其中至少有一个向量是其余 $s-1$ 个向量的线性组合.

证 必要性 若向量组 $\alpha_1,\alpha_2,\cdots,\alpha_s$ 线性相关，则存在不全为零的数 $k_1,k_2,\cdots,k_s$，有

$$k_1\alpha_1+k_2\alpha_2+\cdots+k_s\alpha_s=\boldsymbol{o}.$$

不妨设 $k_s\neq 0$，则

$$\alpha_s=-\frac{k_1}{k_s}\alpha_1-\frac{k_2}{k_s}\alpha_2-\cdots-\frac{k_{s-1}}{k_s}\alpha_{s-1}.$$

充分性 若 $\alpha_1,\alpha_2,\cdots,\alpha_s$ 至少有一个向量是其余 $s-1$ 个向量的线性组合. 不妨设

$$\alpha_s=l_1\alpha_1+l_2\alpha_2+\cdots+l_{s-1}\alpha_{s-1},$$

即

$$l_1\alpha_1+l_2\alpha_2+\cdots+l_{s-1}\alpha_{s-1}-\alpha_s=\boldsymbol{o}.$$

上式表明，不全为零的数 $l_1,l_2,\cdots,l_{s-1}$ 和 (-1) 使得 $\alpha_1,\alpha_2,\cdots,\alpha_s$ 的线性组合等于零向量. 因此向量组 $\alpha_1,\alpha_2,\cdots,\alpha_s$ 线性相关.

定理 3.7 若向量组 $\alpha_1,\alpha_2,\cdots,\alpha_s$ 线性无关，而向量组 $\alpha_1,\alpha_2,\cdots,\alpha_s,\beta$ 线性相关，则向量 β 可由向量组 $\alpha_1,\alpha_2,\cdots,\alpha_s$ 线性表示，且表示法惟一.

证 设向量组 $\alpha_1,\alpha_2,\cdots,\alpha_s,\beta$ 线性相关，则存在不全为零的数 $k_1,k_2,\cdots,k_s,k$，使得

$$k_1\alpha_1+k_2\alpha_2+\cdots+k_s\alpha_s+k\beta=\boldsymbol{o},$$

由此可得 k 必不为零. 实际上,若 $k=0$,则上式化为

$$k_1\alpha_1+k_2\alpha_2+\cdots+k_s\alpha_s=\boldsymbol{o},$$

其中 $k_1,k_2,\cdots,k_s$ 不全为零,因此 $\alpha_1,\alpha_2,\cdots,\alpha_s$ 线性相关. 这与已知 $\alpha_1,\alpha_2,\cdots,\alpha_s$ 线性无关相矛盾,所以 $k\neq0$. 于是

$$\beta=-\frac{k_1}{k}\alpha_1-\frac{k_2}{k}\alpha_2-\cdots-\frac{k_s}{k}\alpha_s.$$

表示法惟一性的证明略去.

定理 3.8　如果向量组中有一部分向量(称为部分组)线性相关,则整个向量组线性相关.

证　不妨设向量组 $\alpha_1,\alpha_2,\cdots,\alpha_s$ 中的部分组 $\alpha_1,\alpha_2,\cdots,\alpha_r(r\leqslant s)$ 线性相关,则存在不全为零的数 $k_1,k_2,\cdots,k_r$,使得

$$k_1\alpha_1+k_2\alpha_2+\cdots+k_r\alpha_r=\boldsymbol{o}.$$

于是

$$k_1\alpha_1+k_2\alpha_2+\cdots+k_r\alpha_r+0\cdot\alpha_{r+1}+\cdots+0\cdot\alpha_s=\boldsymbol{o},$$

由此可知,向量组 $\alpha_1,\alpha_2,\cdots,\alpha_s$ 线性相关.

定理 3.8 也可以叙述为:线性无关的向量组的任一部分组必线性无关.

* **定理 3.9**　设有两个向量组:

$$\alpha_1,\ \alpha_2,\ \cdots,\ \alpha_s, \qquad (\mathrm{I})$$

$$\beta_1,\ \beta_2,\ \cdots,\ \beta_t, \qquad (\mathrm{II})$$

如果向量组(Ⅱ)可由向量组(Ⅰ)线性表示,且向量组(Ⅱ)线性无关,则 $t\leqslant s$(证明略).

推论　如果向量组(Ⅰ),(Ⅱ)都是线性无关的,且可以相互线性表示,则 $s=t$.

证　向量组(Ⅰ)线性无关且可由(Ⅱ)线性表示,则 $s\leqslant t$;类似地,向量组(Ⅱ)线性无关且可由(Ⅰ)线性表示,则 $t\leqslant s$,于是 $s=t$.

二、向量组的极大无关组和向量组的秩

一个向量组可能线性无关,也可能线性相关. 如果向量组线性相关,那么其线性无关的部分组中最多含多少个向量是十分重要的问题.

定义 3.6　若一个向量组 $\alpha_1,\alpha_2,\cdots,\alpha_s$ 的一个部分组 $\alpha_{j_1},\alpha_{j_2},\cdots,\alpha_{j_r}(r\leqslant s)$ 满足条件:

(1) $\alpha_{j_1},\alpha_{j_2},\cdots,\alpha_{j_r}$ 线性无关;

(2) 向量组 $\alpha_1,\alpha_2,\cdots,\alpha_s$ 中的任意一个向量都可以由 $\alpha_{j_1},\alpha_{j_2},\cdots,\alpha_{j_r}$ 线性表示,

则部分组 $\alpha_{j_1},\alpha_{j_2},\cdots,\alpha_{j_r}$ 称为此向量组的一个**极大线性无关组**,简称**极大无关组**.

根据定理 3.6 和定理 3.7,定义 3.6 中的条件(2)可以用以下条件代替

(2)′ 任取向量组 $\alpha_1,\alpha_2,\cdots,\alpha_s$ 中的一个向量 α_i 添加到部分组 $\alpha_{j_1},\alpha_{j_2},\cdots,\alpha_{j_r}$ 中,则 $\alpha_{j_1},\alpha_{j_2},\cdots,\alpha_{j_r},\alpha_i$ 线性相关.

例 7　设向量组 $\alpha_1=(1,0,0),\alpha_2=(0,1,0),\alpha_3=(1,1,0)$. 不难看出,部分组 α_1,α_2 是线

性无关的，且 $\alpha_1,\alpha_2,\alpha_3$ 中的任一向量都可以由此部分组线性表示：

$$\alpha_1=\alpha_1+0\cdot\alpha_2,\quad \alpha_2=0\alpha_1+\alpha_2,\quad \alpha_3=\alpha_1+\alpha_2.$$

所以部分组 α_1,α_2 是向量组 $\alpha_1,\alpha_2,\alpha_3$ 的一个极大无关组.

读者可以验证：α_1,α_3 和 α_2,α_3 也是向量组 $\alpha_1,\alpha_2,\alpha_3$ 的极大无关组.

由定义 3.6 和例 7 可知，一个向量组的极大无关组是它的线性无关部分组中含有向量个数最多的那一个. 若再加入一个向量 $\alpha_i(1\leqslant i\leqslant s)$ 到极大无关组 $\alpha_{j_1},\alpha_{j_2},\cdots,\alpha_{j_r}$ 中，所得向量组必线性相关，或者说向量组 $\alpha_1,\alpha_2,\cdots,\alpha_s$ 中任意 $r+1$ 个向量线性相关. 同时，一个向量组的极大无关组未必是惟一的，但利用定理 3.9 可以证明：向量组的任意一个极大无关组所含**向量个数是惟一确定的**.

定义 3.7 向量组 $\alpha_1,\alpha_2,\cdots,\alpha_s$ 的极大无关组中所含向量的个数，称为此向量组的**秩**，记作 $\mathrm{r}(\alpha_1,\alpha_2,\cdots,\alpha_s)$.

若一个向量组仅含零向量，规定其秩为零.

若向量组 $\alpha_1,\alpha_2,\cdots,\alpha_s$ 线性无关，其极大无关组就是它自身. 因此 $\mathrm{r}(\alpha_1,\alpha_2,\cdots,\alpha_s)=s$. 反之，若 $\mathrm{r}(\alpha_1,\alpha_2,\cdots,\alpha_s)=s$，则向量组 $\alpha_1,\alpha_2,\cdots,\alpha_s$ 线性无关.

例 8 对于例 7 中的向量组 $\alpha_1,\alpha_2,\alpha_3$，有 $\mathrm{r}(\alpha_1,\alpha_2,\alpha_3)=2$.

例 9 设向量 $\alpha=(a_1,a_2,\cdots,a_n)\neq\boldsymbol{o}$，则仅含 α 的向量组必线性无关，其极大无关组就是其自身 α，$\mathrm{r}(\alpha)=1$.

设矩阵

$$\boldsymbol{A}=\begin{bmatrix} a_{11} & a_{12} & \cdots & a_{1n}\\ a_{21} & a_{22} & \cdots & a_{2n}\\ \vdots & \vdots & & \vdots\\ a_{m1} & a_{m2} & \cdots & a_{mn}\end{bmatrix}.$$

矩阵 $\boldsymbol{A}$ 的每一行可看作一个 n 维行向量，记 $\alpha_i=(a_{i1},a_{i2},\cdots,a_{in})(i=1,2,\cdots,m)$，称 $\alpha_1,\alpha_2,\cdots,\alpha_m$ 为矩阵 $\boldsymbol{A}$ 的**行向量组**. $\boldsymbol{A}$ 的行向量组的秩称为矩阵 $\boldsymbol{A}$ 的**行秩**.

矩阵 $\boldsymbol{A}$ 的每一列可看作一个 n 维列向量，记 $\beta_j=(a_{1j},a_{2j},\cdots,a_{mj})^{\mathrm{T}}(j=1,2,\cdots,n)$，称 $\beta_1,\beta_2,\cdots,\beta_n$ 为矩阵 $\boldsymbol{A}$ 的**列向量组**. $\boldsymbol{A}$ 的列向量组的秩称为矩阵 $\boldsymbol{A}$ 的**列秩**.

可以证明：

定理 3.10 矩阵的行秩和列秩相等，都等于矩阵的秩.（证明略）

定理 3.11 若对矩阵 $\boldsymbol{A}$ 仅施以初等行变换化为矩阵 $\overline{\boldsymbol{A}}$，则 $\overline{\boldsymbol{A}}$ 的列向量组与 $\boldsymbol{A}$ 的列向量组有相同的线性关系（证明略），即当仅对 $\boldsymbol{A}$ 施以初等行变换化为 $\overline{\boldsymbol{A}}$ 时，有

（1）若 $\boldsymbol{A}$ 的列向量组 $\beta_1,\beta_2,\cdots,\beta_n$ 中，部分组 $\beta_{j_1},\beta_{j_2},\cdots,\beta_{j_s}$ 线性无关，则 $\overline{\boldsymbol{A}}$ 的列向量组 $\overline{\beta}_1,\overline{\beta}_2,\cdots,\overline{\beta}_n$ 中，对应的 $\overline{\beta}_{j_1},\overline{\beta}_{j_2},\cdots,\overline{\beta}_{j_s}$ 也线性无关，反之亦然.

（2）若 $\boldsymbol{A}$ 的列向量组 $\beta_1,\beta_2,\cdots,\beta_n$ 中，某个向量 β_j 可由 $\beta_{j_1},\beta_{j_2},\cdots,\beta_{j_s}$ 线性表示：

$$\beta_j=k_1\beta_{j_1}+k_2\beta_{j_2}+\cdots+k_s\beta_{j_s},$$

则 $\overline{A}$ 的列向量 $\overline{\beta}_1,\overline{\beta}_2,\cdots,\overline{\beta}_n$ 中,对应的向量 $\overline{\beta}_j$ 可由对应的 $\overline{\beta}_{j_1},\overline{\beta}_{j_2},\cdots,\overline{\beta}_{j_s}$ 线性表示.

利用定理 3.10 和定理 3.11,求向量组的极大无关组的问题可以化为对一个矩阵施以初等行变换求秩的问题.

例 10　设向量组

$$\alpha_1=(1,3,5,-1),\qquad \alpha_2=(2,-1,-3,4),$$
$$\alpha_3=(5,1,-1,7),\qquad \alpha_4=(7,7,9,1).$$

求此向量组的极大无关组,并把其余向量用此极大无关组线性表示.

解　设矩阵 $\boldsymbol{A}=(\alpha_1^{\mathrm{T}},\alpha_2^{\mathrm{T}},\alpha_3^{\mathrm{T}},\alpha_4^{\mathrm{T}})$,并对 $\boldsymbol{A}$ 施以初等行变换化为阶梯形.

$$\boldsymbol{A}=\begin{bmatrix}1&2&5&7\\3&-1&1&7\\5&-3&-1&9\\-1&4&7&1\end{bmatrix}\xrightarrow[r_1+r_4]{\substack{-3r_1+r_2\\-5r_1+r_3}}\begin{bmatrix}1&2&5&7\\0&-7&-14&-14\\0&-13&-26&-26\\0&6&12&8\end{bmatrix}$$

$$\xrightarrow[-\frac{1}{2}r_4]{\substack{-\frac{1}{7}r_2\\-\frac{1}{13}r_3}}\begin{bmatrix}1&2&5&7\\0&1&2&2\\0&1&2&2\\0&3&6&4\end{bmatrix}\xrightarrow{\substack{-r_2+r_3\\-3r_2+r_4}}\begin{bmatrix}1&2&5&7\\0&1&2&2\\0&0&0&0\\0&0&0&-2\end{bmatrix}\xrightarrow{\substack{r_3\leftrightarrow r_4\\-\frac{1}{2}r_3}}\begin{bmatrix}1&2&5&7\\0&1&2&2\\0&0&0&1\\0&0&0&0\end{bmatrix}.$$

由最后的阶梯形矩阵可知,$\mathrm{r}(\boldsymbol{A})=3$,即向量组 $\alpha_1,\alpha_2,\alpha_3,\alpha_4$ 的秩为 3,且 $\alpha_1,\alpha_2,\alpha_4$ 是一个极大无关组.

为求出 α_3 用极大无关组 $\alpha_1,\alpha_2,\alpha_4$ 线性表示的表达式,继续进行初等行变换,将阶梯形矩阵化为简化的阶梯形矩阵(接上面的最后一个矩阵):

$$\xrightarrow{\substack{-2r_3+r_2\\-7r_3+r_1}}\begin{bmatrix}1&2&5&0\\0&1&2&0\\0&0&0&1\\0&0&0&0\end{bmatrix}\xrightarrow{-2r_2+r_1}\begin{bmatrix}1&0&1&0\\0&1&2&0\\0&0&0&1\\0&0&0&0\end{bmatrix}.$$

最后一个矩阵的第一、二、四列均为单位向量.由此可得

$$\alpha_3=\alpha_1+2\alpha_2+0\alpha_4.$$

应注意的是,向量组的极大无关组不是惟一的.例如,在此例中,$\alpha_1,\alpha_3,\alpha_4$ 也是一个极大无关组,且

$$\alpha_2=-\frac{1}{2}\alpha_1+\frac{1}{2}\alpha_3+0\alpha_4.$$

习　题　3.4

1. 判定下列向量组是线性相关,还是线性无关:

(1) $\alpha_1=(1,0,0),\alpha_2=(1,1,0),\alpha_3=(1,1,1)$;

(2) $\alpha_1=(2,1,3),\alpha_2=(-3,1,1),\alpha_3=(1,1,-2)$;

(3) $\alpha_1=(1,0,-1,2),\alpha_2=(-1,-1,2,-4),\alpha_3=(2,3,-5,10)$.

2. 设 $\alpha_1=(1,1,1),\alpha_2=(1,2,3),\alpha_3=(1,3,t)$. 试求 t 为何值时向量组 $\alpha_1,\alpha_2,\alpha_3$ 线性相关？线性无关？

3. 证明：若 n 维向量 $\alpha\neq\boldsymbol{o}$,则仅含向量 α 的向量组线性无关.

4. 设 n 维向量组 $\alpha_1,\alpha_2,\cdots,\alpha_n$ 线性无关,证明：任一 n 维向量 β 都可以由 $\alpha_1,\alpha_2,\cdots,\alpha_n$ 线性表示.

5. 证明：若向量组 $\alpha_1,\alpha_2,\alpha_3$ 线性无关,则向量组

$$\beta_1=\alpha_1+2\alpha_2,\quad \beta_2=2\alpha_2+3\alpha_3,\quad \beta_3=3\alpha_3+\alpha_1$$

也线性无关.

6. 求下列向量组的一个极大无关组,并将其余向量用此极大无关组线性表示：

(1) $\alpha_1=(1,-2,5),\alpha_2=(3,2,-1),\alpha_3=(3,10,-17)$;

(2) $\alpha_1=(1,0,0,1),\ \alpha_2=(0,1,0,-1),\ \alpha_3=(0,0,1,-1),\alpha_4=(2,-1,3,0)$;

(3) $\alpha_1=(1,-1,2,1)^{\mathrm{T}},\alpha_2=(2,-2,4,-2)^{\mathrm{T}},\alpha_3=(3,0,6,\ -1)^{\mathrm{T}},\alpha_4=(0,3,0,-4)^{\mathrm{T}}$.

7. 已知

$$\alpha_1=(1,3,0,5),\quad \alpha_2=(1,2,1,4),$$
$$\alpha_3=(1,1,2,3),\quad \alpha_4=(1,x,3,y),$$

求 x,y 的值,使向量组 $\alpha_1,\alpha_2,\alpha_3,\alpha_4$ 的秩等于 2.

8. 设向量组

$$\alpha_1=(1,1,1,3)^{\mathrm{T}},\qquad \alpha_2=(-1,-3,5,1)^{\mathrm{T}},$$
$$\alpha_3=(3,2,-1,p+2)^{\mathrm{T}},\quad \alpha_4=(-2,-6,10,p)^{\mathrm{T}}.$$

(1) p 为何值时,该向量组线性无关？并在此时将向量 $\beta=(4,1,6,10)^{\mathrm{T}}$ 用 $\alpha_1,\alpha_2,\alpha_3,\alpha_4$ 线性表示；

(2) p 为何值时,该向量组线性相关？并在此时求出该向量组的秩及一个极大线性无关组.

*9. 设 $\boldsymbol{A},\boldsymbol{B}$ 分别为 $m\times n$ 和 $n\times s$ 矩阵,证明：$\boldsymbol{A}$ 与 $\boldsymbol{B}$ 乘积的秩不大于 $\boldsymbol{A}$ 的秩和 $\boldsymbol{B}$ 的秩. 即

$$\mathrm{r}(\boldsymbol{AB})\leqslant\min(\mathrm{r}(\boldsymbol{A}),\mathrm{r}(\boldsymbol{B})).$$

10. 单项选择题：

(1) 设向量组

$$\alpha_1=(1,t,1),\quad \alpha_2=(1,2,1),\quad \alpha_3=(1,1,t),$$

则当(　　)时,向量组 $\alpha_1,\alpha_2,\alpha_3$ 线性无关.

(A) $t=1$;　　(B) $t\neq1$;　　(C) $t=2$;　　(D) $t=3$.

(2) 向量组 $\alpha_1,\alpha_2,\cdots,\alpha_s$ $(s\geqslant2)$线性无关的充分条件是(　　).

(A) $\alpha_1,\alpha_2,\cdots,\alpha_s$ 都不是零向量；

(B) 有一组数 $k_1=k_2=\cdots=k_s=0$,使得 $k_1\alpha_1+k_2\alpha_2+\cdots+k_s\alpha_s=0$;

(C) $\alpha_1,\alpha_2,\cdots,\alpha_s$ 中任意一个向量都不能由其余 $s-1$ 个向量线性表示；

(D) $\alpha_1,\alpha_2,\cdots,\alpha_s$ 中有一部分向量线性无关.

(3) 向量组 $\alpha_1,\alpha_2,\cdots,\alpha_s$ 线性相关的充分必要条件是(　　).

(A) $\alpha_1,\alpha_2,\cdots,\alpha_s$ 中至少有一个是零向量；

(B) $\alpha_1,\alpha_2,\cdots,\alpha_s$ 中至少有一个向量可由其余 $s-1$ 个向量线性表示；

(C) $\alpha_1,\alpha_2,\cdots,\alpha_s$ 中至少有两个向量的对应分量成比例；

(D) $\alpha_1,\alpha_2,\cdots,\alpha_s$ 中的任一部分组线性相关.

(4) 设 $\boldsymbol{A}$ 为 n 阶矩阵，$\mathrm{r}(\boldsymbol{A})=r<n$，则在 $\boldsymbol{A}$ 的行向量组中(　　).

(A) 任意 r 个行向量线性无关；

(B) 任一行向量可由其他 r 个行向量线性表示；

(C) 任意 $r-1$ 个行向量线性无关；

(D) 必有 r 个行向量线性无关.

(5) 设 $\boldsymbol{A}$ 是 n 阶矩阵，且 $\det\boldsymbol{A}=0$，则(　　).

(A) $\boldsymbol{A}$ 的列秩等于零；

(B) $\boldsymbol{A}$ 中必有两个列向量对应分量成比例；

(C) $\boldsymbol{A}$ 中必有一列向量可由其他列向量线性表示；

(D) $\boldsymbol{A}$ 的任一列向量可由其他列向量线性表示.

(6) 设 $\boldsymbol{A}$ 为 $m\times n$ 矩阵，$\boldsymbol{B}$ 为 $n\times m$ 矩阵，则(　　).

(A) 当 $m>n$ 时，必有 $\det(\boldsymbol{AB})=0$；　(B) 当 $m>n$ 时，必有 $\det(\boldsymbol{AB})\neq 0$；

(C) 当 $n>m$ 时，必有 $\det(\boldsymbol{AB})=0$；　(D) 当 $n>m$ 时，必有 $\det(\boldsymbol{AB})\neq 0$.

§3.5　线性方程组解的结构

线性方程组 $\boldsymbol{AX}=\boldsymbol{b}$ 可能无解；也可能有解. 在有解的情况下，可能有惟一解，也可能有无穷多解. 在线性方程组有无穷多组解时，这些解之间有何种关系？能否用有限多个解来表示这无穷多解？这将是本节需讨论的问题.

一、齐次线性方程组解的结构

齐次线性方程组(3.7)的矩阵形式为

$$\boldsymbol{AX}=\boldsymbol{o},$$

其中 $\boldsymbol{A}=(a_{ij})$ 为 $m\times n$ 矩阵，$\boldsymbol{X}=(x_1,x_2,\cdots,x_n)^{\mathrm{T}}$.

若齐次方程组 $\boldsymbol{AX}=\boldsymbol{o}$ 的解为 $x_1=k_1,x_2=k_2,\cdots,x_n=k_n$，记 $\boldsymbol{\eta}=(k_1,k_2,\cdots,k_n)^{\mathrm{T}}$，则可用向量 $\boldsymbol{X}=\boldsymbol{\eta}=(k_1,k_2,\cdots,k_n)^{\mathrm{T}}$ 表示方程组的解，$\boldsymbol{\eta}$ 称为方程组 $\boldsymbol{AX}=\boldsymbol{o}$ 的**解(向量)**.

齐次方程组 $\boldsymbol{AX}=\boldsymbol{o}$ 的解具有下述性质：

性质 1　若 $\boldsymbol{\eta}_1,\boldsymbol{\eta}_2$ 是齐次线性方程组 $\boldsymbol{AX}=\boldsymbol{o}$ 的解，则 $\boldsymbol{\eta}_1+\boldsymbol{\eta}_2$ 也是方程组的解.

证　由已知条件，有

$$\boldsymbol{A\eta}_1=\boldsymbol{o},\quad \boldsymbol{A\eta}_2=\boldsymbol{o},$$

所以

$$\boldsymbol{A}(\boldsymbol{\eta}_1+\boldsymbol{\eta}_2)=\boldsymbol{A\eta}_1+\boldsymbol{A\eta}_2=\boldsymbol{o}+\boldsymbol{o}=\boldsymbol{o},$$

即 $\boldsymbol{\eta}_1+\boldsymbol{\eta}_2$ 也是方程组 $\boldsymbol{AX}=\boldsymbol{o}$ 的解.

性质 2　若 $\boldsymbol{\eta}_1,\boldsymbol{\eta}_2,\cdots,\boldsymbol{\eta}_s$ 是齐次线性方程组 $\boldsymbol{AX}=\boldsymbol{o}$ 的解，则它们的任一线性组合 $c_1\boldsymbol{\eta}_1+c_2\boldsymbol{\eta}_2+\cdots+c_s\boldsymbol{\eta}_s$ 也是方程组的解，其中，$c_1,c_2,\cdots,c_s$ 为任意常数.

证　根据已知条件，有

$$\boldsymbol{A\eta}_j=\boldsymbol{o}\quad(j=1,2,\cdots,s),$$

于是，对任意常数 $c_1,c_2,\cdots,c_s$，有

$$\boldsymbol{A}(c_1\boldsymbol{\eta}_1+c_2\boldsymbol{\eta}_2+\cdots+c_s\boldsymbol{\eta}_s)=c_1\boldsymbol{A}\boldsymbol{\eta}_1+c_2\boldsymbol{A}\boldsymbol{\eta}_2+\cdots+c_s\boldsymbol{A}\boldsymbol{\eta}_s=\boldsymbol{o},$$

即 $\boldsymbol{\eta}_1,\boldsymbol{\eta}_2,\cdots,\boldsymbol{\eta}_s$ 的任一线性组合也是方程组的解.

由上述性质可知，如果齐次线性方程组 $\boldsymbol{AX}=\boldsymbol{o}$ 有非零解，则它必有无穷多解. 在这无穷多解中是否可以找到有限个解 $\boldsymbol{\eta}_1,\boldsymbol{\eta}_2,\cdots,\boldsymbol{\eta}_s$，使方程组 $\boldsymbol{AX}=\boldsymbol{o}$ 的任意一个解都可以由 $\boldsymbol{\eta}_1,\boldsymbol{\eta}_2,\cdots,\boldsymbol{\eta}_s$ 线性表示呢？为解决这一问题，首先引入

定义 3.8 若 $\boldsymbol{\eta}_1,\boldsymbol{\eta}_2,\cdots,\boldsymbol{\eta}_s$ 是齐次线性方程组 $\boldsymbol{AX}=\boldsymbol{o}$ 的解向量组的一个极大无关组，则称 $\boldsymbol{\eta}_1,\boldsymbol{\eta}_2,\cdots,\boldsymbol{\eta}_s$ 是该方程组的一个**基础解系**.

根据定义 3.8，齐次线性方程组的基础解系 $\boldsymbol{\eta}_1,\boldsymbol{\eta}_2,\cdots,\boldsymbol{\eta}_s$ 一定线性无关，且方程组的任意一个解都可以表示为 $\boldsymbol{\eta}_1,\boldsymbol{\eta}_2,\cdots,\boldsymbol{\eta}_s$ 的线性组合.

定理 3.12 设齐次线性方程组 $\boldsymbol{AX}=\boldsymbol{o}$ 的系数矩阵的秩 $\mathrm{r}(\boldsymbol{A})=r<n$，则方程组 $\boldsymbol{AX}=\boldsymbol{o}$ 有基础解系，并且它的任一基础解系中所含解向量的个数为 $n-r$.（证明略）

当方程组 $\boldsymbol{AX}=\boldsymbol{o}$ 的系数矩阵的秩 $\mathrm{r}(\boldsymbol{A})=n$（未知量个数）时，方程组 $\boldsymbol{AX}=\boldsymbol{o}$ 仅有零解. 这时齐次方程组 $\boldsymbol{AX}=\boldsymbol{o}$ 不存在基础解系.

当方程组 $\boldsymbol{AX}=\boldsymbol{o}$ 的系数矩阵的秩 $\mathrm{r}(\boldsymbol{A})=r<n$ 时，则可求出其基础解系 $\boldsymbol{\eta}_1,\boldsymbol{\eta}_2,\cdots,\boldsymbol{\eta}_{n-r}$，且方程组的任意一个解 $\boldsymbol{\eta}$ 可写为

$$\boldsymbol{X}=\boldsymbol{\eta}=c_1\boldsymbol{\eta}_1+c_2\boldsymbol{\eta}_2+\cdots+c_{n-r}\boldsymbol{\eta}_{n-r}\quad(c_1,c_2,\cdots,c_{n-r}\text{ 为任意数}).$$

齐次线性方程组解的这种表示，称为方程组的**全部解**（或**一般解**（向量形式））.

齐次线性方程组的基础解系和全部解的求法，我们举例说明.

例 1 求齐次线性方程组

$$\begin{cases}x_1+2x_2-x_3-2x_4=0,\\2x_1-x_2-x_3+x_4=0,\\3x_1+x_2-2x_3-x_4=0\end{cases}$$

的全部解，并用其基础解系表示.

解 对方程组的系数矩阵施以初等行变换，化为简化阶梯形矩阵：

$$\boldsymbol{A}=\begin{bmatrix}1&2&-1&-2\\2&-1&-1&1\\3&1&-2&-1\end{bmatrix}\xrightarrow[-3r_1+r_3]{-2r_1+r_2}\begin{bmatrix}1&2&-1&-2\\0&-5&1&5\\0&-5&1&5\end{bmatrix}$$

$$\xrightarrow[-\frac{1}{5}r_2]{-r_2+r_3}\begin{bmatrix}1&2&-1&-2\\0&1&-1/5&-1\\0&0&0&0\end{bmatrix}\xrightarrow{-2r_2+r_1}\begin{bmatrix}1&0&-3/5&0\\0&1&-1/5&-1\\0&0&0&0\end{bmatrix},$$

所以，$\mathrm{r}(\boldsymbol{A})=2<4$，方程组必有基础解系. 由此又得到原方程组的同解方程组

$$\begin{cases}x_1=\dfrac{3}{5}x_3,\\[2mm]x_2=\dfrac{1}{5}x_3+x_4.\end{cases}$$

在此方程组中,分别取自由未知量 $x_3=1,x_4=0$ 和 $x_3=0,x_4=1$,就可以得到原方程组的两个解向量

$$\boldsymbol{\eta}_1=\begin{bmatrix}3/5\\1/5\\1\\0\end{bmatrix}\quad 和\quad \boldsymbol{\eta}_2=\begin{bmatrix}0\\1\\0\\1\end{bmatrix},$$

这两个向量是线性无关的.实际上,由 $\boldsymbol{\eta}_1,\boldsymbol{\eta}_2$ 构成的矩阵

$$(\boldsymbol{\eta}_1,\boldsymbol{\eta}_2)=\begin{bmatrix}3/5&0\\1/5&1\\1&0\\0&1\end{bmatrix}$$

中有二阶子式 $\begin{vmatrix}1&0\\0&1\end{vmatrix}=1\neq0$,所以 $\mathrm{r}(\boldsymbol{\eta}_1,\boldsymbol{\eta}_2)=2$,故 $\boldsymbol{\eta}_1,\boldsymbol{\eta}_2$ 线性无关.根据定理 3.12,$\boldsymbol{\eta}_1,\boldsymbol{\eta}_2$ 就是方程组的一个基础解系.于是方程组的全部解为

$$\boldsymbol{X}=\begin{bmatrix}x_1\\x_2\\x_3\\x_4\end{bmatrix}=c_1\boldsymbol{\eta}_1+c_2\boldsymbol{\eta}_2=c_1\begin{bmatrix}3/5\\1/5\\1\\0\end{bmatrix}+c_2\begin{bmatrix}0\\1\\0\\1\end{bmatrix}\quad(c_1,c_2\text{ 为任意常数}).$$

应注意,若选择不同的自由未知量,可以得到另一个基础解系,从而得到全部解的另一表达式.如本例中,若选取 x_2,x_4 为自由未知量,则

$$\boldsymbol{A}=\begin{bmatrix}1&2&-1&-2\\2&-1&-1&1\\3&1&-2&-1\end{bmatrix}\xrightarrow[-3r_1+r_3]{-2r_1+r_2}\begin{bmatrix}1&2&-1&-2\\0&-5&1&5\\0&-5&1&5\end{bmatrix}\xrightarrow{-r_2+r_3}\begin{bmatrix}1&-3&0&3\\0&-5&1&5\\0&0&0&0\end{bmatrix}.$$

由此得到原方程组的同解方程组

$$\begin{cases}x_1=3x_2-3x_4,\\x_3=5x_2-5x_4,\end{cases}$$

分别取自由未知量 $x_2=1,x_4=0$ 和 $x_2=0,x_4=1$,可得方程组的另一基础解系

$$\boldsymbol{\eta}_1'=\begin{bmatrix}3\\1\\5\\0\end{bmatrix},\quad \boldsymbol{\eta}_2'=\begin{bmatrix}-3\\0\\-5\\1\end{bmatrix},$$

方程组的全部解为

$$\boldsymbol{X}=\begin{bmatrix}x_1\\x_2\\x_3\\x_4\end{bmatrix}=c_1\boldsymbol{\eta}_1'+c_2\boldsymbol{\eta}_2'=c_1\begin{bmatrix}3\\1\\5\\0\end{bmatrix}+c_2\begin{bmatrix}-3\\0\\-5\\1\end{bmatrix}\quad(c_1,c_2\text{ 为任意常数}).$$

可以验证，方程组解的两种不同表达式是等价的.

例 2 求齐次线性方程组

$$\begin{cases}2x_1-4x_2+5x_3+3x_4=0,\\3x_1-6x_2+4x_3+2x_4=0,\\4x_1-8x_2+17x_3+11x_4=0\end{cases}$$

的全部解，并用其基础解系表示.

解 对方程组的系数矩阵施以初等行变换，化为简化阶梯形矩阵：

$$A=\begin{bmatrix}2&-4&5&3\\3&-6&4&2\\4&-8&17&11\end{bmatrix}\xrightarrow{-r_2+r_1}\begin{bmatrix}-1&2&1&1\\3&-6&4&2\\4&-8&17&11\end{bmatrix}$$

$$\xrightarrow[\substack{4r_1+r_3\\-r_1}]{3r_1+r_2}\begin{bmatrix}1&-2&-1&-1\\0&0&7&5\\0&0&21&15\end{bmatrix}\xrightarrow[\frac{1}{7}r_2]{-3r_2+r_3}\begin{bmatrix}1&-2&-1&-1\\0&0&1&\frac{5}{7}\\0&0&0&0\end{bmatrix}$$

$$\xrightarrow{r_2+r_1}\begin{bmatrix}1&-2&0&-\frac{2}{7}\\0&0&1&\frac{5}{7}\\0&0&0&0\end{bmatrix},$$

由此得到原方程组的同解方程组

$$\begin{cases}x_1=2x_2+\dfrac{2}{7}x_4,\\x_3=-\dfrac{5}{7}x_4.\end{cases}$$

分别取自由未知量 $x_2=1,x_4=0$ 和 $x_2=0,x_4=1$，得方程组的基础解系

$$\boldsymbol{\eta}_1=\begin{bmatrix}2\\1\\0\\0\end{bmatrix},\quad\boldsymbol{\eta}_2=\begin{bmatrix}2/7\\0\\-5/7\\1\end{bmatrix},$$

方程组的全部解为

$$\boldsymbol{X}=\begin{bmatrix}x_1\\x_2\\x_3\\x_4\end{bmatrix}=c_1\boldsymbol{\eta}_1+c_2\boldsymbol{\eta}_2=c_1\begin{bmatrix}2\\1\\0\\0\end{bmatrix}+c_2\begin{bmatrix}2/7\\0\\-5/7\\1\end{bmatrix}\quad(c_1,c_2\text{ 为任意常数}).$$

一般，对于齐次线性方程组

$$\begin{cases} a_{11}x_1 + a_{12}x_2 + \cdots + a_{1n}x_n = 0, \\ a_{21}x_1 + a_{22}x_2 + \cdots + a_{2n}x_n = 0, \\ \cdots\cdots\cdots\cdots\cdots\cdots\cdots\cdots \\ a_{m1}x_1 + a_{m2}x_2 + \cdots + a_{mn}x_n = 0, \end{cases}$$

可按以下步骤求其基础解系和全部解：

(1) 对系数矩阵 $\boldsymbol{A}$ 施以初等行变换化为简化的阶梯形矩阵. 不妨设

$$\boldsymbol{A}=\begin{bmatrix} a_{11} & a_{12} & \cdots & a_{1n} \\ a_{21} & a_{22} & \cdots & a_{2n} \\ \vdots & \vdots & & \vdots \\ a_{m1} & a_{m2} & \cdots & a_{mn} \end{bmatrix} \longrightarrow \begin{bmatrix} 1 & 0 & \cdots & 0 & \bar{a}_{1\,r+1} & \cdots & \bar{a}_{1n} \\ 0 & 1 & \cdots & 0 & \bar{a}_{2\,r+1} & \cdots & \bar{a}_{2n} \\ \vdots & \vdots & & \vdots & \vdots & & \vdots \\ 0 & 0 & \cdots & 1 & \bar{a}_{r\,r+1} & \cdots & \bar{a}_{rn} \\ 0 & 0 & \cdots & 0 & 0 & \cdots & 0 \\ \vdots & \vdots & & \vdots & \vdots & & \vdots \\ 0 & 0 & \cdots & 0 & 0 & \cdots & 0 \end{bmatrix}.$$

(2) 由步骤(1)得到原方程组的同解方程组

$$\begin{cases} x_1 = -\bar{a}_{1r+1}x_{r+1} - \cdots - \bar{a}_{1n}x_n, \\ x_2 = -\bar{a}_{2r+1}x_{r+1} - \cdots - \bar{a}_{2n}x_n, \\ \cdots\cdots\cdots\cdots\cdots\cdots\cdots\cdots \\ x_r = -\bar{a}_{rr+1}x_{r+1} - \cdots - \bar{a}_{rn}x_n, \end{cases}$$

其中 $x_{r+1},\cdots,x_n$ 为自由未知量($n-r$ 个).

(3) 令自由未知量分别取

$$\begin{bmatrix} x_{r+1} \\ x_{r+2} \\ \vdots \\ x_n \end{bmatrix} = \begin{bmatrix} 1 \\ 0 \\ \vdots \\ 0 \end{bmatrix}, \begin{bmatrix} 0 \\ 1 \\ \vdots \\ 0 \end{bmatrix}, \cdots, \begin{bmatrix} 0 \\ 0 \\ \vdots \\ 1 \end{bmatrix} \quad (\text{共 } n-r \text{ 个}),$$

得方程组的基础解系

$$\boldsymbol{\eta}_1 = \begin{bmatrix} -\bar{a}_{1r+1} \\ -\bar{a}_{2r+1} \\ \vdots \\ -\bar{a}_{rr+1} \\ 1 \\ 0 \\ \vdots \\ 0 \end{bmatrix}, \quad \boldsymbol{\eta}_2 = \begin{bmatrix} -\bar{a}_{1r+2} \\ -\bar{a}_{2r+2} \\ \vdots \\ -\bar{a}_{rr+2} \\ 0 \\ 1 \\ \vdots \\ 0 \end{bmatrix}, \quad \cdots, \quad \boldsymbol{\eta}_{n-r} = \begin{bmatrix} -\bar{a}_{1n} \\ -\bar{a}_{2n} \\ \vdots \\ -\bar{a}_{rn} \\ 0 \\ 0 \\ \vdots \\ 1 \end{bmatrix}.$$

(4) 得原方程组的全部解为

$$X=c_1\eta_1+c_2\eta_2+\cdots+c_{n-r}\eta_{n-r}\quad (c_1,c_2,\cdots,c_{n-r}\text{为任意常数}).$$

例 3　设 $m\times n$ 矩阵 $\boldsymbol{A}$ 与 $n\times s$ 矩阵 $\boldsymbol{B}$ 满足 $\boldsymbol{AB}=\boldsymbol{O}$,求证：$\mathrm{r}(\boldsymbol{A})+\mathrm{r}(\boldsymbol{B})\leqslant n$.

证　设 $\mathrm{r}(\boldsymbol{A})=r<n$,故以 $\boldsymbol{A}$ 为系数矩阵的 n 元齐次线性方程组

$$\boldsymbol{AX}=\boldsymbol{o}$$

存在基础解系,且基础解系由 $n-r$ 个线性无关的解向量组成,即方程组 $\boldsymbol{AX}=\boldsymbol{o}$ 解向量组的秩为 $n-r$.

又由条件 $\boldsymbol{AB}=\boldsymbol{O}$,将 $\boldsymbol{B}$ 按列分块为

$$\boldsymbol{B}=(\boldsymbol{\beta}_1,\boldsymbol{\beta}_2,\cdots,\boldsymbol{\beta}_s),$$

其中 $\boldsymbol{\beta}_j$ 为 $\boldsymbol{B}$ 的第 j 个列向量,$j=1,2,\cdots,s$. 则由分块矩阵的乘法

$$\boldsymbol{AB}=\boldsymbol{A}(\boldsymbol{\beta}_1,\boldsymbol{\beta}_2,\cdots,\boldsymbol{\beta}_s)=(\boldsymbol{A\beta}_1,\boldsymbol{A\beta}_2,\cdots,\boldsymbol{A\beta}_s)=(\boldsymbol{o},\boldsymbol{o},\cdots,\boldsymbol{o}),$$

即

$$\boldsymbol{A\beta}_j=\boldsymbol{o}\ (j=1,2,\cdots,s),$$

这表明矩阵 $\boldsymbol{B}$ 的每一个列向量,都是齐次线性方程组 $\boldsymbol{AX}=\boldsymbol{o}$ 的解. 作为方程组的 s 个解,可知 $\mathrm{r}(\boldsymbol{\beta}_1,\boldsymbol{\beta}_2,\cdots,\boldsymbol{\beta}_s)\leqslant n-r$,即

$$\mathrm{r}(\boldsymbol{B})\leqslant n-\mathrm{r}(\boldsymbol{A})\quad\text{或}\quad(\boldsymbol{A})+(\boldsymbol{B})\leqslant n.$$

若 $\mathrm{r}(\boldsymbol{A})=n$,则方程组 $\boldsymbol{AX}=\boldsymbol{o}$ 仅有零解,由 $\boldsymbol{AB}=\boldsymbol{O}$ 可得 $\boldsymbol{B}=\boldsymbol{O}$,故 $\mathrm{r}(\boldsymbol{B})=0$. 此时

$$\mathrm{r}(\boldsymbol{A})+\mathrm{r}(\boldsymbol{B})=n.$$

本题的结论可作为定理应用.

二、非齐次线性方程组解的结构

非齐次线性方程组(3.5)的矩阵形式为

$$\boldsymbol{AX}=\boldsymbol{b},$$

其中 $\boldsymbol{A}=(a_{ij})$ 为 $m\times n$ 矩阵,$\boldsymbol{X}=(x_1,x_2,\cdots,x_n)^{\mathrm{T}}$,$\boldsymbol{b}=(b_1,b_2,\cdots,b_m)^{\mathrm{T}}$,对应的齐次线性方程组

$$\boldsymbol{AX}=\boldsymbol{o},$$

称为非齐次线性方程组的**导出组**. 非齐次线性方程组 $\boldsymbol{AX}=\boldsymbol{b}$ 的解与其导出组 $\boldsymbol{AX}=\boldsymbol{o}$ 的解之间具有下述性质：

性质 1　若 $\boldsymbol{\xi}$ 是非齐次线性方程组 $\boldsymbol{AX}=\boldsymbol{b}$ 的一个解,$\boldsymbol{\eta}$ 是其导出组 $\boldsymbol{AX}=\boldsymbol{o}$ 的一个解,则 $\boldsymbol{\xi}+\boldsymbol{\eta}$ 是方程组 $\boldsymbol{AX}=\boldsymbol{b}$ 的解

证　由已知条件,有 $\boldsymbol{A\xi}=\boldsymbol{b}$,$\boldsymbol{A\eta}=\boldsymbol{o}$,所以

$$\boldsymbol{A}(\boldsymbol{\xi}+\boldsymbol{\eta})=\boldsymbol{A\xi}+\boldsymbol{A\eta}=\boldsymbol{b}+\boldsymbol{o}=\boldsymbol{b},$$

即 $\boldsymbol{\xi}+\boldsymbol{\eta}$ 仍为方程组 $\boldsymbol{AX}=\boldsymbol{b}$ 的解.

性质 2　若 $\boldsymbol{\xi}_1,\boldsymbol{\xi}_2$ 是非齐次方程组 $\boldsymbol{AX}=\boldsymbol{b}$ 的两个解,则 $\boldsymbol{\xi}_1-\boldsymbol{\xi}_2$ 是其导出组 $\boldsymbol{AX}=\boldsymbol{o}$ 的解.

性质 2 的证明类似于性质 1,请读者自证.

性质 3　若 $\boldsymbol{\xi}_0$ 是非齐次线性方程组 $\boldsymbol{AX}=\boldsymbol{b}$ 的一个解,$\boldsymbol{\eta}$ 是其导出组 $\boldsymbol{AX}=\boldsymbol{o}$ 的全部解,

则方程组 $\boldsymbol{AX}=\boldsymbol{b}$ 的全部解为

$$\boldsymbol{X}=\xi_0+\eta,$$

其中 ξ_0 称为方程组 $\boldsymbol{AX}=\boldsymbol{b}$ 的一个**特解**.

***证** 根据性质 1，$\boldsymbol{X}=\xi_0+\eta$ 一定是方程组 $\boldsymbol{AX}=\boldsymbol{b}$ 的解. 我们只需证明：方程组 $\boldsymbol{AX}=\boldsymbol{b}$ 的任意一个解 $\boldsymbol{X}^*$ 必为 ξ_0 与其导出组的某一个解 η^* 的和. 令

$$\eta^*=\boldsymbol{X}^*-\xi_0.$$

由性质 2，η^* 必为导出组 $\boldsymbol{AX}=\boldsymbol{o}$ 的一个解. 于是

$$\boldsymbol{X}^*=\xi_0+\eta^*,$$

即非齐次线性方程组 $\boldsymbol{AX}=\boldsymbol{b}$ 的任意一个解都是其一个特解 ξ_0 与其导出组的某一个解 η^* 之和.

根据性质 3,要求非齐次线性方程组的全部解,可先求导出组 $\boldsymbol{AX}=\boldsymbol{o}$ 的一个基础解系 $\eta_1,\eta_2,\cdots,\eta_{n-r}$,得到导出组 $\boldsymbol{AX}=\boldsymbol{o}$ 的全部解

$$\eta=c_1\eta_1+c_2\eta_2+\cdots+c_{n-r}\eta_{n-r}\quad(c_1,c_2,\cdots,c_{n-r}\text{ 为任意常数}),$$

于是,非齐次线性方程组 $\boldsymbol{AX}=\boldsymbol{b}$ 的全部解为

$$\boldsymbol{X}=\xi_0+\eta=\xi_0+c_1\eta_1+c_2\eta_2+\cdots+c_{n-r}\eta_{n-r},$$

其中 ξ_0 为方程 $\boldsymbol{AX}=\boldsymbol{b}$ 的特解，$c_1,c_2,\cdots,c_{n-r}$为任意常数.

例 3 求线性方程组

$$\begin{cases}x_1+x_2-2x_3+4x_4=0,\\2x_1+5x_2-4x_3+11x_4=-3,\\x_1+2x_2-2x_3+5x_4=-1\end{cases}$$

的全部解,并利用其导出组的基础解系表示.

解 对方程组的增广矩阵施以初等行变换化为简化的阶梯形矩阵：

$$(\boldsymbol{A}\,\vdots\,\boldsymbol{b})=\left[\begin{array}{cccc:c}1&1&-2&4&0\\2&5&-4&11&-3\\1&2&-2&5&-1\end{array}\right]\xrightarrow[-r_1+r_3]{-2r_1+r_2}\left[\begin{array}{cccc:c}1&1&-2&4&0\\0&3&0&3&-3\\0&1&0&1&-1\end{array}\right]$$

$$\xrightarrow[-r_2+r_3]{\frac{1}{3}r_2}\left[\begin{array}{cccc:c}1&1&-2&4&0\\0&1&0&1&-1\\0&0&0&0&0\end{array}\right]\xrightarrow{-r_2+r_1}\left[\begin{array}{cccc:c}1&0&-2&3&1\\0&1&0&1&-1\\0&0&0&0&0\end{array}\right],$$

取 x_3,x_4 为自由未知量,原方程组的同解方程组为

$$\begin{cases}x_1=1+2x_3-3x_4,\\x_2=-1-x_4.\end{cases}$$

令 $x_3=0,x_4=0$,得方程组的一个特解

$$\xi_0=(1,-1,0,0)^{\mathrm{T}}.$$

与原方程组的导出组同解的方程组为

$$\begin{cases} x_1 = 2x_3 - 3x_4, \\ x_2 = -x_4. \end{cases}$$

令自由未知量$\begin{bmatrix} x_3 \\ x_4 \end{bmatrix}$分别取$\begin{bmatrix} 1 \\ 0 \end{bmatrix}$,$\begin{bmatrix} 0 \\ 1 \end{bmatrix}$,得导出组的一个基础解系

$$\boldsymbol{\eta}_1 = \begin{bmatrix} 2 \\ 0 \\ 1 \\ 0 \end{bmatrix}, \quad \boldsymbol{\eta}_2 = \begin{bmatrix} -3 \\ -1 \\ 0 \\ 1 \end{bmatrix},$$

于是,原方程组的全部解为 $\boldsymbol{X} = \boldsymbol{\xi}_0 + c_1\boldsymbol{\eta}_1 + c_2\boldsymbol{\eta}_2$,即

$$\boldsymbol{X} = \begin{bmatrix} x_1 \\ x_2 \\ x_3 \\ x_4 \end{bmatrix} = \begin{bmatrix} 1 \\ -1 \\ 0 \\ 0 \end{bmatrix} + c_1 \begin{bmatrix} 2 \\ 0 \\ 1 \\ 0 \end{bmatrix} + c_2 \begin{bmatrix} -3 \\ -1 \\ 0 \\ 1 \end{bmatrix} \quad (c_1, c_2 \text{ 为任意常数}).$$

例 4 求线性方程组

$$\begin{cases} x_1 \quad\quad + x_3 - x_4 = -3, \\ 3x_1 + x_2 + x_3 \quad\quad = 1, \\ 7x_1 \quad\quad + 7x_3 - 3x_4 = 3 \end{cases}$$

的全部解,并利用其导出组的基础解系表示.

解 对方程组的增广矩阵施以初等行变换化为简化的阶梯形矩阵:

$$(\boldsymbol{A} \vdots \boldsymbol{b}) = \left[\begin{array}{cccc:c} 1 & 0 & 1 & -1 & -3 \\ 3 & 1 & 1 & 0 & 1 \\ 7 & 0 & 7 & -3 & 3 \end{array}\right] \xrightarrow[-7r_1 + r_3]{-3r_1 + r_2} \left[\begin{array}{cccc:c} 1 & 0 & 1 & -1 & -3 \\ 0 & 1 & -2 & 3 & 10 \\ 0 & 0 & 0 & 4 & 24 \end{array}\right]$$

$$\xrightarrow{\frac{1}{4}r_3} \left[\begin{array}{cccc:c} 1 & 0 & 1 & -1 & -3 \\ 0 & 1 & -2 & 3 & 10 \\ 0 & 0 & 0 & 1 & 6 \end{array}\right] \xrightarrow[-3r_3 + r_2]{r_3 + r_1} \left[\begin{array}{cccc:c} 1 & 0 & 1 & 0 & 3 \\ 0 & 1 & -2 & 0 & -8 \\ 0 & 0 & 0 & 1 & 6 \end{array}\right].$$

取 x_3 为自由未知量,原方程组的同解方程组为

$$\begin{cases} x_1 = 3 - x_3, \\ x_2 = -8 + 2x_3, \\ x_4 = 6. \end{cases}$$

令自由未知量 $x_3 = 0$,得方程组的一个特解

$$\boldsymbol{\xi}_0 = (3, -8, 0, 6)^{\mathrm{T}}.$$

与原方程组的导出组同解的方程组为

$$\begin{cases} x_1 = -x_3, \\ x_2 = 2x_3, \\ x_4 = 0. \end{cases}$$

令自由未知量 $x_3=1$,得基础解系

$$\boldsymbol{\eta} = (-1,2,1,0)^{\mathrm{T}}.$$

所以方程组的全部解为 $\boldsymbol{X}=\boldsymbol{\xi}_0+c\boldsymbol{\eta}$,即

$$\boldsymbol{X} = \begin{bmatrix} x_1 \\ x_2 \\ x_3 \\ x_4 \end{bmatrix} = \begin{bmatrix} 3 \\ -8 \\ 0 \\ 6 \end{bmatrix} + c\begin{bmatrix} -1 \\ 2 \\ 1 \\ 0 \end{bmatrix} \quad (c\ \text{为任意常数}).$$

例 5 设线性方程组

$$\begin{cases} \lambda x_1 + x_2 + x_3 = \lambda - 3, \\ x_1 + \lambda x_2 + x_3 = -2, \\ x_1 + x_2 + \lambda x_3 = -2. \end{cases}$$

试讨论 λ 为何值时,方程组无解?有惟一解?有无穷多解?在方程组有无穷多解时,用其导出组的基础解系表示全部解.

解 对方程组的增广矩阵施以初等行变换化为阶梯形矩阵:

$$(\boldsymbol{A} \vdots \boldsymbol{b}) = \left[\begin{array}{ccc:c} \lambda & 1 & 1 & \lambda-3 \\ 1 & \lambda & 1 & -2 \\ 1 & 1 & \lambda & -2 \end{array}\right] \xrightarrow[\substack{-r_1+r_2 \\ -\lambda r_1+r_3}]{r_1 \leftrightarrow r_3} \left[\begin{array}{ccc:c} 1 & 1 & \lambda & -2 \\ 0 & \lambda-1 & 1-\lambda & 0 \\ 0 & 1-\lambda & 1-\lambda^2 & 3(\lambda-1) \end{array}\right]$$

$$\xrightarrow{r_2+r_3} \left[\begin{array}{ccc:c} 1 & 1 & \lambda & -2 \\ 0 & \lambda-1 & 1-\lambda & 0 \\ 0 & 0 & -(\lambda+2)(\lambda-1) & 3(\lambda-1) \end{array}\right].$$

由此可得:

(1) 当 $\lambda=-2$ 时,$\mathrm{r}(\boldsymbol{A})=2$,$\mathrm{r}(\boldsymbol{A}\quad\boldsymbol{b})=3$,原方程组无解.

(2) 当 $\lambda\neq-2$,且 $\lambda\neq1$ 时,$\mathrm{r}(\boldsymbol{A})=\mathrm{r}(\boldsymbol{A}\quad\boldsymbol{b})=3$,原方程组有惟一解.

(3) 当 $\lambda=1$,$\mathrm{r}(\boldsymbol{A})=\mathrm{r}(\boldsymbol{A}\quad\boldsymbol{b})=1$,方程组有无穷多解.上面的阶梯形矩阵化为

$$\left[\begin{array}{ccc:c} 1 & 1 & 1 & -2 \\ 0 & 0 & 0 & 0 \\ 0 & 0 & 0 & 0 \end{array}\right].$$

原方程组的同解方程组为

$$x_1 = -2 - x_2 - x_3,$$

取自由未知量 $x_2=x_3=0$,得方程组的一个特解 $\boldsymbol{\xi}_0=(-2,0,0)^{\mathrm{T}}$.

原方程组的导出组与方程组

$$x_1 = -x_2 - x_3$$

同解. 取自由未知量$\begin{bmatrix} x_2 \\ x_3 \end{bmatrix}$分别为$\begin{bmatrix} 1 \\ 0 \end{bmatrix}$，$\begin{bmatrix} 0 \\ 1 \end{bmatrix}$，可得导出组的一个基础解系

$$\boldsymbol{\eta}_1 = \begin{bmatrix} -1 \\ 1 \\ 0 \end{bmatrix}, \quad \boldsymbol{\eta}_2 = \begin{bmatrix} -1 \\ 0 \\ 1 \end{bmatrix},$$

于是，原方程组的全部解为 $\boldsymbol{X} = \boldsymbol{\xi}_0 + c_1\boldsymbol{\eta}_1 + c_2\boldsymbol{\eta}_2$，即

$$\boldsymbol{X} = \begin{bmatrix} x_1 \\ x_2 \\ x_3 \end{bmatrix} = \begin{bmatrix} -2 \\ 0 \\ 0 \end{bmatrix} + c_1 \begin{bmatrix} -1 \\ 1 \\ 0 \end{bmatrix} + c_2 \begin{bmatrix} -1 \\ 0 \\ 1 \end{bmatrix} \quad (c_1, c_2 \text{ 为任意常数}).$$

习 题 3.5

1. 求下列齐次线性方程组的一个基础解系和全部解，并用此基础解系表示全部解：

(1) $\begin{cases} 2x_1 + x_2 + x_4 = 0, \\ x_1 - x_3 + x_4 = 0; \end{cases}$

(2) $\begin{cases} x_1 + x_2 - x_3 + x_4 = 0, \\ x_1 - x_2 + 2x_3 - x_4 = 0, \\ 3x_1 + x_2 + x_4 = 0; \end{cases}$

(3) $\begin{cases} x_1 + x_2 + x_3 + x_4 + x_5 = 0, \\ 3x_1 + 2x_2 + x_3 + x_4 - 3x_5 = 0, \\ x_2 + 2x_3 + 2x_4 + 6x_5 = 0, \\ 5x_1 + 4x_2 + 3x_3 + 3x_4 - x_5 = 0. \end{cases}$

2. 求下列非齐次线性方程组的全部解，并用其导出组的基础解系表示：

(1) $\begin{cases} x_1 + 2x_2 + 3x_4 = 3, \\ 2x_1 + 5x_2 + 2x_3 + 4x_4 = 4, \\ x_1 + 4x_2 + 5x_3 - 2x_4 = 0; \end{cases}$

(2) $\begin{cases} 2x_1 - x_2 - x_3 + x_4 = 1, \\ 3x_1 + x_2 - 2x_3 - x_4 = 1, \\ 4x_1 + 3x_2 - 3x_3 - 3x_4 = 1; \end{cases}$

(3) $\begin{cases} 2x_1 - x_2 + x_3 - x_4 - 2x_5 = 2, \\ x_1 - x_2 + 2x_3 + x_4 - x_5 = 4, \\ 3x_1 - 4x_2 + 5x_3 + 2x_4 - 3x_5 = 10; \end{cases}$

(4) $\begin{cases} x_1 + 2x_2 + x_3 - x_4 = 4, \\ 3x_1 + 6x_2 - x_3 - 3x_4 = 8, \\ 5x_1 + 10x_2 + x_3 - 5x_4 = 16. \end{cases}$

3. 当 t 为何值时，线性方程组

$$\begin{cases} x_1 + x_2 + tx_3 = 4, \\ x_1 - x_2 + 2x_3 = -4, \\ -x_1 + tx_2 + x_3 = t^2 \end{cases}$$

有无穷多解？并求出此时方程组的全部解(用其导出组的基础解系表示).

4. 已知 $\boldsymbol{\xi}_1 = (-4, 1, 1)^{\mathrm{T}}$，$\boldsymbol{\xi}_2 = (2, -1, 1)^{\mathrm{T}}$ 是方程组

$$\begin{cases} a_1x_1 + a_2x_2 + a_3x_3 = a, \\ 2x_1 + 6x_2 + 9x_3 = 7, \\ -x_1 - 3x_2 + 3x_3 = 4 \end{cases}$$

的两个解，求方程组的全部解，并用其导出组的基础解系表示.

5. 设齐次线性方程组 $AX=o$，其中 A 为 $m\times n$ 矩阵，且 $r(A)=n-3$，η_1,η_2,η_3 是方程组的三个线性无关的解向量，试证：$\eta_1,\eta_1+\eta_2,\eta_1+\eta_2+\eta_3$ 是方程组 $AX=o$ 的一个基础解系.

6. 设矩阵 A 为 $m\times n$ 矩阵，B 为 n 阶矩阵. 已知 $r(A)=n$. 试证：

(1) 若 $AB=O$，则 $B=O$；

(2) 若 $AB=A$，则 $B=E$.

7. 单项选择题：

(1) 四元齐次线性方程组 $\begin{cases}x_1+x_2=0,\\ x_2-x_4=0\end{cases}$ 的一个基础解系为（　　）.

(A) $(0,0,0,0)^T$；　(B) $(-1,1,0,1)^T$；　(C) $(0,0,1,0)^T$；　(D) $(0,0,1,0)^T$，$(-1,1,0,1)^T$.

(2) 设 η_1,η_2,η_3 是齐次线性方程组 $AX=o$ 的一个基础解系，则下述结论中正确的是（　　）.

(A) $\eta_1+\eta_2+\eta_3$ 是方程组 $AX=o$ 的全部解；

(B) $\eta_1,\eta_2+\eta_3$ 也是方程组 $AX=o$ 的一个基础解系；

(C) $\eta_1+\eta_2,\eta_3$ 也是方程组 $AX=o$ 的一个基础解系；

(D) $\eta_1+\eta_2,\eta_2+\eta_3,\eta_3$ 也是方程组 $AX=o$ 的一个基础解系.

(3) 三元非齐次线性方程组 $AX=b$ 的两个特解为

$$\xi_1=(1,2,2)^T,\quad \xi_2=(0,1,1)^T,$$

且 $r(A)=2$，则方程组 $AX=b$ 的全部解为（　　）.

(A) $X=c_1\xi_1+c_2\xi_2$ （c_1,c_2 为任意常数）；　(B) $X=\xi_2+c(\xi_1-\xi_2)$ （c 为任意常数）；

(C) $X=\xi_1+c\xi_2$ （c 为任意常数）；　(D) $X=\xi_2-c\xi_1$ （c 为任意常数）.

(4) 设 A,B 均为 n 阶非零矩阵，且 $AB=O$，则 A 和 B 的秩（　　）.

(A) 必有一个等于零；　(B) 都小于 n；　(C) 一个小于 n，一个等于 n；　(D) 都等于 n.

(5) 齐次线性方程组

$$\begin{cases}x_1+x_2+\lambda x_3=0,\\ x_1+\lambda x_2+x_3=0,\\ \lambda x_1+x_2+\lambda^2x_3=0\end{cases}$$

的系数矩阵记为 A，若存在三阶矩阵 $B\neq 0$ 使得 $AB=O$，则（　　）.

(A) $\lambda=-2$，且 $\det B=0$；　(B) $\lambda=-2$，且 $\det B\neq 0$；　(C) $\lambda=1$，且 $\det B=0$；　(D) $\lambda=1$，且 $\det B\neq 0$.

*§3.6　投入产出数学模型

经济活动中各生产部门、消费部门的产品、劳动力、原料和设备等都称为**经济要素**. 投入产出分析是研究一个经济系统（企业、地区、国家等）的各部门之间各经济要素“投入”与“产出”关系的一种重要方法. 其中“投入”是指各部门对各种原料、劳动力、固定资产折旧等的消耗，“产出”是指各部门的产品的数量及使用方向. 投入产出分析将各部门的“投入”、“产出”间错综复杂的关系抽象为一个线性模型——投入产出数学模型，运用线性代数的理论和方法进行研究，对一个经济系统作出经济分析和预测.

投入产出方法是美国经济学家 W. 列昂节夫（Leotief）于 20 世纪 30 年代首先提出的. 由于这一方法既可用于分析微观经济系统，也可用于分析宏观经济系统，这一方法在全世界各地区、国家得到了广泛应用.由于这一突出的贡献,W.列昂节夫于 1973 年获得诺贝尔经济学奖.

一、投入产出表

设某一经济系统可以分为 n 个部分,分别称为部门 1、部门 2、…、部门 n,每一部门都具有生产者和消费者的双重身份.在经济活动中,每一部门都需要消耗本部门和其他部门的产品,这些投入称为中间产品;对这些投入的需求量称为**中间需求量**.此外,各部门的产品还用来满足消费和投资的需求,这些需求称为**最终需求**(**最终产品**).

利用某一年的统计资料,各部门之间的投入、产出的关系可以用投入产出表来表示,并建立相应的数学模型——**投入产出**(**数学**)**模型**.投入产出模型按其计量单位不同,可分为**价值型**和**实物型**模型.在价值型模型中,各部门的投入、产出均以货币单位表示;在实物型模型中,各部门的投入、产出则按产品的实物单位(吨、米等)表示.本教材仅介绍价值型投入产出模型.

为便于编制投入产出表,首先做出下述假设:

(1) 每一部门 i 仅生产一种产品 i,产品 i 称为部门 i 的产出($i=1,2,\cdots,n$),不同部门的产品不能相互替代.

(2) 每一部门 i 在生产过程中至少需要消耗另一部门 j 的产品(称为部门 j 对部门 i 的**投入**).并且,部门 i 消耗各部门的投入量与部门 i 的总产出量成正比.记

x_i=部门 i 的总产出量($i=1,2,\cdots,n$).

x_{ij}=部门 j 在生产过程中需消耗部门 i 的产品数量,或者说部门 i 对部门 j 的投入量($i,j=1,2,\cdots,n$),x_{ij}也称为部门间的流量.

y_i=部门 i 的最终产出($i=1,2,\cdots,n$).即部门 i 的总产量 x_i 减去用于本部门和其他部门的生产消耗后的余量.

z_j=部门 j 的初始投入($j=1,2,\cdots,n$).它是部门 j 的固定资产折旧、劳动报酬 v_j(工资及其他劳动收入)与纯收入 m_j(税金、利润等)的总和.

这些量的关系可以在投入产出表(表 3-1)中清晰地反映出来.该表可分为四部分:

Ⅰ	Ⅱ
Ⅲ	Ⅳ

每部分也称为象限.在第Ⅰ象限中,第 i 行($i=1,2,\cdots,n$)表明部门 i 作为生产部门,其产品分配到各部门用于消耗(投入)的数量;第 j 列($j=1,2,\cdots,n$)表明部门 j 作为消耗部门在生产过程中消耗各部门产品的数量.在第Ⅱ象限中,第 i 行($i=1,2,\cdots,n$)表明部门 i 的产品用于积累、消费等(即最终产品)的数量.在第Ⅲ象限中,第 j 列($j=1,2,\cdots,n$)表明初始投入(固定资产折旧、劳动报酬、纯收入等)的数量;各行则表明初始投入各项的部门构成.第Ⅳ象限表明国民收入的再分配情况,由于这部分资料难以得到,一般不编制表的这一部分.

表 3-1 价值型投入产出表

部门间流量（投入＼产出）		中间产品							最终产品				总产品
		部门 1	部门 2	… …	部门 j	… …	部门 n	合计 $\sum$	积累	消费	…	合计 $\sum$	
物质消耗	部门 1	x_{11}	x_{12}	…	x_{1j}	…	x_{1n}	$\sum_j x_{1j}$	k_1	w_1		y_1	x_1
	部门 2	x_{21}	x_{22}	…	x_{2j}	…	x_{2n}	$\sum_j x_{2j}$	k_2	w_2		y_2	x_2
	$\vdots$	$\vdots$	$\vdots$		$\vdots$		$\vdots$	$\vdots$	$\vdots$	$\vdots$		$\vdots$	$\vdots$
	部门 n	x_{n1}	x_{n2}	…	x_{nj}	…	x_{nn}	$\sum_j x_{nj}$	k_n	w_n		y_n	x_n
合计 $\sum$		$\sum_i x_{i1}$	$\sum_i x_{i2}$	…	$\sum_i x_{ij}$	…	$\sum_i x_{in}$	$\sum_i \sum_j x_{ij}$				$\sum_i y_i$	$\sum_i x_i$
初始投入	劳动报酬	v_1	v_2	…	v_j	…	v_n	$\sum_j v_j$					
	纯收入	m_1	m_2	…	m_j	…	m_n	$\sum_j m_j$					
	合计 $\sum$	z_1	z_2	…	z_j	…	z_n	$\sum_j z_j$					
总投入		x_1	x_2	…	x_j	…	x_n	$\sum_j x_j$					

二、投入产出数学模型

根据表 3-1 的第Ⅰ、第Ⅱ象限的意义，由每一行可得平衡关系式

$$x_i = \sum x_{ij} + y_i \quad (i = 1,2,\cdots,n). \tag{3.14}$$

（总产品 ＝ 中间产品 ＋ 最终产品）

根据表 3-1 的第Ⅰ、第Ⅲ象限的意义，由每一列可得平衡关系式

$$x_j = \sum_{i=1}^{n} x_{ij} + z_j \quad (j = 1,2,\cdots,n). \tag{3.15}$$

（总投入 ＝ 物质消耗 ＋ 初始投入）

(3.14)称为**产品分配平衡方程组**；(3.15)称为**产值构成平衡方程组**.

根据前面的假设(2)，可以引入直接消耗系数的概念.

定义 3.9 部门 j 生产单位产品直接消耗部门 i 的产品数量 a_{ij}，称为部门 j 对部门 i 的**直接消耗系数**，即

$$a_{ij} = \frac{x_{ij}}{x_j} \quad (i,j = 1,2,\cdots,n). \tag{3.16}$$

直接消耗系数反映了所考察期间的技术工艺水平,因此a_{ij} $(i,j=1,2,\cdots,n)$也称为**技术系数**.

由(3.16)可得 $x_{ij}=a_{ij}x_j$ $(i,j=1,2,\cdots,n)$,将此式代入产品分配平衡方程组(3.14),得

$$x_i=\sum_{j=1}^{n}a_{ij}x_j+y_i\quad(i=1,2,\cdots,n),$$

即

$$\begin{cases}x_1=a_{11}x_1+a_{12}x_2+\cdots+a_{1n}x_n+y_1,\\x_2=a_{21}x_1+a_{22}x_2+\cdots+a_{2n}x_n+y_2,\\\cdots\cdots\cdots\cdots\cdots\cdots\cdots\cdots\cdots\cdots\\x_n=a_{n1}x_1+a_{n2}x_2+\cdots+a_{nn}x_n+y_n.\end{cases}\tag{3.17}$$

记

$$\boldsymbol{A}=\begin{bmatrix}a_{11}&a_{12}&\cdots&a_{1n}\\a_{21}&a_{22}&\cdots&a_{2n}\\\vdots&\vdots&&\vdots\\a_{n1}&a_{n2}&\cdots&a_{nn}\end{bmatrix},\quad\boldsymbol{X}=\begin{bmatrix}x_1\\x_2\\\vdots\\x_n\end{bmatrix},\quad\boldsymbol{Y}=\begin{bmatrix}y_1\\y_2\\\vdots\\y_n\end{bmatrix},$$

则(3.17)可写成矩阵形式 $\boldsymbol{X}=\boldsymbol{A}\boldsymbol{X}+\boldsymbol{Y}$,即

$$(\boldsymbol{E}-\boldsymbol{A})\boldsymbol{X}=\boldsymbol{Y}.\tag{3.18}$$

矩阵 $\boldsymbol{A}=(a_{ij})_{n\times n}$称为**直接消耗系数矩阵**;$\boldsymbol{X}$ 称为**总产出向量**;$\boldsymbol{Y}$ 称为**最终需求向量**.

将 $x_{ij}=a_{ij}x_j$ $(i,j=1,2,\cdots,n)$代入产值构成平衡方程组(3.15),得

$$x_j=\sum_{i=1}^{n}a_{ij}x_j+z_j\quad(j=1,2,\cdots,n),$$

即

$$\begin{cases}x_1=a_{11}x_1+a_{21}x_1+\cdots+a_{n1}x_1+z_1,\\x_2=a_{12}x_2+a_{22}x_2+\cdots+a_{n2}x_2+z_2,\\\cdots\cdots\cdots\cdots\cdots\cdots\cdots\cdots\cdots\cdots\\x_n=a_{1n}x_n+a_{2n}x_n+\cdots+a_{nn}x_n+z_n.\end{cases}\tag{3.19}$$

记

$$\boldsymbol{D}=\begin{bmatrix}\sum_{i=1}^{n}a_{i1}&&&\\&\sum_{i=1}^{n}a_{i2}&&\\&&\ddots&\\&&&\sum_{i=1}^{n}a_{in}\end{bmatrix},\quad\boldsymbol{Z}=\begin{bmatrix}z_1\\z_2\\\vdots\\z_n\end{bmatrix},$$

则(3.19)可写成矩阵形式 $\boldsymbol{X}=\boldsymbol{D}\boldsymbol{X}+\boldsymbol{Z}$,即

$$(\boldsymbol{E}-\boldsymbol{D})\boldsymbol{X}=\boldsymbol{Z}, \tag{3.20}$$

其中 $\boldsymbol{Z}$ 称为**新创价值向量**.

方程组(3.18)和(3.20)称为**(静态)投入产出数学模型**.

三、平衡方程组的解

利用投入产出数学模型可以对经济系统进行深入的分析：首先要根据该经济系统某个时期(基年)的统计数据求出直接消耗系数矩阵 $\boldsymbol{A}$,并假设在未来一段时期内直接消耗系数 a_{ij} $(i,j=1,2,\cdots,n)$不发生变化,则在给定最终需求 $\boldsymbol{Y}$(或初始投入 $\boldsymbol{Z}$)时,可求出总产出 $\boldsymbol{X}$;或者在给定总产出 $\boldsymbol{X}$ 时,可求出最终需求 $\boldsymbol{Y}$ 或初始投入 $\boldsymbol{Z}$,从而对未来时期的经济运行状况进行预测和分析.为此,首先讨论直接消耗矩阵 $\boldsymbol{A}$ 的两个基本性质.

性质 1 $\boldsymbol{A}$ 的所有元素非负且小于 1,即 $0\leqslant a_{ij}<1$ $(i,j=1,2,\cdots,n)$.

实际上,根据问题的经济意义这一性质可由 $x_{ij}\geqslant 0,x_j\geqslant 0$,且 $x_{ij}<x_j$ $(i,j=1,2,\cdots,n)$直接得到.

性质 2 $\sum\limits_{i=1}^{n}a_{ij}<1$ $(j=1,2,\cdots,n)$.

实际上,产值构成平衡方程组(3.19)可写成

$$\left(1-\sum_{i=1}^{n}a_{ij}\right)x_j=z_j \quad (j=1,2,\cdots,n).$$

根据问题的经济意义,有 $x_j>0,z_j>0$ $(j=1,2,\cdots,n)$,从而

$$1-\sum_{i=1}^{n}a_{ij}>0, \quad 即 \quad \sum_{i=1}^{n}a_{ij}<1 \quad (j=1,2,\cdots,n).$$

性质 3 矩阵 $\boldsymbol{E}-\boldsymbol{A}$ 和 $\boldsymbol{E}-\boldsymbol{D}$ 可逆,且$(\boldsymbol{E}-\boldsymbol{A})^{-1}$和$(\boldsymbol{E}-\boldsymbol{D})^{-1}$的所有元素非负(证明略).

例 表 3-2 是某地区根据某年的统计资料制定的投入产出表(价值型).

表 3-2 (单位：百万元)

投入＼产出	中间产品			合计	最终产品	总产出
	1. 农业	2. 工业	3. 其他			
1. 农业	277	444	14	735	1209	1944
2. 工业	587	11148	1884	13619	16605	30224
3. 其他	236	2915	1572	4723	13539	18262
合计	1100	14507	3470	19077	31353	50430
初始投入	844	15717	14792	31353		
总投入	1944	30224	18262	50430		

利用表 3-2 可得直接消耗系数矩阵

$$\boldsymbol{A}=\begin{bmatrix}0.1425 & 0.0147 & 0.0008\\ 0.3020 & 0.3688 & 0.1032\\ 0.1214 & 0.0964 & 0.0861\end{bmatrix},$$

$$E-A=\begin{bmatrix} 0.8575 & -0.0147 & -0.0008 \\ -0.3020 & 0.6312 & -0.1032 \\ -0.1214 & -0.0964 & 0.9139 \end{bmatrix}.$$

如果确定未来一年的最终产品向量

$$Y=(1300,\ 17500,\ 15000)^{\mathrm{T}},$$

则由(3.18)，有 $X=(E-A)^{-1}Y$，而

$$(E-A)^{-1}=\begin{bmatrix} 1.1766 & 0.0280 & 0.0042 \\ 0.5989 & 1.6263 & 0.1842 \\ 0.2194 & 0.1753 & 1.1142 \end{bmatrix},$$

于是

$$\begin{aligned} X &= (E-A)^{-1}Y \\ &= \begin{bmatrix} 1.1766 & 0.0280 & 0.0042 \\ 0.5989 & 1.6263 & 0.1842 \\ 0.2194 & 0.1753 & 1.1142 \end{bmatrix}\begin{bmatrix} 1300 \\ 17500 \\ 15000 \end{bmatrix}=\begin{bmatrix} 2082.58 \\ 32001.82 \\ 20065.97 \end{bmatrix}. \end{aligned}$$

从而可预测未来一年各部门的总产出为

$$x_1=2082.58,\quad x_2=32001.82,\quad x_3=20065.97.$$

利用这一预测，又可以求得未来一年各部门间的流量 x_{ij} 和各部门的初始投入 z_j $(i,j=1,2,\cdots,n)$. 实际上，由 $x_{ij}=a_{ij}x_j$ $(i,j=1,2,\cdots,n)$ 可得流量 x_{ij} 的值；由(3.15)或(3.20)又可求得 z_j 的值，求得的结果如表 3-3.

表 3-3

投入 \ 产出	中间产品			合计	最终产品	总产出
	1. 农业	2. 工业	3. 其他			
1. 农业	296.77	470.43	16.05	783.25	1300	2082.58
2. 工业	628.94	11802.27	2070.80	14502.01	17500	32001.82
3. 其他	252.83	3084.96	1727.68	5065.47	15000	20065.97
合计	1178.54	15357.66	3814.53	20350.73	33800	54150.37
新创价值	904.04	16644.16	16251.44	33799.64		
总投入	2082.58	32001.82	20065.97	54150.37		

(表中数据均为近似值).

一般，在产品分配平衡方程组 $(E-A)X=Y$ 中，如果给定未来期间(计划期)的总产出 $X=(x_1,x_2,\cdots,x_n)^{\mathrm{T}}$，则可求得 $Y=(E-A)X$；如果给定未来期间(计划期)的最终产品 $Y=(y_1,y_2,\cdots,y_n)^{\mathrm{T}}$，则可求得 $X=(E-A)^{-1}Y$.

在产值构成平衡方程组 $(E-D)X=Z$ 中，如果给定计划期的总产出 $X=(x_1,x_2,\cdots,x_n)^{\mathrm{T}}$，则可求得 $Z=(E-D)X$；如果给定初始投入 $Z=(z_1,z_2,\cdots,z_n)^{\mathrm{T}}$，则可求得

$$X=(E-D)^{-1}Z.$$

四、完全消耗系数

在一个经济系统中,任一部门 j 除直接消耗部门 i 的产品外,还通过一系列中间环节形成对部门 i 产品的间接消耗、直接消耗和间接消耗的和,称为**完全消耗**.

设 $b_{ij}\ (i,j=1,2,\cdots,n)$ 表示生产过程中,生产单位产品 j 需要完全消耗产品 i 的数量(货币单位). 于是

$$b_{ij}=a_{ij}+\sum_{k=1}^{n}b_{ik}a_{kj}\quad(i,j=1,2,\cdots,n). \tag{3.21}$$

上式右端第一项为直接消耗,第二项为间接消耗. 记矩阵

$$\boldsymbol{B}=\begin{bmatrix}b_{11}&b_{12}&\cdots&b_{1n}\\b_{21}&b_{22}&\cdots&b_{2n}\\\vdots&\vdots&&\vdots\\b_{n1}&b_{n2}&\cdots&b_{nn}\end{bmatrix},$$

则(3.21)可写成矩阵形式

$$\boldsymbol{B}=\boldsymbol{A}+\boldsymbol{B}\boldsymbol{A}.$$

由此得

$$\boldsymbol{B}=\boldsymbol{A}(\boldsymbol{E}-\boldsymbol{A})^{-1}=[\boldsymbol{E}-(\boldsymbol{E}-\boldsymbol{A})](\boldsymbol{E}-\boldsymbol{A})^{-1},$$

即

$$\boldsymbol{B}=(\boldsymbol{E}-\boldsymbol{A})^{-1}-\boldsymbol{E}. \tag{3.22}$$

矩阵 $\boldsymbol{B}$ 称为**完全消耗系数矩阵**. (3.22)给出了完全消耗系数矩阵的计算方法. 例如,利用本节例题的数据,完全消耗系数矩阵

$$\boldsymbol{B}=(\boldsymbol{E}-\boldsymbol{A})^{-1}-\boldsymbol{E}=\begin{bmatrix}0.1766&0.0280&0.0042\\0.5989&0.6263&0.1842\\0.2194&0.1753&0.1142\end{bmatrix}.$$

习 题 3.6

1. 根据某年的统计数据,某地区的投入产出表为(单位:百万元):

产出 / 投入	中间产品			合计	最终产品	总产出
	1. 农业	2. 工业	3. 服务业			
1. 农业	27	44	2	73	120	193
2. 工业	58	11010	182	11250	13716	24966
3. 服务业	23	284	153	460	960	1420
合计	108	11338	337	11783	14796	26579
初始投入	85	13628	1083	14796		
总投入	193	24966	1420	26579		

(1) 求直接消耗系数矩阵 $\boldsymbol{A}$;

(2) 如果计划期的最终产品向量为 $\boldsymbol{Y}=(135,13820,1023)^{\mathrm{T}}$,试求计划期的总产出;

(3) 利用(2)的结果,试求计划期的初始投入向量 $\boldsymbol{Z}$.

2. 利用第1题的投入产出表,求完全消耗系数矩阵.

第四章　矩阵的特征值和特征向量

矩阵的特征值和特征向量是矩阵理论的一个重要组成部分.在矩阵理论中,为了研究矩阵的性质,我们希望通过某种变换把矩阵尽可能化简,同时又保持原矩阵许多固有的性质.这就需要讨论相似矩阵,而矩阵的特征值和特征向量的概念和性质在研究相似矩阵时具有重要作用.

矩阵的特征值和特征向量在数学的其他分支,如微分方程和差分方程理论中有一定的应用.在经济管理、工程技术的许多动态模型和控制问题中,矩阵的特征值和特征向量也是重要的分析工具之一.

§4.1　矩阵的特征值和特征向量

一、矩阵的特征值和特征向量的概念

定义 4.1　设 n 阶矩阵 $\boldsymbol{A}=(a_{ij})_{n\times n}$,如果对于数 λ,存在非零的 n 维列向量 α,使得

$$\boldsymbol{A}\alpha=\lambda\alpha, \tag{4.1}$$

则 λ 称为矩阵 $\boldsymbol{A}$ 的一个**特征值**,α 称为 $\boldsymbol{A}$ 的对应于特征值 λ 的**特征向量**.

例如,设矩阵

$$\boldsymbol{A}=\begin{bmatrix}1&1\\-1&3\end{bmatrix},\quad \alpha=\begin{bmatrix}1\\1\end{bmatrix},\quad \lambda=2,$$

不难验证,

$$\boldsymbol{A}\alpha=\begin{bmatrix}1&1\\-1&3\end{bmatrix}\begin{bmatrix}1\\1\end{bmatrix}=\begin{bmatrix}2\\2\end{bmatrix}=2\begin{bmatrix}1\\1\end{bmatrix},$$

即 $\lambda=2$ 是 $\boldsymbol{A}$ 的一个特征值,$\alpha=(1,1)^{\mathrm{T}}$ 是 $\boldsymbol{A}$ 的对应于特征值 $\lambda=2$ 的特征向量.

为了求出矩阵 $\boldsymbol{A}$ 的特征值和特征向量,将(4.1)改写为

$$\lambda\alpha-\boldsymbol{A}\alpha=\boldsymbol{o},$$

即

$$(\lambda\boldsymbol{E}-\boldsymbol{A})\alpha=\boldsymbol{o}.$$

由于 $\alpha\neq\boldsymbol{o}$,上式说明 α 是齐次线性方程组

$$(\lambda\boldsymbol{E}-\boldsymbol{A})\boldsymbol{X}=\boldsymbol{o} \tag{4.2}$$

的非零解.而齐次线性方程组(4.2)有非零解的充要条件是

$$\det(\lambda\boldsymbol{E}-\boldsymbol{A})=0. \tag{4.3}$$

因此,为了求得矩阵 $\boldsymbol{A}$ 的特征值,只需解方程(4.3),其中 $\lambda\boldsymbol{E}-\boldsymbol{A}$ 称为矩阵 $\boldsymbol{A}$ 的**特征矩阵**,其

行列式 $\det(\lambda \boldsymbol{E}-\boldsymbol{A})$ 称为矩阵 $\boldsymbol{A}$ 的**特征多项式**，这是一个 λ 的 n 次多项式. 而 $\det(\lambda \boldsymbol{E}-\boldsymbol{A})=0$ 称为矩阵 $\boldsymbol{A}$ 的**特征方程**.

若 λ 是 $\boldsymbol{A}$ 的一个特征值，则 λ 必是特征方程 $\det(\lambda \boldsymbol{E}-\boldsymbol{A})=0$ 的根. 因此，$\boldsymbol{A}$ 的特征值也称为**特征根**.

为了求得 $\boldsymbol{A}$ 的对应于特征值 λ 的特征向量，只需解对应的齐次线性方程组(4.2)，方程组(4.2)的每一非零解向量都是 $\boldsymbol{A}$ 的对应于特征值 λ 的特征向量.

例 1　求矩阵 $\boldsymbol{A}=\begin{bmatrix} 3 & 2 \\ -3 & -4 \end{bmatrix}$ 的特征值和特征向量.

解　矩阵 $\boldsymbol{A}$ 的特征多项式

$$\det(\lambda \boldsymbol{E}-\boldsymbol{A})=\begin{vmatrix} \lambda-3 & -2 \\ 3 & \lambda+4 \end{vmatrix}=\lambda^2+\lambda-6=(\lambda+3)(\lambda-2),$$

所以，$\boldsymbol{A}$ 的特征值 $\lambda_1=-3$，$\lambda_2=2$.

对于特征值 $\lambda_1=-3$，解齐次线性方程组 $(-3\boldsymbol{E}-\boldsymbol{A})\boldsymbol{X}=\boldsymbol{o}$，即

$$\begin{bmatrix} -6 & -2 \\ 3 & 1 \end{bmatrix}\begin{bmatrix} x_1 \\ x_2 \end{bmatrix}=\boldsymbol{o},$$

可得其基础解系 $\boldsymbol{\alpha}_1=\begin{bmatrix} 1 \\ -3 \end{bmatrix}$，所以 $\boldsymbol{A}$ 的对应于 $\lambda_1=-3$ 的全部特征向量为 $c_1\boldsymbol{\alpha}_1$（$c_1\neq 0$ 为任意常数）.

对于特征值 $\lambda_2=2$，解齐次线性方程组 $(2\boldsymbol{E}-\boldsymbol{A})\boldsymbol{X}=\boldsymbol{o}$，即

$$\begin{bmatrix} -1 & -2 \\ 3 & 6 \end{bmatrix}\begin{bmatrix} x_1 \\ x_2 \end{bmatrix}=\boldsymbol{o},$$

可得其基础解系 $\boldsymbol{\alpha}_2=\begin{bmatrix} -2 \\ 1 \end{bmatrix}$. 所以 $\boldsymbol{A}$ 的对应于 $\lambda_2=2$ 的全部特征向量为 $c_2\boldsymbol{\alpha}_2$（$c_2\neq 0$ 为任意常数）.

例 2　求矩阵 $\boldsymbol{A}$ 的特征值和特征向量，其中

$$\boldsymbol{A}=\begin{bmatrix} a & 0 & 0 \\ 0 & a & 0 \\ 0 & 0 & a \end{bmatrix}.$$

解　矩阵 $\boldsymbol{A}$ 的特征多项式

$$\det(\lambda \boldsymbol{E}-\boldsymbol{A})=\begin{vmatrix} \lambda-a & 0 & 0 \\ 0 & \lambda-a & 0 \\ 0 & 0 & \lambda-a \end{vmatrix}=(\lambda-a)^3,$$

由此可得 $\boldsymbol{A}$ 的特征值 $\lambda_1=\lambda_2=\lambda_3=a$（三重根）.

对于特征值 $\lambda_1=\lambda_2=\lambda_3=a$，解齐次线性方程组 $(a\boldsymbol{E}-\boldsymbol{A})\boldsymbol{X}=\boldsymbol{o}$，即

$$\begin{bmatrix} 0 & 0 & 0 \\ 0 & 0 & 0 \\ 0 & 0 & 0 \end{bmatrix}\begin{bmatrix} x_1 \\ x_2 \\ x_3 \end{bmatrix}=\boldsymbol{o},$$

方程组中未知量 x_1,x_2,x_3 都是自由未知量,其基础解系可以是任意三个线性无关的向量.如 $\boldsymbol{\varepsilon}_1=(1,0,0)^{\mathrm{T}}$, $\boldsymbol{\varepsilon}_2=(0,1,0)^{\mathrm{T}}$, $\boldsymbol{\varepsilon}_3=(0,0,1)^{\mathrm{T}}$ 就是方程组的一个基础解系.所以,$\boldsymbol{A}$ 的对应于特征值 a 的全部特征向量为

$$c_1\boldsymbol{\varepsilon}_1+c_2\boldsymbol{\varepsilon}_2+c_3\boldsymbol{\varepsilon}_3\quad(c_1,c_2,c_3\text{ 为不全为零的常数}).$$

实际上,任一非零的三维列向量都是 $\boldsymbol{A}$ 的特征向量.

例 3 设矩阵 $\boldsymbol{A}=\begin{bmatrix}-1&0&2\\1&2&-1\\1&3&0\end{bmatrix}$,求 $\boldsymbol{A}$ 的特征值和特征向量.

解 矩阵 $\boldsymbol{A}$ 的特征多项式

$$\det(\lambda\boldsymbol{E}-\boldsymbol{A})=\begin{vmatrix}\lambda+1&0&-2\\-1&\lambda-2&1\\-1&-3&\lambda\end{vmatrix}=\begin{vmatrix}\lambda-1&0&-2\\0&\lambda-2&1\\\lambda-1&-3&\lambda\end{vmatrix}$$

$$=(\lambda-1)\begin{vmatrix}1&0&-2\\0&\lambda-2&1\\1&-3&\lambda\end{vmatrix}=(\lambda-1)^2(\lambda+1).$$

所以 $\boldsymbol{A}$ 的特征值 $\lambda_1=\lambda_2=1$, $\lambda_3=-1$.

对于特征值 $\lambda_1=\lambda_2=1$,解对应的齐次线性方程组$(\boldsymbol{E}-\boldsymbol{A})\boldsymbol{X}=\boldsymbol{o}$,即求解

$$\begin{bmatrix}2&0&-2\\-1&-1&1\\-1&-3&1\end{bmatrix}\begin{bmatrix}x_1\\x_2\\x_3\end{bmatrix}=\boldsymbol{o}.$$

对系数矩阵施以初等行变换:

$$\begin{bmatrix}2&0&-2\\-1&-1&1\\-1&-3&1\end{bmatrix}\rightarrow\begin{bmatrix}1&0&-1\\0&-1&0\\0&-3&0\end{bmatrix}\rightarrow\begin{bmatrix}1&0&-1\\0&-1&0\\0&0&0\end{bmatrix}.$$

由此可得基础解系 $\boldsymbol{\alpha}_1=(1,0,1)^{\mathrm{T}}$.所以对应于 $\lambda_1=\lambda_2=1$ 的全部特征向量为

$$c_1\boldsymbol{\alpha}_1\quad(c_1\neq 0\text{ 为任意常数}).$$

对于 $\lambda_3=-1$,解对应的齐次线性方程组$(-\boldsymbol{E}-\boldsymbol{A})\boldsymbol{X}=\boldsymbol{o}$,即求解

$$\begin{bmatrix}0&0&-2\\-1&-3&1\\-1&-3&-1\end{bmatrix}\begin{bmatrix}x_1\\x_2\\x_3\end{bmatrix}=\boldsymbol{o}.$$

可求得基础解系 $\boldsymbol{\alpha}_2=(3,-1,0)^{\mathrm{T}}$.所以对应于 $\lambda_3=-1$ 的全部特征向量为

$$c_2\boldsymbol{\alpha}_2\quad(c_2\neq 0\text{ 为任意常数}).$$

例 4 求矩阵 $\boldsymbol{A}$ 的特征值和特征向量,其中

$$\boldsymbol{A}=\begin{bmatrix}0&2&1\\-2&0&3\\-1&-3&0\end{bmatrix}.$$

解 矩阵 $\boldsymbol{A}$ 的特征多项式

$$\det(\lambda\boldsymbol{E}-\boldsymbol{A})=\begin{vmatrix}\lambda & -2 & -1\\ 2 & \lambda & -3\\ 1 & 3 & \lambda\end{vmatrix}=\begin{vmatrix}\lambda & -2 & -1\\ 0 & \lambda & -3\\ 0 & 3 & \lambda\end{vmatrix}+\begin{vmatrix}0 & -2 & -1\\ 2 & \lambda & -3\\ 1 & 3 & \lambda\end{vmatrix}$$

$$=\lambda\begin{vmatrix}\lambda & -3\\ 3 & \lambda\end{vmatrix}+\begin{vmatrix}0 & -2 & -1\\ 0 & \lambda-6 & -3-2\lambda\\ 1 & 3 & \lambda\end{vmatrix}$$

$$=\lambda(\lambda^2+14).$$

由此可得矩阵 $\boldsymbol{A}$ 仅有实特征根 $\lambda_1=0$. 对于复特征根，本教材不予讨论.

对于特征值 $\lambda_1=0$，解对应的齐次线性方程组 $(0\boldsymbol{E}-\boldsymbol{A})\boldsymbol{X}=\boldsymbol{o}$，即

$$\begin{bmatrix}0 & -2 & -1\\ 2 & 0 & -3\\ 1 & 3 & 0\end{bmatrix}\begin{bmatrix}x_1\\ x_2\\ x_3\end{bmatrix}=\boldsymbol{o},$$

可得其基础解系 $\alpha_1=(-3,1,-2)^{\mathrm{T}}$. 所以 $\boldsymbol{A}$ 的对应于特征值 $\lambda_1=0$ 的全部特征向量为 $c_1\alpha_1$、复根（$c_1\neq0$ 为任意常数）.

由上述三个例子可以看出，n 阶矩阵 $\boldsymbol{A}$ 的特征多项式为一个 n 次多项式，一般有 n 个特征根（包括重根、复根），然而，即使 $\boldsymbol{A}$ 的所有元素都是实数，其特征根也可能出现复根. 本教材仅讨论矩阵 $\boldsymbol{A}$ 的实特征值及特征向量.

二、特征值和特征向量的性质

定理 4.1 n 阶矩阵 $\boldsymbol{A}$ 与其转置矩阵有相同的特征值.

证 因为 $(\lambda\boldsymbol{E}-\boldsymbol{A})^{\mathrm{T}}=\lambda\boldsymbol{E}^{\mathrm{T}}-\boldsymbol{A}^{\mathrm{T}}=\lambda\boldsymbol{E}-\boldsymbol{A}^{\mathrm{T}}$，所以

$$\det(\lambda\boldsymbol{E}-\boldsymbol{A}^{\mathrm{T}})=\det(\lambda\boldsymbol{E}-\boldsymbol{A})^{\mathrm{T}}=\det(\lambda\boldsymbol{E}-\boldsymbol{A}).$$

由此可知 $\boldsymbol{A}$ 与 $\boldsymbol{A}^{\mathrm{T}}$ 有相同的特征多项式，故 $\boldsymbol{A}$ 与 $\boldsymbol{A}^{\mathrm{T}}$ 的特征值一定相同.

定理 4.2 n 阶矩阵 $\boldsymbol{A}$ 可逆的充分必要条件是其任一特征值不等于零.

证 *必要性* 设 n 阶矩阵 $\boldsymbol{A}$ 可逆，则 $\det\boldsymbol{A}\neq0$. 所以

$$\det(0\boldsymbol{E}-\boldsymbol{A})=\det(-\boldsymbol{A})=(-1)^n\det\boldsymbol{A}\neq0.$$

上式表明，数 0 不是 $\boldsymbol{A}$ 的一个特征值，即 $\boldsymbol{A}$ 的任一特征值不等于零.

充分性 设 $\boldsymbol{A}$ 的任一特征值 $\lambda_i(i=1,2,\cdots,n)$ 不等于零，即 $\lambda=0$ 不是 $\boldsymbol{A}$ 的特征值，所以

$$\det(0\boldsymbol{E}-\boldsymbol{A})=\det(-\boldsymbol{A})=(-1)^n\det\boldsymbol{A}\neq0.$$

由此可得 $\det\boldsymbol{A}\neq0$. 于是矩阵 $\boldsymbol{A}$ 可逆.

定理 4.3 设 n 阶矩阵 $\boldsymbol{A}$ 的不同特征值为 $\lambda_1,\lambda_2,\cdots,\lambda_m$ $(m\leqslant n)$，$\alpha_1,\alpha_2,\cdots,\alpha_m$ 分别为 $\boldsymbol{A}$ 的对应于特征值 $\lambda_1,\lambda_2,\cdots,\lambda_m$ 的特征向量，则 $\alpha_1,\alpha_2,\cdots,\alpha_m$ 线性无关，即 $\boldsymbol{A}$ 的不同特征值对应的特征向量线性无关.

***证** 用数学归纳法证明.

当 $m=1$ 时，由于特征向量 $\boldsymbol{\alpha}_1\neq\boldsymbol{o}$，而单个的非零向量必线性无关，所以 $\boldsymbol{\alpha}_1$ 线性无关.

设 $m=s-1$ 时结论成立，即 $\boldsymbol{\alpha}_1,\boldsymbol{\alpha}_2,\cdots,\boldsymbol{\alpha}_{s-1}$ 线性无关. 现证 $m=s$ 时，不同的特征值 $\lambda_1,\cdots,\lambda_{s-1},\lambda_s$ 对应的特征向量 $\boldsymbol{\alpha}_1,\cdots,\boldsymbol{\alpha}_{s-1},\boldsymbol{\alpha}_s$ 线性无关.

设数 $k_1,\cdots,k_{s-1},k_s$，使得

$$k_1\boldsymbol{\alpha}_1+\cdots+k_{s-1}\boldsymbol{\alpha}_{s-1}+k_s\boldsymbol{\alpha}_s=\boldsymbol{o}. \tag{4.4}$$

在上式两边左乘矩阵 $\boldsymbol{A}$，由 $\boldsymbol{A}\boldsymbol{\alpha}_i=\lambda_i\boldsymbol{\alpha}_i(1\leqslant i\leqslant s)$，得

$$k_1\lambda_1\boldsymbol{\alpha}_1+\cdots+k_{s-1}\lambda_{s-1}\boldsymbol{\alpha}_{s-1}+k_s\lambda_s\boldsymbol{\alpha}_s=\boldsymbol{o}. \tag{4.5}$$

将(4.4)式两边乘 λ_s 后减去(4.5)式，得

$$k_1(\lambda_s-\lambda_1)\boldsymbol{\alpha}_1+\cdots+k_{s-1}(\lambda_s-\lambda_{s-1})\boldsymbol{\alpha}_{s-1}=\boldsymbol{o}.$$

根据归纳假设，$\boldsymbol{\alpha}_1,\cdots,\boldsymbol{\alpha}_{s-1}$ 线性无关，于是

$$k_1(\lambda_s-\lambda_1)=0,\ \cdots,\ k_{s-1}(\lambda_s-\lambda_{s-1})=0.$$

由于 $\lambda_1,\cdots,\lambda_{s-1},\lambda_s$ 是 $\boldsymbol{A}$ 的不同特征值，因此 $k_1=0,\cdots,k_{s-1}=0$. 于是(4.4)式化为

$$k_s\boldsymbol{\alpha}_s=\boldsymbol{o}.$$

而 $\boldsymbol{\alpha}_s\neq\boldsymbol{o}$，得 $k_s=0$. 即仅当 $k_1=k_2=\cdots=k_s=0$ 时，才有(4.4)成立，所以 $\boldsymbol{\alpha}_1,\cdots,\boldsymbol{\alpha}_s$ 线性无关.

由数学归纳法原理知，m 为任意正整数时，结论成立.

例如，本节例 1 中，矩阵 $\boldsymbol{A}$ 的不同特征值为 $\lambda_1=-3,\lambda_2=2$，它们所对应的特征向量 $\boldsymbol{\alpha}_1=(1,-3)^{\mathrm{T}},\boldsymbol{\alpha}_2=(-2,1)^{\mathrm{T}}$ 线性无关.

定理 4.4 设 n 阶矩阵 $\boldsymbol{A}=(a_{ij})_{n\times n}$，$\boldsymbol{A}$ 的特征值为 $\lambda_1,\lambda_2,\cdots,\lambda_n$（其中可能有重根、复根），则 $\lambda_1+\lambda_2+\cdots+\lambda_n=a_{11}+a_{22}+\cdots+a_{nn}$；$\lambda_1\lambda_2\cdots\lambda_n=|\boldsymbol{A}|$.

*__证__ 矩阵 $\boldsymbol{A}$ 的特征多项式

$$f(\lambda)=\det(\lambda\boldsymbol{E}-\boldsymbol{A})=\begin{vmatrix}\lambda-a_{11} & -a_{12} & \cdots & -a_{1n}\\ -a_{21} & \lambda-a_{22} & \cdots & -a_{2n}\\ \vdots & \vdots & & \vdots\\ -a_{n1} & -a_{n2} & \cdots & \lambda-a_{nn}\end{vmatrix}$$

是关于 λ 的 n 次多项式，其展开式（例如，按第一行展开）中的一项为

$$(\lambda-a_{11})(\lambda-a_{22})\cdots(\lambda-a_{nn}),$$

而展开式中其余各项最多只含有主对角线上的 $n-2$ 个元素. 因此，展开式

$$f(\lambda)=\lambda^n-(a_{11}+a_{22}+\cdots+a_{nn})\lambda^{n-1}+\cdots+c_n,$$

其中 c_n 是 $f(\lambda)$ 的常数项. 而

$$f(0)=\det(0\boldsymbol{E}-\boldsymbol{A})=(-1)^n\det\boldsymbol{A}=c_n.$$

因为 $\boldsymbol{A}$ 的特征值为 $\lambda_1,\lambda_2,\cdots,\lambda_n$，又有

$$f(\lambda)=(\lambda-\lambda_1)(\lambda-\lambda_2)\cdots(\lambda-\lambda_n).$$

利用根与系数的关系，有

$$\lambda_1+\lambda_2+\cdots+\lambda_n=a_{11}+a_{22}+\cdots+a_{nn},\quad \lambda_1\lambda_2\cdots\lambda_n=\det\boldsymbol{A}.$$

例 5 设三阶矩阵 A 的特征值为 $\lambda_1=1, \lambda_2=3, \lambda_3=5$，矩阵 $B=A^2-2A$，求 $\det B$.

解 设 λ 为 A 的任一特征值，对应的特征向量为 α，则 $A\alpha=\lambda\alpha$. 于是
$$A^2\alpha = \lambda A\alpha = \lambda^2 \alpha,$$
即 λ^2 是 A^2 的一个特征值，所以
$$B\alpha = (A^2-2A)\alpha = A^2\alpha - 2A\alpha = (\lambda^2-2\lambda)\alpha.$$

由此可知，$(\lambda^2-2\lambda)$ 是 B 的特征值，由已知条件可得 B 的特征值 $\mu_1=1^2-2=-1$，$\mu_2=3^2-6=3$，$\mu_3=5^2-10=15$，所以
$$\det B = \mu_1\mu_2\mu_3 = -45.$$

习 题 4.1

1. 求矩阵 A 的特征值和特征向量：

(1) $A=\begin{bmatrix} 1 & 1 \\ -1 & 3 \end{bmatrix}$； (2) $A=\begin{bmatrix} 2 & 0 & 0 \\ 1 & 1 & 1 \\ 1 & -1 & 3 \end{bmatrix}$；

(3) $A=\begin{bmatrix} 1 & 2 & 3 \\ 3 & 1 & 2 \\ 2 & 3 & 1 \end{bmatrix}$； (4) $A=\begin{bmatrix} 1 & -1 & 1 \\ 2 & 4 & -2 \\ -3 & -3 & 5 \end{bmatrix}$.

2. 设 n 阶矩阵 A 的一个特征值为 λ_0.

(1) 求矩阵 kA 对应的特征值（k 为任意实数）；

(2) 求矩阵 A^2 对应的特征值.

3. 若 n 阶矩阵 A 可逆，λ 是 A 的任一特征值，证明：

(1) $\dfrac{1}{\lambda}$ 是 A^{-1} 的特征值；

(2) $\dfrac{\det A}{\lambda}$ 是伴随矩阵 A^* 的特征值.

4. 已知 0 是矩阵
$$A=\begin{bmatrix} 1 & 0 & 1 \\ 0 & 2 & 0 \\ 1 & 0 & a \end{bmatrix}$$

的一个特征值，(1) 求 a 的值；(2) 求 A 的特征值和特征向量.

5. 设 A 为 n 阶矩阵，且 $A^2=A$，证明 A 的特征值只能是 0 或 1.

*6. 设 λ_1,λ_2 是 n 阶矩阵 A 的两个不同的特征值，α_1,α_2 分别是 A 对应于 λ_1,λ_2 的特征向量，证明 $\alpha_1+\alpha_2$ 不是 A 的特征向量.

7. 单项选择题：

(1) 三阶矩阵 A 的特征值为 $-2,1,4$，则下列矩阵中满秩矩阵是（   ）.

(A) $E-A$；   (B) $2E+A$；   (C) $2E-A$；   (D) $A-4E$.

(2) 设矩阵 $A=\begin{bmatrix} 3 & -1 & 1 \\ 2 & 0 & 1 \\ 1 & -1 & 2 \end{bmatrix}$，则 A 的对应于特征值 2 的一个特征向量为（   ）.

(A) $\begin{bmatrix}1\\0\\1\end{bmatrix}$； (B) $\begin{bmatrix}1\\0\\-1\end{bmatrix}$； (C) $\begin{bmatrix}0\\1\\1\end{bmatrix}$； (D) $\begin{bmatrix}1\\1\\0\end{bmatrix}$.

(3) 设 $\lambda=2$ 是可逆矩阵 $\boldsymbol{A}$ 的一个特征值，则矩阵 $\left(\frac{1}{3}\boldsymbol{A}^2\right)^{-1}$ 必有一个特征值为(　　).

(A) $\frac{4}{3}$； (B) $\frac{3}{4}$； (C) $\frac{3}{2}$； (D) $\frac{2}{3}$.

(4) 设 $\boldsymbol{A}$ 为 n 阶矩阵，且 $\boldsymbol{A}^2=\boldsymbol{O}$，则(　　).

(A) $\boldsymbol{A}=\boldsymbol{O}$； (B) $\boldsymbol{A}$ 有一个特征值不等于零；

(C) $\boldsymbol{A}$ 的特征值全为零； (D) $\boldsymbol{A}$ 有 n 个线性无关的特征向量.

(5) 设 $\boldsymbol{A}$ 为 n 阶可逆矩阵，λ 为 $\boldsymbol{A}$ 的一个特征值，则 $\boldsymbol{A}$ 的伴随矩阵 $\boldsymbol{A}^*$ 的一个特征值为(　　).

(A) $\frac{1}{\lambda}\det\boldsymbol{A}$； (B) $\lambda\det\boldsymbol{A}$； (C) $\frac{1}{\lambda}(\det\boldsymbol{A})^{n-1}$； (D) $\lambda^{n-1}\det\boldsymbol{A}$.

§4.2 相 似 矩 阵

对角矩阵是最简单的一类矩阵. 对于 n 阶矩阵 $\boldsymbol{A}$，如果通过某种变换将其化为对角矩阵，并保持原矩阵 $\boldsymbol{A}$ 的许多性质，将是非常方便的. 这就需要研究相似矩阵的概念和性质.

一、相似矩阵

定义 4.2 设 $\boldsymbol{A},\boldsymbol{B}$ 为 n 阶矩阵，若存在 n 阶可逆矩阵 $\boldsymbol{P}$，使得

$$\boldsymbol{P}^{-1}\boldsymbol{A}\boldsymbol{P}=\boldsymbol{B},$$

则称矩阵 $\boldsymbol{A}$ 与 $\boldsymbol{B}$ **相似**，记作 $\boldsymbol{A}\sim\boldsymbol{B}$.

例 1 设矩阵 $\boldsymbol{A}=\begin{bmatrix}1&1\\-1&3\end{bmatrix}$，$\boldsymbol{B}=\begin{bmatrix}2&-1\\0&2\end{bmatrix}$，则有可逆矩阵 $\boldsymbol{P}=\begin{bmatrix}1&2\\1&1\end{bmatrix}$，使得

$$\begin{aligned}\boldsymbol{P}^{-1}\boldsymbol{A}\boldsymbol{P}&=\begin{bmatrix}1&2\\1&1\end{bmatrix}^{-1}\begin{bmatrix}1&1\\-1&3\end{bmatrix}\begin{bmatrix}1&2\\1&1\end{bmatrix}\\&=\begin{bmatrix}-1&2\\1&-1\end{bmatrix}\begin{bmatrix}1&1\\-1&3\end{bmatrix}\begin{bmatrix}1&2\\1&1\end{bmatrix}=\begin{bmatrix}2&-1\\0&2\end{bmatrix},\end{aligned}$$

即 $\boldsymbol{P}^{-1}\boldsymbol{A}\boldsymbol{P}=\boldsymbol{B}$. 因此 $\boldsymbol{A}\sim\boldsymbol{B}$.

实际上，对任一可逆的二阶矩阵 $\boldsymbol{P}$ 和矩阵 $\boldsymbol{A}$，都存在 $\boldsymbol{B}=\boldsymbol{P}^{-1}\boldsymbol{A}\boldsymbol{P}$，因而 $\boldsymbol{A}\sim\boldsymbol{B}$.

两个相似的矩阵具有以下性质：

性质 1 相似矩阵的特征值相同.

证 设 $\boldsymbol{A},\boldsymbol{B}$ 为 n 阶矩阵，且 $\boldsymbol{A}\sim\boldsymbol{B}$，根据相似矩阵的定义，存在可逆矩阵 $\boldsymbol{P}$，有

$$\boldsymbol{P}^{-1}\boldsymbol{A}\boldsymbol{P}=\boldsymbol{B},$$

于是

$$\begin{aligned}\det(\lambda\boldsymbol{E}-\boldsymbol{B})&=\det(\lambda\boldsymbol{E}-\boldsymbol{P}^{-1}\boldsymbol{A}\boldsymbol{P})=\det(\boldsymbol{P}^{-1}(\lambda\boldsymbol{E})\boldsymbol{P}-\boldsymbol{P}^{-1}\boldsymbol{A}\boldsymbol{P})\\&=\det[\boldsymbol{P}^{-1}(\lambda\boldsymbol{E}-\boldsymbol{A})\boldsymbol{P}]=\det\boldsymbol{P}^{-1}\cdot\det(\lambda\boldsymbol{E}-\boldsymbol{A})\cdot\det\boldsymbol{P}\end{aligned}$$

$$= \det(\lambda \boldsymbol{E} - \boldsymbol{A}),$$

即 $\boldsymbol{A}$ 与 $\boldsymbol{B}$ 有相同的特征多项式. 因而有相同的特征值.

性质 2　相似矩阵的行列式相等. 即,如果 n 阶矩阵 $\boldsymbol{A}$ 与 $\boldsymbol{B}$ 相似,则 $\det\boldsymbol{A}=\det\boldsymbol{B}$.(请读者自证)

性质 3　相似矩阵的秩相等. 即,如果 n 阶矩阵 $\boldsymbol{A}$ 与 $\boldsymbol{B}$ 相似,则 $\mathrm{r}(\boldsymbol{A})=\mathrm{r}(\boldsymbol{B})$.(请读者自证)

二、矩阵可对角化的条件

若 n 阶矩阵 $\boldsymbol{A}$ 可以与一个对角矩阵相似,则称矩阵 $\boldsymbol{A}$ **可对角化**. 对角矩阵是最简单的矩阵之一. 若矩阵 $\boldsymbol{A}$ 可对角化,则可以利用对角矩阵得知 $\boldsymbol{A}$ 的许多性质.

定理 4.4　n 阶矩阵 $\boldsymbol{A}$ 相似于对角矩阵的充分必要条件是 $\boldsymbol{A}$ 有 n 个线性无关的特征向量.

证　*必要性*　设矩阵 $\boldsymbol{A}$ 相似于对角矩阵 $\boldsymbol{\Lambda}$,其中

$$\boldsymbol{\Lambda} = \begin{bmatrix} \lambda_1 & & & \\ & \lambda_2 & & \\ & & \ddots & \\ & & & \lambda_n \end{bmatrix},$$

则存在 n 阶可逆矩阵 $\boldsymbol{P}$,使得

$$\boldsymbol{P}^{-1}\boldsymbol{A}\boldsymbol{P} = \boldsymbol{\Lambda},$$

即

$$\boldsymbol{A}\boldsymbol{P}=\boldsymbol{P}\boldsymbol{\Lambda}. \tag{4.6}$$

记矩阵 $\boldsymbol{P}$ 的列向量组为 $\boldsymbol{\alpha}_1,\boldsymbol{\alpha}_2,\cdots,\boldsymbol{\alpha}_n$,则矩阵 $\boldsymbol{P}$ 可按列分块为 $\boldsymbol{P}=(\boldsymbol{\alpha}_1,\boldsymbol{\alpha}_2,\cdots,\boldsymbol{\alpha}_n)$. 由(4.6)得

$$\boldsymbol{A}(\boldsymbol{\alpha}_1,\boldsymbol{\alpha}_2,\cdots,\boldsymbol{\alpha}_n) = (\boldsymbol{\alpha}_1,\boldsymbol{\alpha}_2,\cdots,\boldsymbol{\alpha}_n)\begin{bmatrix} \lambda_1 & & & \\ & \lambda_2 & & \\ & & \ddots & \\ & & & \lambda_n \end{bmatrix},$$

即

$$(\boldsymbol{A}\boldsymbol{\alpha}_1,\boldsymbol{A}\boldsymbol{\alpha}_2,\cdots,\boldsymbol{A}\boldsymbol{\alpha}_n)=(\lambda_1\boldsymbol{\alpha}_1,\lambda_2\boldsymbol{\alpha}_2,\cdots,\lambda_n\boldsymbol{\alpha}_n),$$

因此

$$\boldsymbol{A}\boldsymbol{\alpha}_i=\lambda_i\boldsymbol{\alpha}_i \quad (i=1,2,\cdots,n).$$

上式说明,$\lambda_i(i=1,2,\cdots,n)$是 $\boldsymbol{A}$ 的特征值,$\boldsymbol{\alpha}_i$ 是 $\boldsymbol{A}$ 的对应于 λ_i 的特征向量. 由于矩阵 $\boldsymbol{P}$ 可逆,其列向量组线性无关,即得 $\boldsymbol{A}$ 有 n 个线性无关的特征向量.

充分性　设 $\boldsymbol{A}$ 有 n 个线性无关的特征向量 $\boldsymbol{\alpha}_1,\boldsymbol{\alpha}_2,\cdots,\boldsymbol{\alpha}_n$,对应的特征值依次记为 $\lambda_1,\lambda_2,\cdots,\lambda_n$. 因此,有

$$\boldsymbol{A}\boldsymbol{\alpha}_i = \lambda_i\boldsymbol{\alpha}_i \quad (i = 1,2,\cdots,n), \tag{4.7}$$

其中 $\boldsymbol{\alpha}_i\neq\boldsymbol{o}(i=1,2,\cdots,n)$. 构造矩阵

$$\boldsymbol{P} = (\boldsymbol{\alpha}_1,\boldsymbol{\alpha}_2,\cdots,\boldsymbol{\alpha}_n).$$

由于向量组 $\alpha_1,\alpha_2,\cdots,\alpha_n$ 线性无关，所以矩阵 $\boldsymbol{P}$ 可逆. 由(4.7)可得

$$(\boldsymbol{A}\alpha_1,\boldsymbol{A}\alpha_2,\cdots,\boldsymbol{A}\alpha_n)=(\lambda_1\alpha_1,\lambda_2\alpha_2,\cdots,\lambda_n\alpha_n)=(\alpha_1,\alpha_2,\cdots,\alpha_n)\begin{bmatrix}\lambda_1 & & & \\ & \lambda_2 & & \\ & & \ddots & \\ & & & \lambda_n\end{bmatrix},$$

$$\boldsymbol{A}(\alpha_1,\alpha_2,\cdots,\alpha_n)=(\alpha_1,\alpha_2,\cdots,\alpha_n)\Lambda,\quad 即\quad \boldsymbol{AP}=\boldsymbol{P}\Lambda.$$

于是 $\boldsymbol{P}^{-1}\boldsymbol{AP}=\Lambda$，即 $\boldsymbol{A}$ 与对角矩阵 Λ 相似.

推论 若 n 阶矩阵 $\boldsymbol{A}$ 有 n 个不同的特征值，则矩阵 $\boldsymbol{A}$ 与对角矩阵相似.

证 设 $\boldsymbol{A}$ 有 n 个不同的特征值 $\lambda_1,\lambda_2,\cdots,\lambda_n(\lambda_i\neq\lambda_j,j\neq i)$，对应的特征向量 $\alpha_1,\alpha_2,\cdots,\alpha_n$. 根据定理 4.3，向量组 $\alpha_1,\alpha_2,\cdots,\alpha_n$ 线性无关，所以由定理 4.4 $\boldsymbol{A}$ 可与对角矩阵 Λ 相似，其中

$$\Lambda=\begin{bmatrix}\lambda_1 & & & \\ & \lambda_2 & & \\ & & \ddots & \\ & & & \lambda_n\end{bmatrix}.$$

例 2 在§4.1 例 1 中，我们已求得矩阵

$$\boldsymbol{A}=\begin{bmatrix}3 & 2\\ -3 & -4\end{bmatrix},$$

的特征值为 $\lambda_1=-3,\lambda_2=2$，对应的特征向量分别为

$$\alpha_1=(1,-3)^{\mathrm{T}},\quad \alpha_2=(-2,1)^{\mathrm{T}},$$

根据定理 4.4，矩阵 $\boldsymbol{A}$ 可对角化. 实际上，令

$$\boldsymbol{P}=(\alpha_1,\alpha_2)=\begin{bmatrix}1 & -2\\ -3 & 1\end{bmatrix},\quad 则\quad \boldsymbol{P}^{-1}\boldsymbol{AP}=\begin{bmatrix}-3 & 0\\ 0 & 2\end{bmatrix}.$$

例 3 设矩阵

$$\boldsymbol{A}=\begin{bmatrix}3 & -2 & 0\\ -1 & 3 & -1\\ -5 & 7 & -1\end{bmatrix},$$

判断 $\boldsymbol{A}$ 是否可对角化?

解 矩阵 $\boldsymbol{A}$ 的特征多项式

$$\det(\lambda\boldsymbol{E}-\boldsymbol{A})=\begin{vmatrix}\lambda-3 & 2 & 0\\ 1 & \lambda-3 & 1\\ 5 & -7 & \lambda+1\end{vmatrix}=\begin{vmatrix}\lambda-1 & 2 & 0\\ \lambda-1 & \lambda-3 & 1\\ \lambda-1 & -7 & \lambda+1\end{vmatrix}$$

$$=(\lambda-1)\begin{vmatrix}1 & 2 & 0\\ 1 & \lambda-3 & 1\\ 1 & -7 & \lambda+1\end{vmatrix}=(\lambda-1)\begin{vmatrix}1 & 2 & 0\\ 0 & \lambda-5 & 1\\ 0 & -9 & \lambda+1\end{vmatrix}$$

$$=(\lambda-1)(\lambda-2)^2,$$

由此得 A 的特征值 $\lambda_1=1$，$\lambda_2=\lambda_3=2$.

对于特征值 $\lambda_1=1$,解齐次线性方程组 $(E-A)X=o$,得 A 的对应于 $\lambda_1=1$ 的一个特征向量 $\alpha_1=(1,1,1)^T$.

对于特征值 $\lambda_2=\lambda_3=2$,解齐次线性方程组 $(2E-A)X=o$,可得其基础解系为 $\alpha_2=(-2,-1,1)^T$. 由于 2 是 A 的二重特征值,对应于 $\lambda_2=\lambda_3=2$ 的线性无关的特征向量仅有一个,因此矩阵 A 不能对角化.

例 4　设矩阵

$$A=\begin{bmatrix}1 & 1 & -1\\ -2 & 4 & -2\\ -2 & 2 & 0\end{bmatrix},$$

判断矩阵 A 是否可对角化？若矩阵 A 可以对角化,求出可逆矩阵 P,使 $P^{-1}AP$ 为对角矩阵.

解　矩阵 A 的特征多项式

$$\det(\lambda E-A)=\begin{vmatrix}\lambda-1 & -1 & 1\\ 2 & \lambda-4 & 2\\ 2 & -2 & \lambda\end{vmatrix}=\begin{vmatrix}\lambda-1 & 0 & 1\\ 2 & \lambda-2 & 2\\ 2 & \lambda-2 & \lambda\end{vmatrix}$$

$$=(\lambda-2)\begin{vmatrix}\lambda-1 & 0 & 1\\ 2 & 1 & 2\\ 2 & 1 & \lambda\end{vmatrix}=(\lambda-2)\begin{vmatrix}\lambda-1 & 0 & 1\\ 2 & 1 & 2\\ 0 & 0 & \lambda-2\end{vmatrix}$$

$$=(\lambda-1)(\lambda-2)^2,$$

由此得 A 的特征值为 $\lambda_1=1,\lambda_2=\lambda_3=2$.

对于 $\lambda_1=1$,解齐次线性方程组 $(E-A)X=o$,得其基础解系 $\alpha_1=(1,2,2)^T$.

对于 $\lambda_2=\lambda_3=2$,解齐次线性方程组 $(2E-A)X=o$,得其基础解系为

$$\alpha_2=(1,1,0)^T,\quad \alpha_3=(-1,0,1)^T.$$

由于 A 有三个线性无关的特征向量 $\alpha_1,\alpha_2,\alpha_3$,故 A 可对角化. 令矩阵

$$P=(\alpha_1,\alpha_2,\alpha_3)=\begin{bmatrix}1 & 1 & -1\\ 2 & 1 & 0\\ 2 & 0 & 1\end{bmatrix},$$

$$\Lambda=\begin{bmatrix}1 & & \\ & 2 & \\ & & 2\end{bmatrix},$$

则 P 可逆,且 $P^{-1}AP=\Lambda$.

例 5　设 $P^{-1}AP=B$,其中

$$B=\begin{bmatrix}1 & 0 & 0\\ 0 & 0 & 0\\ 0 & 0 & -1\end{bmatrix},\quad P=\begin{bmatrix}1 & 0 & 0\\ 2 & -1 & 0\\ 2 & 1 & 1\end{bmatrix},$$

求 $\boldsymbol{A}$ 和 $\boldsymbol{A}^5$.

解 由已知条件，$\boldsymbol{A}\sim\boldsymbol{B}$,且 $\boldsymbol{A}=\boldsymbol{PBP}^{-1}$,不难计算

$$\boldsymbol{P}^{-1}=\begin{bmatrix}1&0&0\\2&-1&0\\-4&1&1\end{bmatrix},$$

于是

$$\boldsymbol{A}=\boldsymbol{PBP}^{-1}=\begin{bmatrix}1&0&0\\2&-1&0\\2&1&1\end{bmatrix}\begin{bmatrix}1&0&0\\0&0&0\\0&0&-1\end{bmatrix}\begin{bmatrix}1&0&0\\2&-1&0\\-4&1&1\end{bmatrix}=\begin{bmatrix}1&0&0\\2&0&0\\6&-1&-1\end{bmatrix},$$

所以

$$\begin{aligned}\boldsymbol{A}^5&=(\boldsymbol{PBP}^{-1})(\boldsymbol{PBP}^{-1})(\boldsymbol{PBP}^{-1})(\boldsymbol{PBP}^{-1})(\boldsymbol{PBP}^{-1})\\&=\boldsymbol{PB}(\boldsymbol{P}^{-1}\boldsymbol{P})\boldsymbol{B}(\boldsymbol{P}^{-1}\boldsymbol{P})\boldsymbol{B}(\boldsymbol{P}^{-1}\boldsymbol{P})\boldsymbol{B}(\boldsymbol{P}^{-1}\boldsymbol{P})\boldsymbol{BP}^{-1}=\boldsymbol{PB}^5\boldsymbol{P}^{-1}.\end{aligned}$$

而 $\boldsymbol{B}^5=\begin{bmatrix}1&0&0\\0&0&0\\0&0&-1\end{bmatrix}^5=\boldsymbol{B}$,所以 $\boldsymbol{A}^5=\boldsymbol{PBP}^{-1}=\boldsymbol{A}$.

习 题 4.2

1. 证明：相似矩阵的行列式相等.

2. 证明：相似矩阵的秩相等.

3. 设 $\boldsymbol{A},\boldsymbol{B}$ 为 n 阶矩阵,$\boldsymbol{A}$ 可逆,则 $\boldsymbol{AB}\sim\boldsymbol{BA}$.

4. 设 $\boldsymbol{A},\boldsymbol{B}$ 都是 n 阶矩阵,且 $\boldsymbol{A}\sim\boldsymbol{B}$,则 $\boldsymbol{A}^k\sim\boldsymbol{B}^k$($k$ 为正整数).

5. 判断下列矩阵 $\boldsymbol{A}$ 是否可对角化.若可以对角化,试求出可逆矩阵 $\boldsymbol{P}$,使 $\boldsymbol{P}^{-1}\boldsymbol{AP}$ 为对角矩阵.

(1) $\boldsymbol{A}=\begin{bmatrix}1&1\\2&2\end{bmatrix}$； (2) $\boldsymbol{A}=\begin{bmatrix}-4&-10&0\\1&3&0\\3&6&1\end{bmatrix}$； (3) $\boldsymbol{A}=\begin{bmatrix}3&1&0\\-4&-1&0\\4&-8&-2\end{bmatrix}$.

6. 设矩阵

$$\boldsymbol{A}=\begin{bmatrix}2&0&0\\0&0&1\\0&1&x\end{bmatrix},\quad \boldsymbol{B}=\begin{bmatrix}2&0&0\\0&y&0\\0&0&-1\end{bmatrix}$$

相似,求 x,y 的值.

7. 证明：若 $\boldsymbol{A},\boldsymbol{B}$ 均为 n 阶矩阵,$\boldsymbol{A}\sim\boldsymbol{B}$,则 $k\boldsymbol{A}\sim k\boldsymbol{B}$；$\boldsymbol{A}^{\mathrm{T}}\sim\boldsymbol{B}^{\mathrm{T}}$.

*8. 设三阶矩阵 $\boldsymbol{A}$ 满足 $\boldsymbol{A}\boldsymbol{\alpha}_i=i\boldsymbol{\alpha}_i(i=1,2,3)$,其中 $\boldsymbol{\alpha}_1=(1,2,2)^{\mathrm{T}},\boldsymbol{\alpha}_2=(2,-2,1)^{\mathrm{T}},\boldsymbol{\alpha}_3=(-2,-1,2)^{\mathrm{T}}$,试求矩阵 $\boldsymbol{A}$.

*9. 设矩阵 $\boldsymbol{A}\sim\boldsymbol{B}$,且

$$\boldsymbol{A}=\begin{bmatrix}1&-1&1\\2&4&-2\\-3&-3&a\end{bmatrix},\quad \boldsymbol{B}=\begin{bmatrix}2&0&0\\0&2&0\\0&0&b\end{bmatrix}.$$

(1) 求 a,b 的值；(2) 求可逆矩阵 $\boldsymbol{P}$,使 $\boldsymbol{P}^{-1}\boldsymbol{AP}=\boldsymbol{B}$.

10. 单项选择题：

(1) 设 $\boldsymbol{A},\boldsymbol{B}$ 是两个相似的 n 阶矩阵,则下列结论中**不正确**的是(　　).

(A) 存在可逆矩阵 $\boldsymbol{P}$,使 $\boldsymbol{P}^{-1}\boldsymbol{AP}=\boldsymbol{B}$；　(B) 存在对角矩阵 $\boldsymbol{\Lambda}$,使 $\boldsymbol{A},\boldsymbol{B}$ 都相似于 $\boldsymbol{\Lambda}$；

(C) $\det\boldsymbol{A}=\det\boldsymbol{B}$；　(D) $\det(\lambda\boldsymbol{E}-\boldsymbol{A})=\det(\lambda\boldsymbol{E}-\boldsymbol{B})$.

(2) 与矩阵 $\boldsymbol{A}=\begin{bmatrix}0&0&0\\0&3&0\\0&0&3\end{bmatrix}$ 相似的矩阵为(　　).

(A) $\begin{bmatrix}0&0&3\\0&3&0\\0&0&0\end{bmatrix}$；　(B) $\begin{bmatrix}0&1&0\\0&3&1\\0&0&3\end{bmatrix}$；　(C) $\begin{bmatrix}0&1&0\\0&3&0\\0&0&3\end{bmatrix}$；　(D) $\begin{bmatrix}0&1&1\\0&3&1\\0&0&3\end{bmatrix}$.

(3) 设 $\boldsymbol{A},\boldsymbol{B}$ 均为 n 阶矩阵,且 $\boldsymbol{A}\sim\boldsymbol{B}$,则(　　).

(A) $\boldsymbol{A},\boldsymbol{B}$ 有相同的特征值和特征向量；　(B) $\lambda\boldsymbol{E}-\boldsymbol{A}=\lambda\boldsymbol{E}-\boldsymbol{B}$；

(C) $\boldsymbol{A},\boldsymbol{B}$ 都有 n 个不同的特征值；　(D) $\boldsymbol{A}^k\sim\boldsymbol{B}^k$ (k 为正整数).

(4) 设 $\boldsymbol{A}$ 为三阶矩阵,满足

$$\det(3\boldsymbol{A}+2\boldsymbol{E})=0,\quad \det(\boldsymbol{A}-\boldsymbol{E})=0,\quad \det(6\boldsymbol{A}-3\boldsymbol{E})=0,$$

则 $\det\boldsymbol{A}=$(　　).

(A) $-1/3$；　(B) $2/3$；　(C) $-4/3$；　(D) $3/4$.

§4.3　实对称矩阵的特征值和特征向量

一般来说,n 阶矩阵 $\boldsymbol{A}$ 未必可对角化.然而,实对称矩阵一定可对角化,实对称矩阵的这一性质使其有广泛应用.为了讨论实对称矩阵的有关性质,首先研究正交向量组和正交矩阵的概念与性质.在本节中,所有向量均指列向量.

一、正交向量组

定义 4.3　设 n 维向量 $\boldsymbol{\alpha}=(a_1,a_2,\cdots,a_n)^{\mathrm{T}}$,$\boldsymbol{\beta}=(b_1,b_2,\cdots,b_n)^{\mathrm{T}}$,$\boldsymbol{\alpha}^{\mathrm{T}}\boldsymbol{\beta}$ 称为向量 $\boldsymbol{\alpha}$ 与 $\boldsymbol{\beta}$ 的**内积**,即 $\boldsymbol{\alpha}$ 与 $\boldsymbol{\beta}$ 的内积定义为

$$\boldsymbol{\alpha}^{\mathrm{T}}\boldsymbol{\beta}=(a_1,a_2,\cdots,a_n)\begin{bmatrix}b_1\\b_2\\\vdots\\b_n\end{bmatrix}=\sum_{i=1}^{n}a_ib_i.$$

不难看出,向量 $\boldsymbol{\alpha}$ 其自身的内积

$$\boldsymbol{\alpha}^{\mathrm{T}}\boldsymbol{\alpha}=\sum_{i=1}^{n}a_i^2\geqslant 0.$$

由此可引入向量长度的概念.

定义 4.4　设向量 $\boldsymbol{\alpha}=(a_1,a_2,\cdots,a_n)^{\mathrm{T}}$,其长度为

$$\|\alpha\| = \sqrt{\alpha^T\alpha} = \sqrt{a_1^2 + a_2^2 + \cdots + a_n^2}.$$

向量长度也称为**向量范数**.

例 1 设向量 $\alpha=(2,-1,0,1)^T$, $\beta=(1,2,-2,1)^T$. 根据定义 4.3, α 与 β 的内积为

$$\alpha^T\beta = 2\times 1 + (-1)\times 2 + 0\times(-2) + 1\times 1 = 1.$$

例 2 设向量 $\alpha=(-1,2,2)^T$. 根据定义 4.4, 向量 α 的长度

$$\|\alpha\| = \sqrt{\alpha^T\alpha} = \sqrt{(-1)^2 + 2^2 + 2^2} = 3.$$

不难看出,若把三维向量 α 看作空间中一个点的坐标, $\|\alpha\|$ 就是该点到原点的距离. n 维向量的长度则是这一概念的推广.

可以证明,向量的长度具有下述性质:

性质 1 $\|\alpha\|\geqslant 0$, 当且仅当 $\alpha=\boldsymbol{o}$ 时,有 $\|\alpha\|=0$.

性质 2 $\|k\alpha\|=|k|\cdot\|\alpha\|$ (k 为实数).

长度为 1 的向量称为**单位向量**. 例如, n 维初始单位向量组 $\varepsilon_1=(1,0,\cdots,0)^T$, $\varepsilon_2=(0,1,\cdots,0)^T$, $\cdots$, $\varepsilon_n=(0,0,\cdots,1)^T$ 中的每一个向量长度均为 1, 即 $\|\varepsilon_i\|=1(i=1,2,\cdots,n)$. 它们都是单位向量.

若 n 维向量 $\alpha\neq\boldsymbol{o}$, 则 $\dfrac{1}{\|\alpha\|}\alpha$ 必为单位向量. 实际上,由向量长度的性质,有

$$\left\|\frac{1}{\|\alpha\|}\alpha\right\| = \frac{1}{\|\alpha\|}\cdot\|\alpha\| = 1.$$

对于非零向量 α, 用其长度 $\|\alpha\|$ 去除向量 α, 就可得到单位向量. 这种方法称为向量 α 的**单位化**.

定义 4.5 若向量 α 与 β 的内积等于零,即 $\alpha^T\beta=0$, 则称 α 与 β **互相正交**(**垂直**).

例 3 设向量 $\alpha=(-1,2)^T$, $\beta=(2,1)^T$, 则 $\alpha^T\beta=0$, 即 α 与 β 互相正交. 在坐标平面上,连结原点和点 $(-1,2)^T$, $(2,1)^T$ 的两个有向线段是相互垂直的. 向量正交的概念是这一事实的推广.

例 4 零向量与任意向量的内积等于零,因此零向量与任一向量正交.

例 5 初始单位向量组 $\varepsilon_1,\varepsilon_2,\cdots,\varepsilon_n$ 是两两正交的,即 $\varepsilon_i^T\varepsilon_j=0(i\neq j;\ i,j=1,2,\cdots,n)$.

定义 4.6 若向量组 $\alpha_1,\alpha_2,\cdots,\alpha_n(\alpha_i\neq 0, i=1,2,\cdots,n)$ 两两正交,即

$$\alpha_i^T\alpha_j = 0 \quad (i\neq j;\ i,j=1,2,\cdots,n),$$

则称该向量组为**正交向量组**.

例如,初始单位向量组就是一个正交向量组.

定理 4.5 若 $\alpha_1,\alpha_2,\cdots,\alpha_s$ 是 n 维正交向量组,则 $\alpha_1,\alpha_2,\cdots,\alpha_s$ 线性无关.

证 设有数 $k_1,k_2,\cdots,k_s$, 使得

$$k_1\alpha_1 + k_2\alpha_2 + \cdots + k_s\alpha_s = \boldsymbol{o},$$

上式两端与正交向量组中的任意向量 $\alpha_i(1\leqslant i\leqslant s)$ 求内积,得

$$\alpha_i^T(k_1\alpha_1 + k_2\alpha_2 + \cdots + k_s\alpha_s) = \boldsymbol{o},$$

即
$$k_1\alpha_i^{\mathrm{T}}\alpha_1+\cdots+k_i\alpha_i^{\mathrm{T}}\alpha_i+\cdots+k_s\alpha_i^{\mathrm{T}}\alpha_s=\boldsymbol{o}.$$
由于 $\alpha_i^{\mathrm{T}}\alpha_j=0(j\neq i)$，所以上式中，只有
$$k_i\alpha_i^{\mathrm{T}}\alpha_i=0.$$
然而，由 $\alpha_i\neq\boldsymbol{o}$，必有 $\alpha_i^{\mathrm{T}}\alpha_i>0$，所以 $k_i=0(1\leqslant i\leqslant s)$. 由 α_i 的任意性，可得
$$k_1=0,\quad k_2=0,\ \cdots,\ k_s=0,$$
所以向量组 $\alpha_1,\alpha_2,\cdots,\alpha_s$ 线性无关.

定理 4.5 的逆命题一般不成立. 即，若向量组 $\alpha_1,\alpha_2,\cdots,\alpha_s$ 线性无关，但 $\alpha_1,\alpha_2,\cdots,\alpha_s$ 未必是正交向量组. 但是，对于任一线性无关的向量组 $\alpha_1,\alpha_2,\cdots,\alpha_s$，我们可以生成正交向量组 $\beta_1,\beta_2,\cdots,\beta_s$，并使两个向量组可以相互线性表示. 这称为将向量组 $\alpha_1,\alpha_2,\cdots,\alpha_s$ **正交化**. 将线性无关的向量组正交化的方法如下：

设 n 维向量组 $\alpha_1,\alpha_2,\cdots,\alpha_s$ 线性无关，令
$$\beta_1=\alpha_1,$$
$$\beta_2=\alpha_2-\frac{\alpha_2^{\mathrm{T}}\beta_1}{\beta_1^{\mathrm{T}}\beta_1}\beta_1,$$
$$\beta_3=\alpha_3-\frac{\alpha_3^{\mathrm{T}}\beta_1}{\beta_1^{\mathrm{T}}\beta_1}\beta_1-\frac{\alpha_3^{\mathrm{T}}\beta_2}{\beta_2^{\mathrm{T}}\beta_2}\beta_2,$$
$$\cdots\cdots\cdots\cdots\cdots\cdots\cdots\cdots$$
$$\beta_s=\alpha_s-\frac{\alpha_s^{\mathrm{T}}\beta_1}{\beta_1^{\mathrm{T}}\beta_1}\beta_1-\frac{\alpha_s^{\mathrm{T}}\beta_2}{\beta_2^{\mathrm{T}}\beta_2}\beta_2-\cdots-\frac{\alpha_s^{\mathrm{T}}\beta_{s-1}}{\beta_{s-1}^{\mathrm{T}}\beta_{s-1}}\beta_{s-1},$$
即
$$\beta_i=\alpha_i-\sum_{k=1}^{i-1}\frac{\alpha_i^{\mathrm{T}}\beta_k}{\beta_k^{\mathrm{T}}\beta_k}\beta_k\quad(i=1,2,\cdots,s).$$

可以证明，向量组 $\beta_1,\beta_2,\cdots,\beta_s$ 是正交向量组，并且与原向量组 $\alpha_1,\alpha_2,\cdots,\alpha_s$ 可以相互线性表示.

这种将线性无关向量组正交化的方法称为**施密特正交化方法**.

例 6 将向量组
$$\alpha_1=(-1,1,0,0)^{\mathrm{T}},\quad \alpha_2=(-1,0,1,0)^{\mathrm{T}},\quad \alpha_3=(-1,0,0,1)^{\mathrm{T}}$$
正交化.

解 不难验证，向量组 $\alpha_1,\alpha_2,\alpha_3$ 线性无关. 利用施密特正交化方法将此向量组正交化. 令
$$\beta_1=\alpha_1=(-1,1,0,0)^{\mathrm{T}},$$
$$\beta_2=\alpha_2-\frac{\alpha_2^{\mathrm{T}}\beta_1}{\beta_1^{\mathrm{T}}\beta_1}\beta_1=\begin{bmatrix}-1\\0\\1\\0\end{bmatrix}-\frac{1}{2}\begin{bmatrix}-1\\1\\0\\0\end{bmatrix}=\begin{bmatrix}-1/2\\-1/2\\1\\0\end{bmatrix},$$

$$\boldsymbol{\beta}_3=\boldsymbol{\alpha}_3-\frac{\boldsymbol{\alpha}_3^{\mathrm{T}}\boldsymbol{\beta}_1}{\boldsymbol{\beta}_1^{\mathrm{T}}\boldsymbol{\beta}_1}\boldsymbol{\beta}_1-\frac{\boldsymbol{\alpha}_3^{\mathrm{T}}\boldsymbol{\beta}_2}{\boldsymbol{\beta}_2^{\mathrm{T}}\boldsymbol{\beta}_2}\boldsymbol{\beta}_2=\begin{bmatrix}-1\\0\\0\\1\end{bmatrix}-\frac{1}{2}\begin{bmatrix}-1\\1\\0\\0\end{bmatrix}-\frac{1}{3}\begin{bmatrix}-1/2\\-1/2\\1\\0\end{bmatrix}=\begin{bmatrix}-1/3\\-1/3\\-1/3\\1\end{bmatrix}.$$

可以验证，$\boldsymbol{\beta}_1,\boldsymbol{\beta}_2,\boldsymbol{\beta}_3$ 为正交向量组. 并由上述正交化过程，有 $\boldsymbol{\beta}_1=\boldsymbol{\alpha}_1,\boldsymbol{\beta}_2=-\frac{1}{2}\boldsymbol{\alpha}_1+\boldsymbol{\alpha}_2$，$\boldsymbol{\beta}_3=-\frac{1}{3}\boldsymbol{\alpha}_1-\frac{1}{3}\boldsymbol{\alpha}_2+\boldsymbol{\alpha}_3$；反之，向量组 $\boldsymbol{\alpha}_1,\boldsymbol{\alpha}_2,\boldsymbol{\alpha}_3$ 也可以由向量组 $\boldsymbol{\beta}_1,\boldsymbol{\beta}_2,\boldsymbol{\beta}_3$ 线性表示：$\boldsymbol{\alpha}_1=\boldsymbol{\beta}_1$，$\boldsymbol{\alpha}_2=\frac{1}{2}\boldsymbol{\beta}_1+\boldsymbol{\beta}_2,\boldsymbol{\alpha}_3=\frac{1}{2}\boldsymbol{\beta}_1+\frac{1}{3}\boldsymbol{\beta}_2+\boldsymbol{\beta}_3$，即两个向量组可以相互线性表示.

二、正交矩阵

定义 4.7 若 n 阶实矩阵 $\boldsymbol{Q}$ 满足

$$\boldsymbol{Q}^{\mathrm{T}}\boldsymbol{Q}=\boldsymbol{E},$$

则称 $\boldsymbol{Q}$ 为**正交矩阵**.

例 7 单位矩阵 $\boldsymbol{E}$ 是正交矩阵.

例 8 在平面解析几何中，两个直角坐标系间的坐标变换公式为

$$\begin{cases}x'=x\cos\theta-y\sin\theta,\\y'=x\sin\theta+y\cos\theta,\end{cases}$$

写成矩阵形式为

$$\begin{bmatrix}x'\\y'\end{bmatrix}=\begin{bmatrix}\cos\theta & -\sin\theta\\\sin\theta & \cos\theta\end{bmatrix}\begin{bmatrix}x\\y\end{bmatrix}.$$

设矩阵 $\boldsymbol{Q}=\begin{bmatrix}\cos\theta & -\sin\theta\\\sin\theta & \cos\theta\end{bmatrix}$. 不难验证，$\boldsymbol{Q}^{\mathrm{T}}\boldsymbol{Q}=\boldsymbol{E}$，即坐标变换矩阵 $\boldsymbol{Q}$ 为正交矩阵.

正交矩阵具有下述性质：

性质 1 若 $\boldsymbol{Q}$ 为正交矩阵，则其行列式的值为 1 或 -1.

性质 2 若 $\boldsymbol{Q}$ 为正交矩阵，则 $\boldsymbol{Q}$ 可逆，且 $\boldsymbol{Q}^{-1}=\boldsymbol{Q}^{\mathrm{T}}$.

性质 3 若 $\boldsymbol{P},\boldsymbol{Q}$ 为同阶正交矩阵，则它们的积 $\boldsymbol{PQ}$ 也是正交矩阵.

上述性质可由定义 4.7 直接验证.

性质 4 设 $\boldsymbol{Q}$ 为 n 阶实矩阵，则 $\boldsymbol{Q}$ 为正交矩阵的充分必要条件是 $\boldsymbol{Q}$ 的列(行)向量组是单位正交向量组.

证 将矩阵 $\boldsymbol{Q}$ 按列分块为

$$Q=(\alpha_1,\alpha_2,\cdots,\alpha_n),$$

$\boldsymbol{Q}$ 是正交矩阵的充要条件是 $\boldsymbol{Q}^{\mathrm{T}}\boldsymbol{Q}=\boldsymbol{E}$. 而

$$Q^{\mathrm{T}}Q=\begin{bmatrix}\alpha_1^{\mathrm{T}}\\ \alpha_2^{\mathrm{T}}\\ \vdots\\ \alpha_n^{\mathrm{T}}\end{bmatrix}(\alpha_1,\alpha_2,\cdots,\alpha_n)=\begin{bmatrix}\alpha_1^{\mathrm{T}}\alpha_1 & \alpha_1^{\mathrm{T}}\alpha_2 & \cdots & \alpha_1^{\mathrm{T}}\alpha_n\\ \alpha_2^{\mathrm{T}}\alpha_1 & \alpha_2^{\mathrm{T}}\alpha_2 & \cdots & \alpha_2^{\mathrm{T}}\alpha_n\\ \vdots & \vdots & & \vdots\\ \alpha_n^{\mathrm{T}}\alpha_1 & \alpha_n^{\mathrm{T}}\alpha_2 & \cdots & \alpha_n^{\mathrm{T}}\alpha_n\end{bmatrix},$$

由此可知 $Q^{\mathrm{T}}Q=E$ 的充要条件是

$$\begin{cases}\alpha_i^{\mathrm{T}}\alpha_i=1 & (i=1,2,\cdots,n),\\ \alpha_i^{\mathrm{T}}\alpha_j=0 & (i\neq j;i,j=1,2,\cdots,n),\end{cases}$$

即 Q 为正交矩阵的充分必要条件是其列向量组是单位正交向量组.

三、实对称矩阵的特征值和特征向量

实对称矩阵的特征值、特征向量具有许多特殊性质,这些性质可保证实对称矩阵一定可对角化.

定理 4.6　实对称矩阵的特征值都是实数,并且其对应于 k 重特征值 λ 的线性无关的特征向量恰有 k 个.(证明略)

定理 4.7　实对称矩阵的对应于不同特征值的特征向量是正交的.(证明略)

利用定理 4.6 和定理 4.7 可得

定理 4.8　设 A 为实对称矩阵,则存在正交矩阵 Q,使 $Q^{-1}AQ$ 为对角矩阵.

实际上,设 A 有 m 个不同的特征值 $\lambda_1,\lambda_2,\cdots,\lambda_m$,其中 $\lambda_i(i=1,2,\cdots,m)$的重数为 k_i,于是 $k_1+k_2+\cdots+k_m=n$.

对于 A 的 k_i 重特征值 λ_i,求出齐次线性方程组

$$(\lambda_iE-A)X=o$$

的基础解系 $\alpha_{i1},\alpha_{i2},\cdots,\alpha_{ik_i}(i=1,2,\cdots,m)$.

利用施密特正交化方法,将向量组 $\alpha_{i1},\alpha_{i2},\cdots,\alpha_{ik_i}$ 正交化,得正交向量组 $\beta_{i1},\beta_{i2},\cdots,\beta_{ik_i}$ $(i=1,2,\cdots,m)$.

将向量组 $\beta_{i1},\beta_{i2},\cdots,\beta_{ik_i}$ 单位化,得单位正交向量组 $\gamma_{i1},\gamma_{i2},\cdots,\gamma_{ik_i}(i=1,2,\cdots,m)$. 令矩阵

$$Q=(\gamma_{11}\ \gamma_{12}\cdots\gamma_{1k_1}\quad \gamma_{21}\ \gamma_{22}\cdots\gamma_{2k_2}\quad\cdots\quad\gamma_{m1}\ \gamma_{m2}\cdots\gamma_{mk_m}),$$

则矩阵 Q 的列向量组为单位正交向量组,Q 就是所求的正交矩阵,且 $Q^{-1}AQ=\Lambda$,其中 Λ 是 n 阶对角矩阵,其主对角线上元素依次为

$$\overbrace{\lambda_1,\cdots,\lambda_1}^{k_1\text{个}},\quad\overbrace{\lambda_2,\cdots,\lambda_2}^{k_2\text{个}},\quad\cdots,\quad\overbrace{\lambda_m,\cdots,\lambda_m}^{k_m\text{个}}.$$

例 9　已知实对称矩阵

$$A=\begin{bmatrix}-1 & 4 & 2\\ 4 & 5 & 4\\ 2 & 4 & -1\end{bmatrix},$$

求正交矩阵 $\boldsymbol{Q}$,使 $\boldsymbol{Q}^{-1}\boldsymbol{AQ}$ 为对角矩阵.

解 矩阵 $\boldsymbol{A}$ 的特征多项式

$$\det(\lambda\boldsymbol{E}-\boldsymbol{A})=\underset{\underset{\times(-1)}{\xleftarrow{\qquad\qquad}}}{\begin{vmatrix}\lambda+1 & -4 & -2\\ -4 & \lambda-5 & -4\\ -2 & -4 & \lambda+1\end{vmatrix}}=\begin{vmatrix}\lambda+3 & -4 & -2\\ 0 & \lambda-5 & -4\\ -\lambda-3 & -4 & \lambda+1\end{vmatrix}\begin{array}{l}\times(1)\\ \big\downarrow\\ \leftarrow\end{array}$$

$$=\begin{vmatrix}\lambda+3 & -4 & -2\\ 0 & \lambda-5 & -4\\ 0 & -8 & \lambda-1\end{vmatrix}=(\lambda+3)^2(\lambda-9).$$

由此得到 $\boldsymbol{A}$ 的特征值 $\lambda_1=\lambda_2=-3$, $\lambda_3=9$.

对于特征值 $\lambda_1=\lambda_2=-3$,解方程组 $(-3\boldsymbol{E}-\boldsymbol{A})\boldsymbol{X}=\boldsymbol{o}$,得其基础解系 $\boldsymbol{\alpha}_1=(-2,1,0)^{\mathrm{T}}$,$\boldsymbol{\alpha}_2=(-1,0,1)^{\mathrm{T}}$. 将 $\boldsymbol{\alpha}_1,\boldsymbol{\alpha}_2$ 正交化,得正交向量组 $\boldsymbol{\beta}_1,\boldsymbol{\beta}_2$,其中

$$\boldsymbol{\beta}_1=\boldsymbol{\alpha}_1=(-2,1,0)^{\mathrm{T}},$$

$$\boldsymbol{\beta}_2=\boldsymbol{\alpha}_2-\frac{\boldsymbol{\alpha}_2^{\mathrm{T}}\boldsymbol{\beta}_1}{\boldsymbol{\beta}_1^{\mathrm{T}}\boldsymbol{\beta}_1}\boldsymbol{\beta}_1=\begin{bmatrix}-1\\0\\1\end{bmatrix}-\frac{2}{5}\begin{bmatrix}-2\\1\\0\end{bmatrix}=\begin{bmatrix}-1/5\\-2/5\\1\end{bmatrix}.$$

将向量 $\boldsymbol{\beta}_1,\boldsymbol{\beta}_2$ 单位化,得单位正交向量组 $\boldsymbol{\gamma}_1,\boldsymbol{\gamma}_2$,其中

$$\boldsymbol{\gamma}_1=\frac{1}{\|\boldsymbol{\beta}_1\|}\boldsymbol{\beta}_1=\left(\frac{-2}{\sqrt{5}},\frac{1}{\sqrt{5}},0\right)^{\mathrm{T}},$$

$$\boldsymbol{\gamma}_2=\frac{1}{\|\boldsymbol{\beta}_2\|}\boldsymbol{\beta}_2=\left(-\frac{1}{\sqrt{30}},-\frac{2}{\sqrt{30}},\frac{5}{\sqrt{30}}\right)^{\mathrm{T}}.$$

对于特征值 $\lambda_3=9$,解方程组 $(9\boldsymbol{E}-\boldsymbol{A})\boldsymbol{X}=\boldsymbol{o}$,得其基础解系 $\boldsymbol{\alpha}_3=(1,2,1)^{\mathrm{T}}$. 只需将 $\boldsymbol{\alpha}_3$ 单位化为 $\boldsymbol{\gamma}_3$,其中

$$\boldsymbol{\gamma}_3=\frac{1}{\|\boldsymbol{\alpha}_3\|}\boldsymbol{\alpha}_3=\left(\frac{1}{\sqrt{6}},\frac{2}{\sqrt{6}},\frac{1}{\sqrt{6}}\right)^{\mathrm{T}}.$$

令矩阵

$$\boldsymbol{Q}=(\boldsymbol{\gamma}_1\ \ \boldsymbol{\gamma}_2\ \ \boldsymbol{\gamma}_3)=\begin{bmatrix}-\dfrac{2}{\sqrt{5}} & -\dfrac{1}{\sqrt{30}} & \dfrac{1}{\sqrt{6}}\\ \dfrac{1}{\sqrt{5}} & -\dfrac{2}{\sqrt{30}} & \dfrac{2}{\sqrt{6}}\\ 0 & \dfrac{5}{\sqrt{30}} & \dfrac{1}{\sqrt{6}}\end{bmatrix},$$

则 $\boldsymbol{Q}$ 为正交矩阵,且 $\boldsymbol{Q}^{-1}\boldsymbol{AQ}=\boldsymbol{\Lambda}$,其中

$$\boldsymbol{\Lambda}=\begin{bmatrix}-3 & 0 & 0\\ 0 & -3 & 0\\ 0 & 0 & 9\end{bmatrix}.$$

例 10　设矩阵 $A=\begin{bmatrix}1&0&1\\0&2&0\\1&0&1\end{bmatrix}$，求正交矩阵 Q，使 $Q^{-1}AQ$ 为对角矩阵，并求 A^{10}.

解　矩阵 A 的特征多项式

$$\det(\lambda E-A)=\begin{vmatrix}\lambda-1&0&-1\\0&\lambda-2&0\\-1&0&\lambda-1\end{vmatrix}=\lambda(\lambda-2)^2,$$

所以 A 的特征值为 $\lambda_1=0,\lambda_2=\lambda_3=2$.

对于 $\lambda_1=0$，解方程组 $(0E-A)X=0$，得对应的一个特征向量 $\alpha_1=(1,0,-1)^{\mathrm T}$.

对于 $\lambda_2=\lambda_3=2$，解方程组 $(2E-A)X=0$，得特征向量 $\alpha_2=(0,1,0)^{\mathrm T},\alpha_3=(1,0,1)^{\mathrm T}$.

因为 $\alpha_1,\alpha_2,\alpha_3$ 已是正交向量组，只需将此向量组单位化：

$$\beta_1=\frac{1}{\|\alpha_1\|}\alpha_1=\left(\frac{1}{\sqrt2},0,-\frac{1}{\sqrt2}\right)^{\mathrm T},$$

$$\beta_2=\frac{1}{\|\alpha_2\|}\alpha_2=(0,1,0)^{\mathrm T},$$

$$\beta_3=\frac{1}{\|\alpha_3\|}\alpha_3=\left(\frac{1}{\sqrt2},0,\frac{1}{\sqrt2}\right)^{\mathrm T}.$$

令矩阵 $Q=(\beta_1,\beta_2,\beta_3)$，则 $Q^{-1}AQ=\Lambda$，其中

$$\Lambda=\begin{bmatrix}0&0&0\\0&2&0\\0&0&2\end{bmatrix}.$$

又 Q 为正交矩阵，$Q^{-1}=Q^{\mathrm T}$，而 $A=Q\Lambda Q^{-1}$，故

$$A^{10}=Q\Lambda^{10}Q^{\mathrm T}=\begin{bmatrix}\frac{1}{\sqrt2}&0&\frac{1}{\sqrt2}\\0&1&0\\-\frac{1}{\sqrt2}&0&\frac{1}{\sqrt2}\end{bmatrix}\begin{bmatrix}0&0&0\\0&2^{10}&0\\0&0&2^{10}\end{bmatrix}\begin{bmatrix}\frac{1}{\sqrt2}&0&-\frac{1}{\sqrt2}\\0&1&0\\\frac{1}{\sqrt2}&0&\frac{1}{\sqrt2}\end{bmatrix}$$

$$=\begin{bmatrix}2^9&0&2^9\\0&2^{10}&0\\2^9&0&2^9\end{bmatrix}.$$

习　题　4.3

1. 求向量 α 与 β 的内积：

(1) $\alpha=(1,-1,1)^{\mathrm T}$, $\beta=(-1,2,-1)^{\mathrm T}$；

(2) $\alpha=(1,\sqrt2,\sqrt3,1)^{\mathrm T}$, $\beta=(\sqrt2,-1,-1,\sqrt3)^{\mathrm T}$.

2. 把向量 α 单位化：

(1) $\alpha=(-1,1,1,-1)^T$； (2) $\alpha=(-2,1,4,2)^T$.

3. 把下列向量组正交化：

(1) $\alpha_1=(0,2,-1)^T$, $\alpha_2=(0,1,1)^T$, $\alpha_3=(1,0,-1)^T$；

(2) $\alpha_1=(-1,1,0,0)^T$, $\alpha_2=(-1,0,1,0)^T$, $\alpha_3=(-1,1,0,1)^T$.

4. 判断下列矩阵是否为正交矩阵：

(1) $Q=\begin{bmatrix} \frac{1}{2} & -\frac{\sqrt{3}}{2} \\ \frac{\sqrt{3}}{2} & \frac{1}{2} \end{bmatrix}$； (2) $Q=\begin{bmatrix} \frac{1}{\sqrt{2}} & \frac{1}{\sqrt{6}} & \frac{1}{\sqrt{3}} \\ -\frac{1}{\sqrt{2}} & \frac{1}{\sqrt{6}} & \frac{1}{\sqrt{3}} \\ 0 & -\frac{2}{\sqrt{6}} & \frac{1}{\sqrt{3}} \end{bmatrix}$.

5. 求正交矩阵 Q，使 $Q^{-1}AQ$ 为对角矩阵：

(1) $A=\begin{bmatrix} -1 & -3 \\ -3 & -1 \end{bmatrix}$； (2) $A=\begin{bmatrix} 2 & 0 & 0 \\ 0 & 3 & 2 \\ 0 & 2 & 3 \end{bmatrix}$； (3) $A=\begin{bmatrix} 1 & 1 & 1 \\ 1 & 1 & 1 \\ 1 & 1 & 1 \end{bmatrix}$； (4) $A=\begin{bmatrix} 1 & -2 & 2 \\ -2 & 4 & -4 \\ 2 & -4 & 4 \end{bmatrix}$.

6. 证明：若 Q 为正交矩阵，则其行列式的值为 1 或 -1.

7. 证明：若 Q 为正交矩阵，则 Q 可逆且 $Q^{-1}=Q^T$.

8. 证明：若 P,Q 都是正交矩阵，则它们的乘积 PQ 也是正交矩阵.

9. 设三阶实对称矩阵 A 的特征值 $\lambda_1=-1,\lambda_2=\lambda_3=1$，$A$ 的对应于 λ_1 的特征向量为 $\alpha_1=(0,1,1)^T$，求 A.

10. 单项选择题：

(1) 设 $\alpha=(1,2,-1)^T,\beta=(3,4,1)^T$，则与 α,β 都正交的单位向量为(　　).

(A) $(-3,2,1)^T$； (B) $\frac{1}{\sqrt{14}}(-3,2,1)^T$； (C) $(3,-1,1)^T$； (D) $\frac{1}{\sqrt{3}}(1,-1,1)^T$.

(2) 若矩阵 $A=\begin{bmatrix} a & -a \\ a & a \end{bmatrix}$ 为正交矩阵，其中 $a>0$，则 $a=$(　　).

(A) $\frac{1}{2}$； (B) $\sqrt{2}$； (C) $\frac{1}{\sqrt{2}}$； (D) 1.

(3) 设 A 为二阶实对称矩阵，且 $\det A=-6$，若 A 有一个特征值 $\lambda_1=2$，则 A 的另一特征值 $\lambda_2=$(　　).

(A) -3； (B) -2； (C) -1； (D) 1.

(4) 设 A,B 均为 n 阶正交矩阵，则(　　).

(A) $AB,A+B$ 也是正交矩阵； (B) $AB,A+B$ 都不是正交矩阵；

(C) $AB,A^{-1}B^{-1}$ 都是正交矩阵； (D) AB 是正交矩阵，但 $A^{-1}B^{-1}$ 不是正交矩阵.

*第五章　二　次　型

在平面解析几何中，为了讨论二次曲线 $ax^2+2bxy+cy^2=d$ 的类型和有关性质，通过坐标变换消去 xy 项，得到二次曲线的标准方程. 在科学技术和经济管理理论中经常遇到类似的问题：需要把一个 n 元二次齐次多项式通过可逆的线性替换化为仅含完全平方项的和的形式，以便于进一步研究其性质. 二次型的理论在物理学、运筹学、统计学等许多领域有重要应用.

§5.1　基本概念

一、二次型及其矩阵

定义 5.1　含有 n 个变量的二次齐次函数

$$f(x_1,x_2,\cdots,x_n)=\sum_{i=1}^{n}\sum_{j=1}^{n}a_{ij}x_ix_j, \tag{5.1}$$

其中 $a_{ij}=a_{ji}\ (i,j=1,2,\cdots,n)$，称为一个 n **元二次型**，简称**二次型**.

当 $a_{ij}\ (i,j=1,2,\cdots,n)$ 为实数时，$f(x_1,x_2,\cdots,x_n)$ 称为**实二次型**；当 $a_{ij}\ (i,j=1,2,\cdots,n)$ 为复数时，$f(x_1,x_2,\cdots,x_n)$ 称为**复二次型**. 本章仅讨论实二次型.

二次型(5.1)可以写成矩阵形式：

$$\begin{aligned}f(x_1,x_2,\cdots,x_n)=&\ a_{11}x_1^2+a_{12}x_1x_2+\cdots+a_{1n}x_1x_n\\&+a_{21}x_2x_1+a_{22}x_2^2+\cdots+a_{2n}x_2x_n\\&+\cdots\cdots\cdots\cdots\cdots\cdots\\&+a_{n1}x_nx_1+a_{n2}x_nx_2+\cdots+a_{nn}x_n^2\\=&\ (x_1,x_2,\cdots,x_n)\begin{bmatrix}a_{11}&a_{12}&\cdots&a_{1n}\\a_{21}&a_{22}&\cdots&a_{2n}\\\vdots&\vdots&&\vdots\\a_{n1}&a_{n2}&\cdots&a_{nn}\end{bmatrix}\begin{bmatrix}x_1\\x_2\\\vdots\\x_n\end{bmatrix}.\end{aligned}$$

记

$$\boldsymbol{X}=\begin{bmatrix}x_1\\x_2\\\vdots\\x_n\end{bmatrix},\quad \boldsymbol{A}=\begin{bmatrix}a_{11}&a_{12}&\cdots&a_{1n}\\a_{21}&a_{22}&\cdots&a_{2n}\\\vdots&\vdots&&\vdots\\a_{n1}&a_{n2}&\cdots&a_{nn}\end{bmatrix},$$

其中 $a_{ij}=a_{ji}\ (i,j=1,2,\cdots,n)$，则二次型(5.1)的矩阵形式为

$$f(\boldsymbol{X}) = \boldsymbol{X}^{\mathrm{T}}\boldsymbol{A}\boldsymbol{X} \quad (\boldsymbol{A} = \boldsymbol{A}^{\mathrm{T}}),$$

其中 $\boldsymbol{A}$ 称为**二次型** $f(x_1,x_2,\cdots,x_n)$**的矩阵**，矩阵 $\boldsymbol{A}$ 的秩 $\mathrm{r}(\boldsymbol{A})$ 称为该**二次型的秩**.

例 1 设二次型

$$f(x_1,x_2,x_3) = x_2^2 - 2x_3^2 + x_1x_2 - 4x_2x_3,$$

试求二次型的矩阵 $\boldsymbol{A}$ 和二次型的秩.

解 二次型 f 可写成

$$\begin{aligned} f(x_1,x_2,x_3) =& 0\cdot x_1^2 + \frac{1}{2}x_1x_2 + 0\cdot x_1x_3 + \frac{1}{2}x_1x_2 + x_2^2 - 2x_2x_3 \\ & + 0\cdot x_1x_3 - 2x_2x_3 - 2x_3^2, \end{aligned}$$

则二次型的矩阵

$$\boldsymbol{A} = \begin{bmatrix} 0 & 1/2 & 0 \\ 1/2 & 1 & -2 \\ 0 & -2 & -2 \end{bmatrix}.$$

利用第二章已学过的方法，容易求得 $\mathrm{r}(\boldsymbol{A})=3$. 所以，该二次型的秩为 3.

例 2 已知对称矩阵

$$\boldsymbol{A} = \begin{bmatrix} 0 & 1/2 & -1/2 \\ 1/2 & 0 & 1/2 \\ -1/2 & 1/2 & 0 \end{bmatrix},$$

求相应的二次型 $f(x_1,x_2,x_3)$.

解 $$\begin{aligned} f(x_1,x_2,x_3) &= \boldsymbol{X}^{\mathrm{T}}\boldsymbol{A}\boldsymbol{X} = (x_1,x_2,x_3)\begin{bmatrix} 0 & 1/2 & -1/2 \\ 1/2 & 0 & 1/2 \\ -1/2 & 1/2 & 0 \end{bmatrix}\begin{bmatrix} x_1 \\ x_2 \\ x_3 \end{bmatrix} \\ &= \left(\frac{1}{2}x_2 - \frac{1}{2}x_3, \frac{1}{2}x_1 + \frac{1}{2}x_3, -\frac{1}{2}x_1 + \frac{1}{2}x_2\right)\begin{bmatrix} x_1 \\ x_2 \\ x_3 \end{bmatrix} \\ &= x_1x_2 - x_1x_3 + x_2x_3. \end{aligned}$$

一般地，若给定一个 n 元二次型(5.1)，可得到惟一的与之对应的 n 阶对称矩阵 $\boldsymbol{A}$，$\boldsymbol{A}$ 就是该二次型的矩阵，$\mathrm{r}(\boldsymbol{A})$ 就是该二次型的秩；反之，给定一个 n 阶对称矩阵 $\boldsymbol{A}$，可得到与 $\boldsymbol{A}$ 对应的惟一的 n 元二次型 $f(\boldsymbol{X})=\boldsymbol{X}^{\mathrm{T}}\boldsymbol{A}\boldsymbol{X}$，二次型 f 的矩阵就是 $\boldsymbol{A}$. 在此意义上，二次型与一个对称矩阵是一一对应的.

二、线性替换

在平面解析几何中，为了讨论二次曲线

$$ax^2 + 2bxy + cy^2 = d$$

的性质,可利用坐标旋转变换

$$\begin{cases} x = x'\cos\theta - y'\sin\theta, \\ y = x'\sin\theta + y'\cos\theta \end{cases}$$

将二次曲线方程化为

$$a'x'^2 + b'y'^2 = d'.$$

为了对 n 元二次型进行研究,需要引入线性替换的概念.

定义 5.2 设两组变量 $x_1,x_2,\cdots,x_n$ 和 $y_1,y_2,\cdots,y_n$ 间具有下述关系:

$$\begin{cases} x_1 = c_{11}y_1 + c_{12}y_2 + \cdots + c_{1n}y_n, \\ x_2 = c_{21}y_1 + c_{22}y_2 + \cdots + c_{2n}y_n, \\ \cdots\cdots\cdots\cdots\cdots\cdots\cdots\cdots\cdots\cdots \\ x_n = c_{n1}y_1 + c_{n2}y_2 + \cdots + c_{nn}y_n, \end{cases} \tag{5.2}$$

则(5.2)称为由 $x_1,x_2,\cdots,x_n$ 到 $y_1,y_2,\cdots,y_n$ 的一个**线性替换**.

记

$$\boldsymbol{X} = \begin{bmatrix} x_1 \\ x_2 \\ \vdots \\ x_n \end{bmatrix}, \quad \boldsymbol{Y} = \begin{bmatrix} y_1 \\ y_2 \\ \vdots \\ y_n \end{bmatrix}, \quad \boldsymbol{C} = \begin{bmatrix} c_{11} & c_{12} & \cdots & c_{1n} \\ c_{21} & c_{22} & \cdots & c_{2n} \\ \vdots & \vdots & & \vdots \\ c_{n1} & c_{n2} & \cdots & c_{nn} \end{bmatrix},$$

则(5.2)所表示的线性替换可以写成矩阵形式:

$$\boldsymbol{X} = \boldsymbol{C}\boldsymbol{Y}, \tag{5.3}$$

矩阵 $\boldsymbol{C}$ 称为**线性替换**(5.2)**的矩阵**.

如果线性替换(5.2)的矩阵 $\boldsymbol{C}$ 可逆,则(5.2)称为**可逆线性替换**,而 $\boldsymbol{Y}=\boldsymbol{C}^{-1}\boldsymbol{X}$ 称为(5.2)的逆替换;如果线性替换(5.2)的矩阵 $\boldsymbol{C}$ 为正交矩阵,则称此线性替换为**正交替换**.

例 3 平面解析几何中的坐标旋转变换

$$\begin{cases} x = x'\cos\theta - y'\sin\theta, \\ y = x'\sin\theta + y'\cos\theta \end{cases}$$

是一个线性替换,其矩阵形式为

$$\begin{bmatrix} x \\ y \end{bmatrix} = \begin{bmatrix} \cos\theta & -\sin\theta \\ \sin\theta & \cos\theta \end{bmatrix} \begin{bmatrix} x' \\ y' \end{bmatrix},$$

线性替换的矩阵

$$\boldsymbol{C} = \begin{bmatrix} \cos\theta & -\sin\theta \\ \sin\theta & \cos\theta \end{bmatrix}.$$

因为 $\det\boldsymbol{C}=1\neq 0$,矩阵 $\boldsymbol{C}$ 可逆,所以这是一个可逆线性替换. 容易验证 $\boldsymbol{C}$ 是一个正交矩阵,所以坐标旋转变换也是一个正交替换.

一般地,正交替换一定是可逆线性替换.

三、矩阵合同

设二次型 $f(x_1,x_2,\cdots,x_n)=\boldsymbol{X}^{\mathrm{T}}\boldsymbol{A}\boldsymbol{X}$，其中 $\boldsymbol{A}^{\mathrm{T}}=\boldsymbol{A}$，对 f 进行可逆线性替换 $\boldsymbol{X}=\boldsymbol{C}\boldsymbol{Y}$，则

$$f(x_1,x_2,\cdots,x_n)=\boldsymbol{X}^{\mathrm{T}}\boldsymbol{A}\boldsymbol{X}=(\boldsymbol{C}\boldsymbol{Y})^{\mathrm{T}}\boldsymbol{A}(\boldsymbol{C}\boldsymbol{Y})=\boldsymbol{Y}^{\mathrm{T}}(\boldsymbol{C}^{\mathrm{T}}\boldsymbol{A}\boldsymbol{C})\boldsymbol{Y}.$$

记矩阵 $\boldsymbol{B}=\boldsymbol{C}^{\mathrm{T}}\boldsymbol{A}\boldsymbol{C}$，则

$$\boldsymbol{B}^{\mathrm{T}}=(\boldsymbol{C}^{\mathrm{T}}\boldsymbol{A}\boldsymbol{C})^{\mathrm{T}}=\boldsymbol{C}^{\mathrm{T}}\boldsymbol{A}\boldsymbol{C}=\boldsymbol{B},$$

即矩阵 $\boldsymbol{B}$ 仍为对称矩阵. 于是二次型 $\boldsymbol{X}^{\mathrm{T}}\boldsymbol{A}\boldsymbol{X}$ 经可逆线性替换 $\boldsymbol{X}=\boldsymbol{C}\boldsymbol{Y}$ 化为二次型 $\boldsymbol{Y}^{\mathrm{T}}\boldsymbol{B}\boldsymbol{Y}$，这是关于变量 $y_1,y_2,\cdots,y_n$ 的一个 n 元二次型，其矩阵为 $\boldsymbol{B}=\boldsymbol{C}^{\mathrm{T}}\boldsymbol{A}\boldsymbol{C}$. 由于 $\boldsymbol{C}$ 可逆，所以 $\boldsymbol{B}$ 与 $\boldsymbol{A}$ 有相同的秩.

一般地，可引入矩阵合同的概念.

定义 5.3 设 $\boldsymbol{A},\boldsymbol{B}$ 为两个 n 阶矩阵，如果存在可逆矩阵 $\boldsymbol{C}$，使得

$$\boldsymbol{B}=\boldsymbol{C}^{\mathrm{T}}\boldsymbol{A}\boldsymbol{C},$$

则称矩阵 $\boldsymbol{A}$ 与 $\boldsymbol{B}$ 合同，或 $\boldsymbol{A}$ 合同于 $\boldsymbol{B}$，记为 $\boldsymbol{A}\simeq\boldsymbol{B}$.

利用定义 5.3，上面的分析可总结为：

定理 5.1 二次型 $f(x_1,x_2,\cdots,x_n)=\boldsymbol{X}^{\mathrm{T}}\boldsymbol{A}\boldsymbol{X}$（其中 $\boldsymbol{A}^{\mathrm{T}}=\boldsymbol{A}$）经过可逆线性替换 $\boldsymbol{X}=\boldsymbol{C}\boldsymbol{Y}$，就得到以 $\boldsymbol{B}$ 为矩阵的 n 元二次型 $\boldsymbol{Y}^{\mathrm{T}}\boldsymbol{B}\boldsymbol{Y}$，其中 $\boldsymbol{A}\simeq\boldsymbol{B}$，且

$$\mathrm{r}(\boldsymbol{A})=\mathrm{r}(\boldsymbol{B}).$$

矩阵间的合同关系具有下述性质：

性质 1（反身性） 对任一 n 阶矩阵 $\boldsymbol{A}$，有 $\boldsymbol{A}\simeq\boldsymbol{A}$.

这一性质可由 $\boldsymbol{E}^{\mathrm{T}}\boldsymbol{A}\boldsymbol{E}=\boldsymbol{A}$ 直接得到.

性质 2（对称性） 如果 $\boldsymbol{A}\simeq\boldsymbol{B}$，则 $\boldsymbol{B}\simeq\boldsymbol{A}$.

实际上，由 $\boldsymbol{A}\simeq\boldsymbol{B}$，则存在可逆矩阵 $\boldsymbol{C}$，使得 $\boldsymbol{B}=\boldsymbol{C}^{\mathrm{T}}\boldsymbol{A}\boldsymbol{C}$. 于是

$$\boldsymbol{A}=(\boldsymbol{C}^{\mathrm{T}})^{-1}\boldsymbol{B}\boldsymbol{C}^{-1}=(\boldsymbol{C}^{-1})^{\mathrm{T}}\boldsymbol{B}(\boldsymbol{C}^{-1}),$$

所以 $\boldsymbol{B}\simeq\boldsymbol{A}$.

性质 3（传递性） 如果 $\boldsymbol{A}\simeq\boldsymbol{B},\boldsymbol{B}\simeq\boldsymbol{C}$，则 $\boldsymbol{A}\simeq\boldsymbol{C}$.

实际上，因为 $\boldsymbol{A}\simeq\boldsymbol{B},\boldsymbol{B}\simeq\boldsymbol{C}$，所以存在可逆矩阵 $\boldsymbol{C}_1,\boldsymbol{C}_2$，有

$$\boldsymbol{B}=\boldsymbol{C}_1^{\mathrm{T}}\boldsymbol{A}\boldsymbol{C}_1,\quad \boldsymbol{C}=\boldsymbol{C}_2^{\mathrm{T}}\boldsymbol{B}\boldsymbol{C}_2,$$

于是

$$\boldsymbol{C}=\boldsymbol{C}_2^{\mathrm{T}}\boldsymbol{C}_1^{\mathrm{T}}\boldsymbol{A}\boldsymbol{C}_1\boldsymbol{C}_2=(\boldsymbol{C}_1\boldsymbol{C}_2)^{\mathrm{T}}\boldsymbol{A}(\boldsymbol{C}_1\boldsymbol{C}_2).$$

又 $\det(\boldsymbol{C}_1\boldsymbol{C}_2)=\det\boldsymbol{C}_1\cdot\det\boldsymbol{C}_2\neq 0$，所以 $\boldsymbol{A}\simeq\boldsymbol{C}$.

习 题 5.1

1. 写出下列二次型的矩阵：

(1) $f(x_1,x_2,x_3)=x_1^2-2x_2^2+3x_3^2+4x_1x_2-6x_2x_3$；

(2) $f(x_1,x_2,x_3)=2x_1x_2+2x_1x_3+x_2x_3$；

(3) $f(x_1,x_2)=(x_1,x_2)\begin{bmatrix}2&1\\3&1\end{bmatrix}\begin{bmatrix}x_1\\x_2\end{bmatrix}$.

2. 写出下列各对称矩阵所对应的二次型：

(1) $\boldsymbol{A}=\begin{bmatrix}1&1&0\\1&2&1\\0&1&3\end{bmatrix}$； (2) $\boldsymbol{A}=\begin{bmatrix}0&1/2&-1/2\\1/2&0&1/2\\-1/2&1/2&0\end{bmatrix}$； (3) $\boldsymbol{A}=\begin{bmatrix}1&1/2&0&0\\1/2&0&-1/2&0\\0&-1/2&-1&1/2\\0&0&1/2&0\end{bmatrix}$.

3. 求下列二次型的秩：

(1) $f(x_1,x_2,x_3)=x_1^2+2x_2^2+2x_1x_2-2x_1x_3$；

(2) $f(x_1,x_2,x_3)=x_1^2+2x_2^2+x_3^2+2x_1x_2+2x_2x_3$.

4. 将下列线性替换写成矩阵形式，并判断该线性替换是否是可逆线性替换.

(1) $\begin{cases}x_1=y_1-y_2+y_3,\\x_2=y_1+y_2-y_3,\\x_3=-y_1+y_2-y_3;\end{cases}$ (2) $\begin{cases}x_1=y_1-2y_2+y_3,\\x_2=-y_2+2y_3,\\x_3=y_3.\end{cases}$

5. 设 n 阶矩阵 $\boldsymbol{A}$ 与单位矩阵合同，证明：$\det\boldsymbol{A}>0$.

6. 设分块矩阵

$$\boldsymbol{A}=\begin{bmatrix}A_1&0\\0&A_2\end{bmatrix},\quad \boldsymbol{B}=\begin{bmatrix}B_1&0\\0&B_2\end{bmatrix},$$

其中 $\boldsymbol{A}_1,\boldsymbol{B}_1$ 为 m 阶矩阵；$\boldsymbol{A}_2,\boldsymbol{B}_2$ 为 n 阶矩阵.如果 $\boldsymbol{A}_1$ 与 $\boldsymbol{B}_1$ 合同，$\boldsymbol{A}_2$ 与 $\boldsymbol{B}_2$ 合同.试证 $\boldsymbol{A}$ 与 $\boldsymbol{B}$ 合同.

7. 单项选择题：

(1) 设二次型

$$f(x_1,x_2,x_3)=5x_1^2+5x_2^2+cx_3^2-2x_1x_2+6x_1x_3-6x_2x_3$$

的秩为 2，则 $c=$(   ).

(A) 1； (B) 2； (C) 3； (D) 4.

(2) 设 $\boldsymbol{A},\boldsymbol{B}$ 均为 n 阶矩阵，且 $\boldsymbol{A}\simeq\boldsymbol{B}$，则(   ).

(A) $\boldsymbol{A},\boldsymbol{B}$ 有相同的特征值； (B) $\boldsymbol{A}\sim\boldsymbol{B}$；

(C) $\det\boldsymbol{A}=\det\boldsymbol{B}$； (D) $\mathrm{r}(\boldsymbol{A})=\mathrm{r}(\boldsymbol{B})$.

(3) 已知两个线性替换

$$\begin{cases}x_1=y_1+y_2,\\x_2=y_1-y_2,\\x_3=y_3,\end{cases}\quad\begin{cases}z_1=y_1+y_3,\\z_2=y_2,\\z_3=y_3,\end{cases}$$

则由变量 x_1,x_2,x_3 到变量 z_1,z_2,z_3 的线性替换为(   ).

(A) $\begin{cases}x_1=z_1+z_2,\\x_2=z_1-z_2,\\x_3=z_1+z_2+z_3;\end{cases}$ (B) $\begin{cases}x_1=z_1+z_2-z_3,\\x_2=z_1-z_2-z_3,\\x_3=z_3;\end{cases}$

(C) $\begin{cases}x_1=z_1,\\x_2=z_1+z_2,\\x_3=z_1-z_2;\end{cases}$ (D) $\begin{cases}x_1=z_1+z_2-z_3,\\x_2=z_1-z_2+z_3,\\x_3=z_3.\end{cases}$

§5.2 二次型的标准形与规范形

一、二次型的标准形

定义 5.4 如果二次型

$$f(x_1,x_2,\cdots,x_n)=\boldsymbol{X}^{\mathrm{T}}\boldsymbol{A}\boldsymbol{X}\quad(\boldsymbol{A}^{\mathrm{T}}=\boldsymbol{A})$$

经过可逆线性替换 $\boldsymbol{X}=\boldsymbol{C}\boldsymbol{Y}$,化为二次型 $\boldsymbol{Y}^{\mathrm{T}}\boldsymbol{B}\boldsymbol{Y}$,并且

$$\boldsymbol{Y}^{\mathrm{T}}\boldsymbol{B}\boldsymbol{Y}=d_1y_1^2+d_2y_2^2+\cdots+d_ny_n^2,\tag{5.4}$$

则(5.4)称为二次型 $f(\boldsymbol{X})=\boldsymbol{X}^{\mathrm{T}}\boldsymbol{A}\boldsymbol{X}$ 的标准形.

二次型(5.4)的矩阵 $\boldsymbol{B}$ 为 n 阶对角矩阵,即

$$\boldsymbol{B}=\begin{bmatrix}d_1 & & & 0\\ & d_2 & & \\ & & \ddots & \\ 0 & & & d_n\end{bmatrix}.$$

由此可知,二次型 $f(\boldsymbol{X})=\boldsymbol{X}^{\mathrm{T}}\boldsymbol{A}\boldsymbol{X}$ 化为标准形的问题,等价于该二次型的矩阵 $\boldsymbol{A}$ 合同于一个对角矩阵的问题,而二次型的秩等于该对角矩阵主对角线上非零元素的个数.

下面介绍化二次型为标准形的方法.

1. 用配方法化二次型为标准形

例 1 用配方法化二次型

$$f(x_1,x_2,x_3)=x_1^2-3x_2^2+2x_3^2-2x_1x_2+2x_1x_3-6x_2x_3$$

为标准形,并写出对应的可逆线性替换.

解 先将含有 x_1 的各项归并在一起,并配成完全平方项:

$$\begin{aligned}f(x_1,x_2,x_3)&=[x_1^2-2x_1(x_2-x_3)]-3x_2^2-6x_2x_3+2x_3^2\\&=(x_1-x_2+x_3)^2-(x_2-x_3)^2-3x_2^2-6x_2x_3+2x_3^2\\&=(x_1-x_2+x_3)^2-4x_2^2-4x_2x_3+x_3^2.\end{aligned}$$

再对后三项中含 x_2 的项配方,则

$$\begin{aligned}f(x_1,x_2,x_3)&=(x_1-x_2+x_3)^2-4(x_2^2+x_2x_3)+x_3^2\\&=(x_1-x_2+x_3)^2-4\left(x_2+\frac{1}{2}x_3\right)^2+2x_3^2.\end{aligned}$$

令

$$\begin{cases}y_1=x_1-x_2+x_3,\\ y_2=x_2+\dfrac{1}{2}x_3,\\ y_3=x_3,\end{cases}\tag{5.5}$$

则原二次型的标准形为

$$f = y_1^2 - 4y_2^2 + 2y_3^2.$$

由(5.5)可得由变量 x_1,x_2,x_3 到变量 y_1,y_2,y_3 的线性替换为

$$\begin{cases} x_1 = y_1 + y_2 - \dfrac{3}{2}y_3, \\ x_2 = y_2 - \dfrac{1}{2}y_3, \\ x_3 = y_3. \end{cases}$$

线性替换的矩阵

$$\boldsymbol{C} = \begin{bmatrix} 1 & 1 & -3/2 \\ 0 & 1 & -1/2 \\ 0 & 0 & 1 \end{bmatrix},$$

由于 $\det\boldsymbol{C}=1\neq 0$,这是一个可逆线性替换.

例 2 用配方法将二次型

$$f(x_1,x_2,x_3) = x_1x_2 + x_1x_3 + x_2x_3$$

化为标准形,并写出对应的可逆线性替换.

解 原二次型中没有变量的平方项,为了进行配方,先做线性替换使二次型中出现变量的平方项后,再按例 1 的方法配方. 令

$$\begin{cases} x_1 = y_1 - y_2, \\ x_2 = y_1 + y_2, \\ x_3 = y_3, \end{cases} \tag{5.6}$$

则

$$\begin{aligned} f(x_1,x_2,x_3) &= y_1^2 - y_2^2 + (y_1 - y_2)y_3 + (y_1 + y_2)y_3 = y_1^2 + 2y_1y_3 - y_2^2 \\ &= (y_1 + y_3)^2 - y_2^2 - y_3^2. \end{aligned}$$

令

$$\begin{cases} z_1 = y_1 + y_3, \\ z_2 = y_2, \\ z_3 = y_3, \end{cases} \tag{5.7}$$

则原二次型的标准形为

$$f = z_1^2 - z_2^2 - z_3^2.$$

由(5.7)可得由变量 y_1,y_2,y_3 到 z_1,z_2,z_3 的线性替换:

$$\begin{cases} y_1 = z_1 - z_3, \\ y_2 = z_2, \\ y_3 = z_3, \end{cases}$$

代入(5.6)，得到由变量 x_1,x_2,x_3 到变量 z_1,z_2,z_3 的线性替换

$$\begin{cases}x_1 = z_1 - z_2 - z_3,\\ x_2 = z_1 + z_2 - z_3,\\ x_3 = z_3.\end{cases}$$

此线性替换的矩阵

$$\boldsymbol{C} = \begin{bmatrix}1 & -1 & -1\\ 1 & 1 & -1\\ 0 & 0 & 1\end{bmatrix},$$

由于 $\det\boldsymbol{C}=2\neq 0$，这是一个可逆线性替换.

一般地，利用配方法可以证明：

定理 5.2 任何一个 n 元二次型都可以通过可逆线性替换化为标准形(证明略).

推论 任一 n 阶实对称矩阵 $\boldsymbol{A}$ 都与一个对角矩阵合同.

实际上，对于 n 阶实对称矩阵 $\boldsymbol{A}$，可对应于惟一的 n 元二次型 $f(\boldsymbol{X})=\boldsymbol{X}^{\mathrm{T}}\boldsymbol{A}\boldsymbol{X}$. 根据定理 5.2，必存在可逆线性替换 $\boldsymbol{X}=\boldsymbol{C}\boldsymbol{Y}$，使二次型 f 化为标准形 $\boldsymbol{Y}^{\mathrm{T}}\boldsymbol{D}\boldsymbol{Y}$，其中 $\boldsymbol{D}$ 是对角矩阵. 由定理 5.1 知 $\boldsymbol{D}=\boldsymbol{C}^{\mathrm{T}}\boldsymbol{A}\boldsymbol{C}$，即 $\boldsymbol{A}\simeq\boldsymbol{D}$.

在利用配方法化二次型为标准形时，应注意两种可能的情形：

(1) 二次型 $f(x_1,x_2,\cdots,x_n)$ 中含有某个变量的平方项 x_i^2，则应首先把含有 x_i 的各项合在一起配成完全平方项. 然后再继续按此方法配方，如上面的例 1.

(2) 二次型 $f(x_1,x_2,\cdots,x_n)$ 中不含任意一个变量的平方项，则应首先做线性替换，使二次型中出现新变量的平方项. 再继续按情形(1)的方法配方，如上面的例 2.

2. 用正交替换法化二次型为标准形

由于二次型的矩阵为实对称矩阵，根据定理 4.8，实对称矩阵一定可对角化. 由此得到：

定理 5.3 任一 n 元二次型都可以通过正交替换化为标准形.

证 设二次型 $f(\boldsymbol{X})=\boldsymbol{X}^{\mathrm{T}}\boldsymbol{A}\boldsymbol{X}$，其中 $\boldsymbol{A}$ 为 n 阶实对称矩阵. 根据定理 4.8，必存在正交矩阵 $\boldsymbol{Q}$，使得

$$\boldsymbol{Q}^{-1}\boldsymbol{A}\boldsymbol{Q} = \boldsymbol{\Lambda} = \begin{bmatrix}\lambda_1 & & & \\ & \lambda_2 & & \\ & & \ddots & \\ & & & \lambda_n\end{bmatrix},$$

其中 $\lambda_1,\lambda_2,\cdots,\lambda_n$ 为 $\boldsymbol{A}$ 的全部特征值.

因为 $\boldsymbol{Q}$ 为正交矩阵，有 $\boldsymbol{Q}^{-1}=\boldsymbol{Q}^{\mathrm{T}}$，所以

$$\boldsymbol{Q}^{\mathrm{T}}\boldsymbol{A}\boldsymbol{Q} = \boldsymbol{Q}^{-1}\boldsymbol{A}\boldsymbol{Q} = \boldsymbol{\Lambda}.$$

作正交替换 $\boldsymbol{X}=\boldsymbol{Q}\boldsymbol{Y}$，则

$$\begin{aligned}\boldsymbol{X}^{\mathrm{T}}\boldsymbol{A}\boldsymbol{X} &= (\boldsymbol{Q}\boldsymbol{Y})^{\mathrm{T}}\boldsymbol{A}(\boldsymbol{Q}\boldsymbol{Y}) = \boldsymbol{Y}^{\mathrm{T}}(\boldsymbol{Q}^{\mathrm{T}}\boldsymbol{A}\boldsymbol{Q})\boldsymbol{Y} = \boldsymbol{Y}^{\mathrm{T}}\boldsymbol{\Lambda}\boldsymbol{Y}\\ &= \lambda_1 y_1^2 + \lambda_2 y_2^2 + \cdots + \lambda_n y_n^2.\end{aligned}$$

根据定理 5.3,利用正交替换将二次型 $f(x_1,x_2,\cdots,x_n)=\boldsymbol{X}^{\mathrm{T}}\boldsymbol{A}\boldsymbol{X}$ 标准化的步骤如下:

(1) 求出二次型的矩阵 $\boldsymbol{A}$ 的全部特征值 $\lambda_1,\lambda_2,\cdots,\lambda_n$;

(2) 利用 §4.3 的方法,求得正交矩阵 $\boldsymbol{Q}$,使 $\boldsymbol{Q}^{\mathrm{T}}\boldsymbol{A}\boldsymbol{Q}$ 为对角矩阵 $\boldsymbol{\Lambda}$,并得到二次型的标准形

$$f=\lambda_1y_1^2+\lambda_2y_2^2+\cdots+\lambda_ny_n^2.$$

例 3　用正交替换法将二次型

$$f(x_1,x_2,x_3)=x_1^2+4x_2^2+4x_3^2-4x_1x_2+4x_1x_3-8x_2x_3$$

化为标准形,并写出所作的正交替换.

解　二次型 f 的矩阵

$$\boldsymbol{A}=\begin{bmatrix}1&-2&2\\-2&4&-4\\2&-4&4\end{bmatrix}.$$

$\boldsymbol{A}$ 的特征多项式

$$\det(\lambda\boldsymbol{E}-\boldsymbol{A})=\begin{vmatrix}\lambda-1&2&-2\\2&\lambda-4&4\\-2&4&\lambda-4\end{vmatrix}=\lambda^2(\lambda-9),$$

所以 $\boldsymbol{A}$ 的特征值为 $\lambda_1=\lambda_2=0$, $\lambda_3=9$.

对于 $\lambda_1=\lambda_2=0$,解齐次线性方程组 $(0\boldsymbol{E}-\boldsymbol{A})\boldsymbol{X}=\boldsymbol{o}$,得其基础解系

$$\boldsymbol{\alpha}_1=(2,1,0)^{\mathrm{T}},\quad \boldsymbol{\alpha}_2=(-2,0,1)^{\mathrm{T}}.$$

利用施密特正交化方法将 $\boldsymbol{\alpha}_1,\boldsymbol{\alpha}_2$ 正交化.令

$$\boldsymbol{\beta}_1=\boldsymbol{\alpha}_1=(2,1,0)^{\mathrm{T}},$$

则

$$\boldsymbol{\beta}_2=\boldsymbol{\alpha}_2-\frac{\boldsymbol{\alpha}_2^{\mathrm{T}}\boldsymbol{\beta}_1}{\boldsymbol{\beta}_1^{\mathrm{T}}\boldsymbol{\beta}_1}\boldsymbol{\beta}_1=\left(-\frac{2}{5},\frac{4}{5},1\right)^{\mathrm{T}}.$$

将 $\boldsymbol{\beta}_1,\boldsymbol{\beta}_2$ 单位化,得

$$\boldsymbol{\gamma}_1=\frac{1}{\|\boldsymbol{\beta}_1\|}\boldsymbol{\beta}_1=\left(\frac{2}{\sqrt{5}},\ \frac{1}{\sqrt{5}},\ 0\right)^{\mathrm{T}},$$

$$\boldsymbol{\gamma}_2=\frac{1}{\|\boldsymbol{\beta}_2\|}\boldsymbol{\beta}_2=\left(-\frac{2}{3\sqrt{5}},\ \frac{4}{3\sqrt{5}},\ \frac{5}{3\sqrt{5}}\right)^{\mathrm{T}}.$$

对于 $\lambda_3=9$,解齐次线性方程组 $(9\boldsymbol{E}-\boldsymbol{A})\boldsymbol{X}=\boldsymbol{o}$,得基础解系 $\boldsymbol{\alpha}_3=(1,-2,2)^{\mathrm{T}}$.将 $\boldsymbol{\alpha}_3$ 单位化,得

$$\boldsymbol{\gamma}_3=\frac{1}{\|\boldsymbol{\alpha}_3\|}\boldsymbol{\alpha}_3=\left(\frac{1}{3},-\frac{2}{3},\frac{2}{3}\right)^{\mathrm{T}}.$$

令矩阵

$$Q=(\boldsymbol{\gamma}_1,\boldsymbol{\gamma}_2,\boldsymbol{\gamma}_3)=\begin{bmatrix}\frac{2}{\sqrt{5}} & -\frac{2}{3\sqrt{5}} & \frac{1}{3}\\ \frac{1}{\sqrt{5}} & \frac{4}{3\sqrt{5}} & -\frac{2}{3}\\ 0 & \frac{5}{3\sqrt{5}} & \frac{2}{3}\end{bmatrix},\quad \Lambda=\begin{bmatrix}0 & & \\ & 0 & \\ & & 9\end{bmatrix},$$

则 $\boldsymbol{Q}^{\mathrm{T}}\boldsymbol{A}\boldsymbol{Q}=\Lambda$. 作可逆线性替换 $\boldsymbol{X}=\boldsymbol{Q}\boldsymbol{Y}$,则二次型的标准形为

$$f=9y_3^2.$$

显然,如果仅要求得到二次型的标准形,在求得二次型矩阵 $\boldsymbol{A}$ 的特征值 $\lambda_1,\lambda_2,\cdots,\lambda_n$ 后,就可得其标准形为 $\lambda_1y_1^2+\lambda_2y_2^2+\cdots+\lambda_ny_n^2$,如下例.

例 4 用正交替换法将二次型

$$f(x_1,x_2,x_3)=x_1x_2+x_1x_3+x_2x_3$$

化为标准形.

解 二次型 f 的矩阵

$$\boldsymbol{A}=\begin{bmatrix}0 & 1/2 & 1/2\\ 1/2 & 0 & 1/2\\ 1/2 & 1/2 & 0\end{bmatrix},$$

$\boldsymbol{A}$ 的特征多项式

$$\det(\lambda\boldsymbol{E}-\boldsymbol{A})=\begin{vmatrix}\lambda & -1/2 & -1/2\\ -1/2 & \lambda & -1/2\\ -1/2 & -1/2 & \lambda\end{vmatrix}=(\lambda-1)\left(\lambda+\frac{1}{2}\right)^2,$$

所以,$\boldsymbol{A}$ 的特征值为 $\lambda_1=1,\lambda_2=\lambda_3=-\frac{1}{2}$,即存在正交矩阵 $\boldsymbol{Q}$,使得 $\boldsymbol{Q}^{\mathrm{T}}\boldsymbol{A}\boldsymbol{Q}=\Lambda$,其中

$$\Lambda=\begin{bmatrix}1 & & \\ & -1/2 & \\ & & -1/2\end{bmatrix},$$

所以二次型的标准形为

$$f=y_1^2-\frac{1}{2}y_2^2-\frac{1}{2}y_3^2.$$

二、二次型的规范形

由本节例 2 和例 4 可以看出,一个二次型的标准形不是惟一的. 但同一个二次型化为标准形后,其中所含的正、负平方项的个数却是完全相同的. 为了深入讨论这一问题,先引入二次型的规范形的概念.

定义 5.5 如果 n 元二次型

$$f(x_1,x_2,\cdots,x_n)=\boldsymbol{X}^{\mathrm{T}}\boldsymbol{A}\boldsymbol{X}\quad(\boldsymbol{A}^{\mathrm{T}}=\boldsymbol{A})$$

通过可逆线性替换化为

$$y_1^2+y_2^2+\cdots+y_p^2-y_{p+1}^2-\cdots-y_r^2\quad(p\leqslant r\leqslant n),\tag{5.8}$$

则(5.8)称为二次型 $f(\boldsymbol{X})$ 的**规范形**.

定理 5.4(惯性定理) 任一二次型都可以通过可逆线性替换化为规范形,并且规范形是惟一的.

证 设二次型 $f(\boldsymbol{X})=\boldsymbol{X}^{\mathrm{T}}\boldsymbol{A}\boldsymbol{X}$,其中 $\boldsymbol{A}^{\mathrm{T}}=\boldsymbol{A}$,根据定理 5.2,必存在可逆线性替换 $\boldsymbol{X}=\boldsymbol{C}_1\boldsymbol{Y}$,使二次型 f 化为标准形. 设其标准形为

$$f=d_1y_1^2+d_2y_2^2+\cdots+d_py_p^2-d_{p+1}y_{p+1}^2-\cdots-d_ry_r^2\quad(r\leqslant n),$$

其中 $d_i>0\ (i=1,2,\cdots,r)$.

继续做可逆线性替换

$$\begin{cases}y_1=\dfrac{1}{\sqrt{d_1}}z_1,\\ \cdots\cdots\cdots\cdots\\ y_r=\dfrac{1}{\sqrt{d_r}}z_r,\\ y_{r+1}=z_{r+1},\\ \cdots\cdots\cdots\cdots\\ y_n=z_n,\end{cases}$$

此线性替换的矩阵形式为 $\boldsymbol{Y}=\boldsymbol{C}_2\boldsymbol{Z}$,其中

$$\boldsymbol{C}_2=\begin{bmatrix}\frac{1}{\sqrt{d_1}} & & & & & \\ & \ddots & & & 0 & \\ & & \frac{1}{\sqrt{d_r}} & & & \\ & 0 & & 1 & & \\ & & & & \ddots & \\ & & & & & 1\end{bmatrix}.$$

则二次型 f 的规范形为

$$f=z_1^2+\cdots+z_p^2-z_{p+1}^2-\cdots-z_r^2.$$

从变量 $x_1,x_2,\cdots,x_n$ 到变量 $z_1,z_2,\cdots,z_n$ 的线性替换为 $\boldsymbol{X}=\boldsymbol{C}_1\boldsymbol{Y}=(\boldsymbol{C}_1\boldsymbol{C}_2)\boldsymbol{Z}$. 记 $\boldsymbol{C}=\boldsymbol{C}_1\boldsymbol{C}_2$,由于

$$\det\boldsymbol{C}=\det\boldsymbol{C}_1\cdot\det\boldsymbol{C}_2\neq 0,$$

$\boldsymbol{X}=\boldsymbol{C}\boldsymbol{Z}$ 是一个可逆线性替换.

可以证明,二次型的规范形是惟一的. 即其中正平方项的个数 p,负平方项的个数 $r-p$ 是惟一确定的(证明略).

在二次型 $f(x_1,x_2,\cdots,x_n)$ 的规范形中,系数为正的平方项个数 p 称为 $f(x_1,x_2,\cdots,x_n)$

的**正惯性指数**；系数为负的平方项个数 $r-p$ 称为 $f(x_1,x_2,\cdots,x_n)$ 的**负惯性指数**；它们的差 $p-(r-p)=2p-r$ 称为 $f(x_1,x_2,\cdots,x_n)$ 的**符号差**.

定理 5.4（惯性定理）还可以用矩阵语言叙述为

定理 5.5 任一实对称矩阵 $\boldsymbol{A}$ 合同于对角矩阵

$$\Lambda=\begin{bmatrix}1 & & & & & & & & \\ & \ddots & & & & & & & \\ & & 1 & & & & & 0 & \\ & & & -1 & & & & & \\ & & & & \ddots & & & & \\ & & & & & -1 & & & \\ & & & & & & 0 & & \\ & 0 & & & & & & \ddots & \\ & & & & & & & & 0\end{bmatrix},$$

其中 1 和 -1 的总数等于 $\boldsymbol{A}$ 的秩 $\mathrm{r}(\boldsymbol{A})$，1 的个数由 $\boldsymbol{A}$ 惟一确定，则称它为 $\boldsymbol{A}$ 的**正惯性指数**.

例 5 在本节例 2 中，二次型

$$f(x_1,x_2,x_3)=x_1x_2+x_1x_3+x_2x_3$$

通过可逆线性替换 $\boldsymbol{X}=\boldsymbol{C}\boldsymbol{Z}$ 化为标准形

$$f=z_1^2-z_2^2-z_3^2,$$

其中，矩阵

$$\boldsymbol{C}=\begin{bmatrix}1 & -1 & -1\\ 1 & 1 & -1\\ 0 & 0 & 1\end{bmatrix}.$$

可以看出，此标准形已是该二次型的规范形.

在本节例 4 中，我们利用正交替换 $\boldsymbol{X}=\boldsymbol{Q}\boldsymbol{Y}$ 得到该二次型的标准形为

$$f=y_1^2-\frac{1}{2}y_2^2-\frac{1}{2}y_3^2.$$

不难计算，正交矩阵

$$\boldsymbol{Q}=\begin{bmatrix}\frac{1}{\sqrt{3}} & -\frac{1}{\sqrt{2}} & -\frac{1}{\sqrt{6}}\\ \frac{1}{\sqrt{3}} & \frac{1}{\sqrt{2}} & -\frac{1}{\sqrt{6}}\\ \frac{1}{\sqrt{3}} & 0 & \frac{2}{\sqrt{6}}\end{bmatrix}.$$

继续做可逆线性替换

$$\begin{cases}y_1=z_1,\\ y_2=\sqrt{2}\,z_2,\\ y_3=\sqrt{2}\,z_3,\end{cases}\quad 即\quad \begin{bmatrix}y_1\\ y_2\\ y_3\end{bmatrix}=\begin{bmatrix}1 & 0 & 0\\ 0 & \sqrt{2} & 0\\ 0 & 0 & \sqrt{2}\end{bmatrix}\begin{bmatrix}z_1\\ z_2\\ z_3\end{bmatrix},$$

则二次型化为规范形

$$f = z_1^2 - z_2^2 - z_3^2.$$

由变量 x_1, x_2, x_3 到变量 z_1, z_2, z_3 的可逆线性替换为

$$\boldsymbol{X} = \boldsymbol{Q}\boldsymbol{Y} = \begin{bmatrix} \frac{1}{\sqrt{3}} & -\frac{1}{\sqrt{2}} & -\frac{1}{\sqrt{6}} \\ \frac{1}{\sqrt{3}} & \frac{1}{\sqrt{2}} & -\frac{1}{\sqrt{6}} \\ \frac{1}{\sqrt{3}} & 0 & \frac{2}{\sqrt{6}} \end{bmatrix} \begin{bmatrix} 1 & 0 & 0 \\ 0 & \sqrt{2} & 0 \\ 0 & 0 & \sqrt{2} \end{bmatrix} \begin{bmatrix} z_1 \\ z_2 \\ z_3 \end{bmatrix}$$

$$= \begin{bmatrix} \frac{1}{\sqrt{3}} & -1 & -\frac{1}{\sqrt{3}} \\ \frac{1}{\sqrt{3}} & 1 & -\frac{1}{\sqrt{3}} \\ \frac{1}{\sqrt{3}} & 0 & \frac{2}{\sqrt{3}} \end{bmatrix} \begin{bmatrix} z_1 \\ z_2 \\ z_3 \end{bmatrix}.$$

由此例可以看出，利用不同的方法所得到的二次型的标准形可能是不同的.然而，一个二次型的规范形是惟一确定的，与所做的线性替换无关.

习 题 5.2

1. 用配方法化下列二次型为标准形，并写出所做的可逆线性替换：

(1) $f(x_1, x_2, x_3) = x_1^2 + 2x_1x_2 + 2x_2^2 + 4x_2x_3 + 4x_3^2$；

(2) $f(x_1, x_2, x_3) = 2x_1^2 + x_2^2 + 4x_3^2 + 2x_1x_2 + 4x_2x_3$；

(3) $f(x_1, x_2, x_3) = -4x_1x_2 + 2x_1x_3 + 2x_2x_3$.

2. 用正交替换法化下列二次型为标准形，并写出所做的可逆线性替换：

(1) $f(x_1, x_2, x_3) = x_1^2 + x_2^2 + x_3^2 + 2x_1x_2 + 2x_1x_3 + 2x_2x_3$；

(2) $f(x_1, x_2, x_3) = x_1^2 + 2x_3^2 - 4x_1x_2 - 4x_1x_3$.

3. 对第1题中的各二次型化为规范形.并求出各二次型的秩 r、正惯性指数 p、负惯性指数 $r-p$ 和符号差 $2p-r$.

4. 单项选择题：

(1) 对于二次型 $f(x_1, x_2, \cdots, x_n) = \boldsymbol{X}^{\mathrm{T}}\boldsymbol{A}\boldsymbol{X}$，其中 $\boldsymbol{A}$ 为 n 阶实对称矩阵，下述各结论中正确的是(　　).

(A) 化 f 为标准形的可逆线性替换是惟一的；　(B) 化 f 为规范形的可逆线性替换是惟一的；

(C) f 的标准形是惟一的；　(D) f 的规范形是惟一的.

(2) 矩阵 $\boldsymbol{A} = \begin{bmatrix} 2 & 0 & 0 \\ 0 & 3 & 0 \\ 0 & 0 & -4 \end{bmatrix}$，则 $\boldsymbol{A}$ 合同于(　　).

(A) $\begin{bmatrix} 2 & 0 & 0 \\ 0 & 3 & 0 \\ 0 & 0 & 4 \end{bmatrix}$；　(B) $\begin{bmatrix} -2 & 0 & 0 \\ 0 & -3 & 0 \\ 0 & 0 & 4 \end{bmatrix}$；　(C) $\begin{bmatrix} 1 & 0 & 0 \\ 0 & 1 & 0 \\ 0 & 0 & -1 \end{bmatrix}$；　(D) $\begin{bmatrix} -2 & 0 & 0 \\ 0 & 3 & 0 \\ 0 & 0 & -4 \end{bmatrix}$.

(3) 二次型

$$f(x_1,x_2,x_3)=x_1^2+3x_3^2+2x_1x_2+4x_1x_3+2x_2x_3$$

的正惯性指数 $p=(\quad)$.

(A) 0； (B) 1； (C) 2； (D) 3.

§5.3 正定二次型和正定矩阵

一、正定二次型

任一二次型都可以通过可逆线性替换化为标准形或规范形，而其规范形是惟一的. 利用二次型的规范形将二次型进行分类在理论和应用方面都具有重要意义.

定义 5.6 设 n 元二次型 $f(x_1,x_2,\cdots,x_n)=\boldsymbol{X}^{\mathrm{T}}\boldsymbol{A}\boldsymbol{X}$，其中 $\boldsymbol{A}$ 为 n 阶实对称矩阵. 如果对于任意的 $\boldsymbol{X}=(x_1,x_2,\cdots,x_n)^{\mathrm{T}}\neq\boldsymbol{o}$，有

$$f(x_1,x_2,\cdots,x_n)=\boldsymbol{X}^{\mathrm{T}}\boldsymbol{A}\boldsymbol{X}>0,$$

则称该二次型为**正定二次型**；矩阵 $\boldsymbol{A}$ 称为**正定矩阵**.

例 1 设二次型

$$f(x_1,x_2,x_3)=x_1^2+x_2^2+x_3^2,$$

则 $f(x_1,x_2,x_3)$ 为正定二次型. 这是因为对任意的 $\boldsymbol{X}=(x_1,x_2,x_3)^{\mathrm{T}}\neq\boldsymbol{o}$，都有

$$f(x_1,x_2,x_3)=x_1^2+x_2^2+x_3^2>0.$$

设二次型

$$f(x_1,x_2,x_3)=x_1^2+x_2^2-x_3^2,$$

则此二次型不是正定二次型.

因为，对于 $\boldsymbol{X}=(0,0,1)^{\mathrm{T}}\neq\boldsymbol{o}$, $f(0,0,1)=-1$.

由此例可以看出，利用二次型的标准形或规范形很容易判断二次型的正定性.

定理 5.6 二次型

$$f(x_1,x_2,\cdots,x_n)=d_1x_1^2+d_2x_2^2+\cdots+d_nx_n^2$$

为正定二次型的充分必要条件是 $d_i>0\ (i=1,2,\cdots,n)$.

证 必要性 若 $f(x_1,x_2,\cdots,x_n)$ 为正定二次型，其矩阵形式为 $\boldsymbol{X}^{\mathrm{T}}\boldsymbol{A}\boldsymbol{X}$，其中矩阵

$$\boldsymbol{A}=\begin{bmatrix} d_1 & & & 0 \\ & d_2 & & \\ & & \ddots & \\ 0 & & & d_n \end{bmatrix},$$

则对于任意的 $\boldsymbol{X}=(x_1,x_2,\cdots,x_n)^{\mathrm{T}}\neq\boldsymbol{o}$，有 $\boldsymbol{X}^{\mathrm{T}}\boldsymbol{A}\boldsymbol{X}>0$. 取

$$\boldsymbol{X}=\boldsymbol{\varepsilon}_i=(0,\cdots,0,\overset{i}{1},0,\cdots,0)^{\mathrm{T}}\quad(i=1,2,\cdots,n),$$

则
$$\boldsymbol{\varepsilon}_i^{\mathrm{T}}\boldsymbol{A}\boldsymbol{\varepsilon}_i=d_i>0 \quad (i=1,2,\cdots,n).$$

充分性　如果 $d_i>0\ (i=1,2,\cdots,n)$，则对任意的 $\boldsymbol{X}=(x_1,x_2,\cdots,x_n)^{\mathrm{T}}\neq\boldsymbol{o}$，其分量中至少有某个 $x_k\neq0\ (1\leqslant k\leqslant n)$. 所以
$$f(x_1,x_2,\cdots,x_n)=d_1x_1^2+d_2x_2^2+\cdots+d_nx_n^2>0,$$
即二次型 f 为正定二次型.

根据定理 5.6，我们只要把一个二次型化为标准形就很容易判断其正定性. 而任一二次型都可以通过可逆线性替换化为标准形，所以只需讨论可逆线性替换是否会改变二次型的正定性.

定理 5.7　可逆线性替换不改变二次型的正定性.

证　设二次型 $f(x_1,x_2,\cdots,x_n)=\boldsymbol{X}^{\mathrm{T}}\boldsymbol{A}\boldsymbol{X}$ 为正定二次型，其中 $\boldsymbol{A}$ 为对称矩阵. 经过可逆线性替换 $\boldsymbol{X}=\boldsymbol{C}\boldsymbol{Y}$，有
$$f(x_1,x_2,\cdots,x_n)=\boldsymbol{X}^{\mathrm{T}}\boldsymbol{A}\boldsymbol{X}=\boldsymbol{Y}^{\mathrm{T}}(\boldsymbol{C}^{\mathrm{T}}\boldsymbol{A}\boldsymbol{C})\boldsymbol{Y}.$$
对任意的 $\boldsymbol{Y}=(y_1,y_2,\cdots,y_n)^{\mathrm{T}}\neq\boldsymbol{o}$，由于矩阵 $\boldsymbol{C}$ 可逆，$\boldsymbol{X}=\boldsymbol{C}\boldsymbol{Y}\neq\boldsymbol{o}$，所以
$$\boldsymbol{Y}^{\mathrm{T}}(\boldsymbol{C}^{\mathrm{T}}\boldsymbol{A}\boldsymbol{C})\boldsymbol{Y}=\boldsymbol{X}^{\mathrm{T}}\boldsymbol{A}\boldsymbol{X}>0,$$
即二次型 $\boldsymbol{Y}^{\mathrm{T}}(\boldsymbol{C}^{\mathrm{T}}\boldsymbol{A}\boldsymbol{C})\boldsymbol{Y}$ 仍为正定二次型.

由定理 5.7 可得：

定理 5.8　二次型
$$f(x_1,x_2,\cdots,x_n)=\boldsymbol{X}^{\mathrm{T}}\boldsymbol{A}\boldsymbol{X} \quad (\boldsymbol{A}^{\mathrm{T}}=\boldsymbol{A})$$
为正定二次型的充分必要条件是其正惯性指数等于 n.

证　必要性　因为 $f(x_1,x_2,\cdots,x_n)=\boldsymbol{X}^{\mathrm{T}}\boldsymbol{A}\boldsymbol{X}$ 为正定二次型，其中 $\boldsymbol{A}^{\mathrm{T}}=\boldsymbol{A}$. 根据定理 5.2，通过可逆线性替换 $\boldsymbol{X}=\boldsymbol{C}\boldsymbol{Y}$ 可得到该二次型的标准形
$$d_1y_1^2+d_2y_2^2+\cdots+d_ny_n^2,$$
并且此标准形仍为正定二次型(定理 5.7)，再由定理 5.6 知 $d_i>0\ (i=1,2,\cdots,n)$，即二次型的正惯性指数为 n.

充分性　设二次型 $f(x_1,x_2,\cdots,x_n)$ 的正惯性指数为 n，则此二次型通过可逆线性替换可化为规范形
$$z_1^2+z_2^2+\cdots+z_n^2,$$
这是一个正定二次型. 根据定理 5.7，$f(x_1,x_2,\cdots,x_n)$ 也是正定二次型.

推论　二次型 $f(x_1,x_2,\cdots,x_n)$ 是正定二次型的充分必要条件是其规范形为
$$z_1^2+z_2^2+\cdots+z_n^2.$$

二、正定矩阵

根据定义 5.6，n 阶实对称矩阵 $\boldsymbol{A}$ 为正定矩阵，当且仅当二次型 $\boldsymbol{X}^{\mathrm{T}}\boldsymbol{A}\boldsymbol{X}$ 为正定二次型. 由此可得：

定理 5.9 实对称矩阵 $\boldsymbol{A}$ 为正定矩阵的充分必要条件是 $\boldsymbol{A}$ 合同于单位矩阵.

证 必要性 若实对称矩阵 $\boldsymbol{A}$ 为正定矩阵,则对应的二次型 $\boldsymbol{X}^{\mathrm{T}}\boldsymbol{A}\boldsymbol{X}$ 为正定二次型. 由定理 5.8 的推论,二次型 $\boldsymbol{X}^{\mathrm{T}}\boldsymbol{A}\boldsymbol{X}$ 经过可逆线性替换 $\boldsymbol{X}=\boldsymbol{C}\boldsymbol{Y}$ 可以化为规范形

$$z_1^2 + z_2^2 + \cdots + z_n^2,$$

此规范形的矩阵为单位矩阵 $\boldsymbol{E}$. 根据定理 5.1,有 $\boldsymbol{A}\simeq\boldsymbol{E}$,即 $\boldsymbol{A}$ 与单位矩阵合同.

充分性 若实对称矩阵 $\boldsymbol{A}$ 与单位矩阵合同,则存在可逆矩阵 $\boldsymbol{C}$,使得

$$\boldsymbol{A} = \boldsymbol{C}^{\mathrm{T}}\boldsymbol{E}\boldsymbol{C} = \boldsymbol{C}^{\mathrm{T}}\boldsymbol{C},$$

于是,对于任意的 $\boldsymbol{X}=(x_1,x_2,\cdots,x_n)^{\mathrm{T}}\neq\boldsymbol{o}$,有 $\boldsymbol{C}\boldsymbol{X}\neq\boldsymbol{o}$,所以

$$\boldsymbol{X}^{\mathrm{T}}\boldsymbol{A}\boldsymbol{X} = \boldsymbol{X}^{\mathrm{T}}\boldsymbol{C}^{\mathrm{T}}\boldsymbol{C}\boldsymbol{X} = (\boldsymbol{C}\boldsymbol{X})^{\mathrm{T}}(\boldsymbol{C}\boldsymbol{X}) > 0,$$

即 $\boldsymbol{A}$ 为正定矩阵.

推论 1 实对称矩阵 $\boldsymbol{A}$ 为正定矩阵的充分必要条件是存在可逆矩阵 $\boldsymbol{C}$,使得 $\boldsymbol{A}=\boldsymbol{C}^{\mathrm{T}}\boldsymbol{C}$.

这一结论是定理 5.9 的另一叙述方式.

推论 2 若矩阵 $\boldsymbol{A}$ 为正定矩阵,则 $\det\boldsymbol{A}>0$.

实际上,由推论 1 可知:存在可逆矩阵 $\boldsymbol{C}$,使得 $\boldsymbol{A}=\boldsymbol{C}^{\mathrm{T}}\boldsymbol{C}$. 于是

$$\det\boldsymbol{A} = \det(\boldsymbol{C}^{\mathrm{T}}\boldsymbol{C}) = \det\boldsymbol{C}^{\mathrm{T}} \cdot \det\boldsymbol{C} = (\det\boldsymbol{C})^2 > 0.$$

定理 5.10 实对称矩阵 $\boldsymbol{A}$ 为正定矩阵的充分必要条件是 $\boldsymbol{A}$ 的所有特征值都是正数.

证 实对称矩阵 $\boldsymbol{A}$ 对应的二次型为

$$f(x_1,x_2,\cdots,x_n) = \boldsymbol{X}^{\mathrm{T}}\boldsymbol{A}\boldsymbol{X},$$

根据定理 5.3,此二次型经过正交替换 $\boldsymbol{X}=\boldsymbol{Q}\boldsymbol{Y}$ 可以化为标准形

$$\lambda_1 y_1^2 + \lambda_2 y_2^2 + \cdots + \lambda_n y_n^2,$$

其中 $\lambda_1,\lambda_2,\cdots,\lambda_n$ 是矩阵 $\boldsymbol{A}$ 的所有特征值. 由定理 5.6 和定理 5.7 可得二次型 $\boldsymbol{X}^{\mathrm{T}}\boldsymbol{A}\boldsymbol{X}$ 为正定二次型的充分必要条件是 $\lambda_i>0\ (i=1,2,\cdots,n)$,即矩阵 $\boldsymbol{A}$ 为正定矩阵的充要条件是 $\boldsymbol{A}$ 的所有特征值均为正数.

定理 5.9 的推论 2 讨论了正定矩阵的必要条件,即正定矩阵的行列式必大于零. 为了利用矩阵的行列式来讨论该矩阵正定性的充分必要条件,首先引入

定义 5.7 设 n 阶矩阵 $\boldsymbol{A}=(a_{ij})$, $\boldsymbol{A}$ 的子式

$$\det\boldsymbol{A}_k = \begin{vmatrix} a_{11} & a_{12} & \cdots & a_{1k} \\ a_{21} & a_{22} & \cdots & a_{2k} \\ \vdots & \vdots & & \vdots \\ a_{k1} & a_{k2} & \cdots & a_{kk} \end{vmatrix}, \quad k = 1,2,\cdots,n$$

称为 $\boldsymbol{A}$ 的 k 阶**顺序主子式**.

定理 5.11 实对称矩阵 $\boldsymbol{A}$ 为正定矩阵的充分必要条件是 $\boldsymbol{A}$ 的所有顺序主子式都大于零. 即

$$\det\boldsymbol{A}_1 = a_{11} > 0, \quad \det\boldsymbol{A}_2 = \begin{vmatrix} a_{11} & a_{12} \\ a_{21} & a_{22} \end{vmatrix} > 0, \quad \cdots,$$

$$\det A_n = \det A > 0. \quad \text{(证明略)}$$

例 2 设二次型

$$f(x_1,x_2,x_3) = 2x_1^2 + x_2^2 + x_3^2 + 2x_1x_2 + tx_2x_3$$

是正定的,试求 t 的取值范围.

解 二次型 f 的矩阵

$$A = \begin{bmatrix} 2 & 1 & 0 \\ 1 & 1 & t/2 \\ 0 & t/2 & 1 \end{bmatrix}.$$

因为二次型 f 为正定二次型,所以矩阵 A 为正定矩阵. 于是

$$\det A_1 = 2 > 0, \quad \det A_2 = \begin{vmatrix} 2 & 1 \\ 1 & 1 \end{vmatrix} = 1 > 0,$$

$$\det A_3 = \det A = \begin{vmatrix} 2 & 1 & 0 \\ 1 & 1 & t/2 \\ 1 & t/2 & 1 \end{vmatrix} = 1 - \frac{t^2}{2} > 0,$$

解得 $-\sqrt{2}<t<\sqrt{2}$.

例 3 若实对称矩阵 A 为正定矩阵,证明 A^{-1} 也是正定矩阵.

证法 1 设 A 为 n 阶实对称矩阵,其全部特征值为 $\lambda_1,\lambda_2,\cdots,\lambda_n$,则 $\lambda_i>0$ $(i=1,2,\cdots,n)$,而 A^{-1}的全部特征值为$\frac{1}{\lambda_i}$,且$\frac{1}{\lambda_i}>0$ $(i=1,2,\cdots,n)$. 又$(A^{-1})^T=(A^T)^{-1}=A^{-1}$,即 A^{-1}仍为实对称矩阵,所以 A^{-1}为正定矩阵.

证法 2 由 $A^T=A$,有

$$(A^{-1})^T = (A^T)^{-1} = A^{-1},$$

所以 A^{-1}仍为实对称矩阵.

又 A 为正定矩阵,所以存在可逆矩阵 C,使得 $A=C^TC$,于是

$$A^{-1} = (C^TC)^{-1} = C^{-1}(C^{-1})^T.$$

记 $B=(C^{-1})^T$,则 $B^T=C^{-1}$. 上式可写为

$$A^{-1} = B^TB.$$

根据定理 5.9 的推论 1, A^{-1}仍为正定矩阵.

三、二次型的有定性

对于不是正定的二次型(或实对称矩阵),还需要进一步分类,可引入下述概念.

定义 5.8 设二次型 $f(x_1,x_2,\cdots,x_n)=X^TAX$ $(A^T=A)$.

(1) 若对于任意的 $X=(x_1,x_2,\cdots,x_n)^T\neq o$,有

$$X^TAX < 0,$$

则称二次型 f 为**负定的**,实对称矩阵称为**负定矩阵**.

(2) 若对于任意的 $\boldsymbol{X}=(x_1,x_2,\cdots,x_n)^{\mathrm{T}}$,有

$$\boldsymbol{X}^{\mathrm{T}}\boldsymbol{A}\boldsymbol{X}\geqslant 0\ (\leqslant 0),$$

且存在 $\boldsymbol{X}_0\neq\boldsymbol{o}$,使得 $\boldsymbol{X}_0^{\mathrm{T}}\boldsymbol{A}\boldsymbol{X}=0$,则称二次型 f 为**半正定(半负定)**的,实对称矩阵 $\boldsymbol{A}$ 称为**半正定(半负定)矩阵**.

(3) 若二次型 $f(x_1,x_2,\cdots,x_n)$既不是半正定的,又不是半负定的,则称二次型 f 是**不定的**,实对称矩阵也称为**不定矩阵**.

习 题 5.3

1. 判断下列二次型是否为正定二次型:

(1) $f(x_1,x_2,x_3)=5x_1^2+6x_2^2+4x_3^2-4x_1x_2-4x_2x_3$;

(2) $f(x_1,x_2,x_3)=10x_1^2+2x_2^2+x_3^2+8x_1x_2+24x_1x_3-28x_2x_3$;

(3) $f(x_1,x_2,x_3)=x_1^2+5x_2^2-2x_3^2-4x_1x_2+6x_2x_3$.

2. 当 t 取何值时,下列二次型为正定二次型:

(1) $f(x_1,x_2,x_3)=x_1^2+4x_2^2+2x_3^2+2tx_1x_2+2x_1x_3$;

(2) $f(x_1,x_2,x_3)=x_1^2+4x_2^2+x_3^2+2tx_1x_2+10x_1x_3+6x_2x_3$.

3. 设 $\boldsymbol{A}=\begin{bmatrix}2-a&1&0\\1&1&0\\0&0&a+3\end{bmatrix}$是正定矩阵,求 a 的取值范围.

4. 设 $\boldsymbol{A}=\begin{bmatrix}1&k&-1\\k&4&2\\-1&2&4\end{bmatrix}$,当 k 为何值时,矩阵 $\boldsymbol{A}$ 为正定矩阵?

5. 设 $\boldsymbol{A},\boldsymbol{B}$ 均为 n 阶正定矩阵,则 $\boldsymbol{A}+\boldsymbol{B}$ 也是正定矩阵.

6. 若 $\boldsymbol{A}$ 为正定矩阵,则其伴随矩阵 $\boldsymbol{A}^*$ 也是正定矩阵.

7. 设 $\boldsymbol{A}$ 为 $m\times n$ 实矩阵,且 $\mathrm{r}(\boldsymbol{A})=n<m$,证明 $\boldsymbol{A}^{\mathrm{T}}\boldsymbol{A}$ 为 n 阶正定矩阵.

8. 单项选择题:

(1) 下列各矩阵中,正定矩阵是( ).

(A) $\begin{bmatrix}0&1&-1\\1&0&2\\-1&2&0\end{bmatrix}$; (B) $\begin{bmatrix}1&1&0\\1&2&2\\0&2&4\end{bmatrix}$; (C) $\begin{bmatrix}1&-2&0\\-2&5&1\\0&1&10\end{bmatrix}$; (D) $\begin{bmatrix}1&2&1\\2&5&3\\1&3&0\end{bmatrix}$.

(2) 二阶矩阵$\begin{bmatrix}1&a\\a&2\end{bmatrix}$为正定矩阵的充分必要条件是( ).

(A) $1<a<2$; (B) $a>-\sqrt{2}$; (C) $a>\sqrt{2}$; (D) $-\sqrt{2}<a<\sqrt{2}$.

(3) 设 $\boldsymbol{A}$ 为 n 阶实对称矩阵, $\boldsymbol{A}$ 是正定矩阵的充分必要条件是( ).

(A) 存在 n 维列向量 $\boldsymbol{X}_0$,使得 $\boldsymbol{X}_0^{\mathrm{T}}\boldsymbol{A}\boldsymbol{X}_0>0$; (B) 存在 n 阶矩阵 $\boldsymbol{C}$,使得 $\boldsymbol{A}=\boldsymbol{C}^{\mathrm{T}}\boldsymbol{C}$;

(C) 二次型 $\boldsymbol{X}^{\mathrm{T}}\boldsymbol{A}\boldsymbol{X}$ 的负惯性指数为零; (D) $\boldsymbol{A}$ 与单位矩阵合同.

(4) 设 $\boldsymbol{A},\boldsymbol{B}$ 都是 n 阶正定矩阵,则( ).

(A) $k\boldsymbol{A}$ 也是正定矩阵; (B) $\boldsymbol{A}+\boldsymbol{B}$ 也是正定矩阵;

(C) $\boldsymbol{A}-\boldsymbol{B}$ 也是正定矩阵; (D) $\boldsymbol{A}\boldsymbol{B}$ 也是正定矩阵.

习题参考答案与提示

习 题 1.1

1. $\boldsymbol{A}=\begin{bmatrix}2&3&4&5\\3&4&5&6\\4&5&6&7\end{bmatrix}$. **2.** $\boldsymbol{E}=\begin{bmatrix}1&0&0&0\\0&1&0&0\\0&0&1&0\\0&0&0&1\end{bmatrix}$.

3. $a=1,b=0,c=3,d=0$. **4.** $a=-4,b=2,c=0,d=1$. **5.** C.

习 题 1.2

1. (1) $\begin{bmatrix}7&0&4\\5&-2&4\end{bmatrix}$; (2) $\begin{bmatrix}-1&-4&-2\\-5&4&4\end{bmatrix}$; (3) $\begin{bmatrix}18&2&11\\15&-7&8\end{bmatrix}$.

2. $a=1,b=-1,c=-3$.

3. (1) $\begin{bmatrix}-2&3\\-1&-4\\-5&10\end{bmatrix}$; (2) $\begin{bmatrix}0&-1&2&1\\2&1&2&-3\\-4&-1&2&5\end{bmatrix}$. **4.** $\begin{matrix}\\ \text{Ⅰ}\\ \text{Ⅱ}\end{matrix}\begin{matrix}\text{甲}\quad\text{乙}\\ \begin{bmatrix}38&38\\50&49.5\end{bmatrix}\end{matrix}$.

5. (1) $\begin{bmatrix}4&3\\1&2\end{bmatrix}$; (2) $\begin{bmatrix}12&6\\-2&-4\\-11&14\end{bmatrix}$; (3) 5; (4) $\begin{bmatrix}-2&4\\-1&2\\-3&6\end{bmatrix}$; (5) $\begin{bmatrix}13\\3\\2\end{bmatrix}$;

(6) $a_{11}x_1^2+a_{22}x_2^2+a_{33}x_3^2+2a_{12}x_1x_2+2a_{13}x_1x_3+2a_{23}x_2x_3$.

6. (1) $\begin{bmatrix}-4&-2\\-5&9\\7&5\end{bmatrix}$; (2) $\begin{bmatrix}30&-28\\-30&28\end{bmatrix}$.

7. $a=1,b=6,c=0,d=-2$.

8. $\boldsymbol{AB}=\begin{bmatrix}2&-3\\-3&7\end{bmatrix}$; $\boldsymbol{AC}=\begin{bmatrix}0\\5\end{bmatrix}$; $\boldsymbol{BA}=\begin{bmatrix}5&4&-1\\7&2&-2\\-3&6&2\end{bmatrix}$;

$\boldsymbol{CD}=\begin{bmatrix}1&-2&1\\2&-4&2\\3&-6&3\end{bmatrix}$; $\boldsymbol{DB}=(8\quad 3)$; $\boldsymbol{DC}=0$.

9. (1) $\begin{bmatrix}1&1/2&1/3\\2&1&2/3\\3&3/2&1\end{bmatrix}$; (2) 3; (3) $\begin{bmatrix}3&3/2&1\\6&3&2\\9&9/2&3\end{bmatrix}$. **10.** $\begin{bmatrix}-3&-2\\-4&-1\end{bmatrix}$.

11. (1) $\begin{bmatrix}a^3&0&0\\0&b^3&0\\0&0&c^3\end{bmatrix}$; (2) 当 n 为偶数时, $\begin{bmatrix}1&0\\0&1\end{bmatrix}$; 当 n 为奇数时, $\begin{bmatrix}2&-1\\3&-2\end{bmatrix}$;

(3) $\begin{bmatrix} 5 & 0 & 7 \\ 5 & 2 & 7 \\ -6 & -2 & -2 \end{bmatrix}$； (4) $\begin{bmatrix} 1 & n & 0 \\ 0 & 1 & 0 \\ 0 & 0 & 1 \end{bmatrix}$.

12. $\begin{bmatrix} 7 & 1 & 3 \\ 8 & 2 & 3 \\ -2 & 1 & 0 \end{bmatrix}$. **13.** $\begin{bmatrix} a & 0 \\ b & a \end{bmatrix}$. **14.** $\begin{bmatrix} -5/7 & -8/7 \\ 8/7 & 3/7 \end{bmatrix}$.

15. (1) 错； (2) 对； (3) 错； (4) 对； (5) 错； (6) 错.

16. 提示：$(\boldsymbol{A}+\boldsymbol{B})^2=(\boldsymbol{A}+\boldsymbol{B})(\boldsymbol{A}+\boldsymbol{B})$，利用乘法分配律展开.

17. 提示：$(\boldsymbol{A}^{\mathrm{T}}\boldsymbol{A})^{\mathrm{T}}=\boldsymbol{A}^{\mathrm{T}}(\boldsymbol{A}^{\mathrm{T}})^{\mathrm{T}}$. **18.** 略.

19. 提示：$a_{ij}=a_{ji}(i,j=1,2,\cdots,n)$，并计算 $\boldsymbol{A}^2=\boldsymbol{A}\boldsymbol{A}$ 的主对角线元素.

20. 提示：$(\boldsymbol{A}-\boldsymbol{A}^{\mathrm{T}})^{\mathrm{T}}=\boldsymbol{A}^{\mathrm{T}}-(\boldsymbol{A}^{\mathrm{T}})^{\mathrm{T}}=\boldsymbol{A}^{\mathrm{T}}-\boldsymbol{A}=-(\boldsymbol{A}-\boldsymbol{A}^{\mathrm{T}})$.

21. (1) D； (2) C； (3) D； (4) B； (5) A； (6) B； (7) C； (8) D；
(9) C. **提示**：直接计算 $\boldsymbol{A}\boldsymbol{C}=(\boldsymbol{E}-\boldsymbol{B}^{\mathrm{T}}\boldsymbol{B})(\boldsymbol{E}+2\boldsymbol{B}^{\mathrm{T}}\boldsymbol{B})$，展开后化简. (10) A.

习 题 1.3

1. $\boldsymbol{A}+\boldsymbol{B}=\left[\begin{array}{cc:cc} 3 & 2 & 1 & 3 \\ 2 & 2 & 2 & 4 \\ \hdashline 6 & 3 & 0 & 0 \\ 0 & -2 & 0 & 0 \end{array}\right]$； $6\boldsymbol{A}=\left[\begin{array}{cc:cc} 12 & 0 & 6 & 18 \\ 0 & 12 & 12 & 24 \\ \hdashline 0 & 0 & -6 & 0 \\ 0 & 0 & 0 & -6 \end{array}\right]$.

2. (1) $\begin{bmatrix} 1 & 0 & 3 & 2 \\ -1 & 2 & 0 & 1 \\ -2 & 4 & 1 & 1 \\ -1 & 1 & 5 & 3 \end{bmatrix}$； (2) $\begin{bmatrix} 4 & 0 & 0 & 0 \\ 4 & 4 & 0 & 0 \\ 0 & 0 & 9 & 6 \\ 0 & 0 & 0 & 9 \end{bmatrix}$； (3) $\begin{bmatrix} 1 & 0 & -1 & 1 \\ 0 & 1 & 2 & 1 \\ 0 & 0 & 1 & 0 \\ 0 & 0 & 0 & 1 \end{bmatrix}$； (4) $\begin{bmatrix} 1 & -2 & 3 & -2 \\ 2 & 4 & 0 & -3 \\ 6 & 0 & 12 & 10 \\ 5 & 2 & 3 & 1 \end{bmatrix}$.

3. $\begin{bmatrix} A_1^{\mathrm{T}}A_1 & A_1^{\mathrm{T}}A_2 & A_1^{\mathrm{T}}A_3 \\ A_2^{\mathrm{T}}A_1 & A_2^{\mathrm{T}}A_2 & A_2^{\mathrm{T}}A_3 \\ A_3^{\mathrm{T}}A_1 & A_3^{\mathrm{T}}A_2 & A_3^{\mathrm{T}}A_3 \end{bmatrix}$. **4.** (1) D； (2) A.

习 题 1.4

1. (1) $\begin{bmatrix} 1 & 1 & -2 \\ 0 & 3 & -3 \\ 0 & 0 & 0 \end{bmatrix}$； (2) $\begin{bmatrix} 1 & -2 & 4 & 3 \\ 0 & 6 & -9 & 0 \\ 0 & 0 & 8 & 3 \end{bmatrix}$； (3) $\begin{bmatrix} 2 & -4 & 1 & 3 \\ 0 & -1 & 3 & 2 \\ 0 & 0 & 0 & 0 \end{bmatrix}$； (4) $\begin{bmatrix} 1 & 3 & -1 & -2 \\ 0 & -7 & 4 & 7 \\ 0 & 0 & 0 & 0 \\ 0 & 0 & 0 & 0 \end{bmatrix}$.

2. (1) $\begin{bmatrix} 1 & 0 & 0 & 2 \\ 0 & 1 & 0 & 1 \\ 0 & 0 & 1 & 1 \end{bmatrix}$； (2) $\begin{bmatrix} 1 & 0 & 3 \\ 0 & 1 & -2 \\ 0 & 0 & 0 \\ 0 & 0 & 0 \\ 0 & 0 & 0 \end{bmatrix}$.

3. (1) $\begin{bmatrix} 1 & 0 & 0 & 0 \\ 0 & 1 & 0 & 0 \\ 0 & 0 & 0 & 0 \end{bmatrix}$； (2) $\begin{bmatrix} 1 & 0 & 0 \\ 0 & 1 & 0 \\ 0 & 0 & 1 \end{bmatrix}$； (3) $\begin{bmatrix} 1 & 0 \\ 0 & 1 \\ 0 & 0 \end{bmatrix}$； (4) $\begin{bmatrix} 1 & 0 & 0 & 0 & 0 \\ 0 & 1 & 0 & 0 & 0 \\ 0 & 0 & 1 & 0 & 0 \end{bmatrix}$.

4. (1) C； (2) D； (3) A.

习 题 1.5

1. 略. **2.** (1) 错； (2) 错； (3) 对； (4) 错； (5) 错； (6) 对.

3. $\boldsymbol{A}$ 可逆，$\boldsymbol{A}^{-1}=\frac{1}{3}(\boldsymbol{A}+2\boldsymbol{E})$； $\boldsymbol{A}+4\boldsymbol{E}$ 可逆，$(\boldsymbol{A}+4\boldsymbol{E})^{-1}=-\frac{1}{5}(\boldsymbol{A}-2\boldsymbol{E})$.

提示：$\boldsymbol{A}^2+2\boldsymbol{A}-3\boldsymbol{E}=\boldsymbol{O}$ 可写成 $(\boldsymbol{A}^2+4\boldsymbol{A})-(2\boldsymbol{A}+8\boldsymbol{E})+5\boldsymbol{E}=\boldsymbol{O}$.

4. (1) $\begin{bmatrix} 1 & 3 & -2 \\ -\frac{3}{2} & -3 & \frac{5}{2} \\ 1 & 1 & -1 \end{bmatrix}$； (2) $\begin{bmatrix} 2 & -1 & 0 & 0 \\ -1 & 1 & 0 & 0 \\ -1 & 1 & 2 & -3 \\ 1 & -2 & -1 & 2 \end{bmatrix}$； (3) $\begin{bmatrix} 1 & -4 & -3 \\ 1 & -5 & -3 \\ -1 & 6 & 4 \end{bmatrix}$；

(4) $\frac{1}{4}\begin{bmatrix} 1 & 1 & 1 & 1 \\ 1 & 1 & -1 & -1 \\ 1 & -1 & 1 & -1 \\ 1 & -1 & -1 & 1 \end{bmatrix}$； (5) $\begin{bmatrix} 0 & 0 & 0 & \cdots & 0 & a_n^{-1} \\ a_1^{-1} & 0 & 0 & \cdots & 0 & 0 \\ 0 & a_2^{-1} & 0 & \cdots & 0 & 0 \\ \vdots & \vdots & \vdots & & \vdots & \vdots \\ 0 & 0 & 0 & \cdots & a_{n-1}^{-1} & 0 \end{bmatrix}$.

5. $\begin{bmatrix} 3 & -2 & 0 & 0 \\ -1 & 1 & 0 & 0 \\ 0 & 0 & 2 & -3 \\ 0 & 0 & -1 & 2 \end{bmatrix}$. **6.** $\begin{bmatrix} 0 & 0 & -11 & 7 \\ 0 & 0 & 8 & -5 \\ 1/3 & -1/6 & 0 & 0 \\ 0 & 1/2 & 0 & 0 \end{bmatrix}$. **7.** $\begin{bmatrix} -1 & -3 \\ -2 & -5 \end{bmatrix}$.

8. (1) $\begin{bmatrix} 1 & -1 & 1/2 \\ 0 & 1 & -1 \\ 0 & 0 & 1/2 \end{bmatrix}$； (2) $\begin{bmatrix} -1 & 0 & 0 \\ 0 & 2 & 0 \\ 0 & 0 & 3 \end{bmatrix}$.

9. (1) $\begin{bmatrix} -1/6 & 4/3 \\ 11/6 & 1/3 \\ -4/3 & -1/3 \end{bmatrix}$； (2) $\begin{bmatrix} -\frac{5}{2} & -4 & -\frac{7}{2} \\ -1 & -2 & -2 \end{bmatrix}$； (3) $\begin{bmatrix} -2 & 1 \\ 10 & -4 \\ -10 & 4 \end{bmatrix}$； (4) $\begin{bmatrix} 3 & 6 \\ -4 & -5 \\ 3 & 4 \end{bmatrix}$.

10. $\boldsymbol{B}=\begin{bmatrix} 3 & 0 & 0 \\ 0 & 2 & 0 \\ 0 & 0 & 1 \end{bmatrix}$. **11.** $\boldsymbol{A}=\begin{bmatrix} 1 & 0 & 0 & 0 \\ -2 & 1 & 0 & 0 \\ 1 & -2 & 1 & 0 \\ 0 & 1 & -2 & 1 \end{bmatrix}$.

12. (1) $x_1=-4$，$x_2=-6$，$x_3=7$； (2) $x_1=2$，$x_2=0$，$x_3=-1$. **13.** 略.

14. **提示**：计算$(\boldsymbol{E}-\boldsymbol{A})(\boldsymbol{E}+\boldsymbol{A}+\boldsymbol{A}^2+\cdots+\boldsymbol{A}^{k-1})$. **15.** **提示**：$\boldsymbol{B}^2=(\boldsymbol{C}^{-1}\boldsymbol{AC})(\boldsymbol{C}^{-1}\boldsymbol{AC})$.

16. **提示**：利用矩阵等价的概念.

17. **提示**：由 $\boldsymbol{B}=\boldsymbol{E}+\boldsymbol{AB}$，得$(\boldsymbol{E}-\boldsymbol{A})\boldsymbol{B}=\boldsymbol{E}$. 所以 $\boldsymbol{E}-\boldsymbol{A}$ 和 $\boldsymbol{B}$ 都可逆，且 $\boldsymbol{B}=(\boldsymbol{E}-\boldsymbol{A})^{-1}$.

18. (1) D； (2) B； (3) C； (4) A.

习 题 2.1

1. (1) 1； (2) y^2； (3) 0； (4) t^3. **2.** (1) -1； (2) $\lambda^3-3\lambda+2$； (3) 0； (4) $-abc$.

3. $x=0$，$y=0$. **4.** $x=1$. **5.** $a=b=c=0$. **6.** (1) A； (2) C.

习　题　2.2

1. (1) 9；(2) 6.　　**2.** (1) 3；(2) 9.　　**3.** (1) 5!；(2) 5!.

4. $x=-1/6$.　　**5.** $(-1)^{\frac{(n-1)(n-2)}{2}}\cdot ab^{n-1}$.　　**6.** (1) A；　(2) B.

习　题　2.3

1. (1) -5；

(2) 2000；**提示**：先将第 2 列分别乘(-1),(-2)后,加到第一列、第三列.

(3) -27；(4) 6；(5) 9.

2. (1) $-2(x^3+y^3)$；(2) $2(a+b+c)^3$；(3) x^2y^2.

3. (1) $(-1)^{\frac{(n-1)(n-2)}{2}}n!$；　(2) $[x+(n-1)a](x-a)^{n-1}$；

(3) $x^n+(-1)^{n+1}y^n$；**提示**：将行列式按第一列或最后一行展开)

(4) $(-1)^{\frac{n(n-1)}{2}}\cdot\frac{n^{n-1}(n+1)}{2}$；

(5) $n+1$. **提示**：用数学归纳法.先证 $n=2$ 时,结论成立.假设 $n\leqslant k$ 时,已有 $\det F_k=k+1$,证明当 $n=k+1$ 时,有 $\det F_{k+1}=k+2$ 成立.此时对 $k+1$ 阶行列式按照第 $k+1$ 列展开并利用 k 阶、$(k-1)$阶行列式归纳假设的结果即可得证.

4. **提示**：利用行列式性质,将等式左边行列式化简.　　**5.** -6.　　**6.** 略.

7. (1) 正确；(2) 错误；(3) 正确；(4) 错误；(5) 正确；(6) 错误；(7) 正确.

8. (1) A；　(2) C；　(3) D；　(4) B.

习　题　2.4

1. (1) $\begin{bmatrix}3&-5\\-1&2\end{bmatrix}$；　(2) $\begin{bmatrix}0&1&1\\1&1&2\\2&-1&0\end{bmatrix}$；　(3) $\begin{bmatrix}-5/2&1&-1/2\\5&-1&1\\7/2&-1&1/2\end{bmatrix}$；　(4) $\begin{bmatrix}0&-2/3&-1/3\\1&-2/3&-1/3\\0&1/3&-1/3\end{bmatrix}$.

2. 略.

3. $\begin{bmatrix}5&-2&-1\\-2&2&0\\-1&0&1\end{bmatrix}$.

4. $\det\boldsymbol{A}^{-1}=-1/2$；　$\det\boldsymbol{A}^*=4$.　　**5.** **提示**：在 $\boldsymbol{AA}^*=\det\boldsymbol{A}\cdot\boldsymbol{E}$ 两边取行列式.

6. (1) 3；　(2) 2；　(3) 3.　　**7.** 当 $a\neq1$ 时,$\mathrm{r}(\boldsymbol{A})=4$；$a=1$ 时,$\mathrm{r}(\boldsymbol{A})=2$.

8. 108.　**提示**：$\boldsymbol{A}^*=\det\boldsymbol{A}\cdot\boldsymbol{A}^{-1}$.　　**9.** 0.　**提示**：利用伴随矩阵 $\boldsymbol{A}^*$ 的定义.

10. **提示**：(1) 利用伴随矩阵定义；

(2) 在 $\boldsymbol{AA}^*=\det\boldsymbol{A}\cdot\boldsymbol{E}$ 中,用 $\boldsymbol{A}^*$ 代替 $\boldsymbol{A}$. 可得 $\boldsymbol{A}^*(\boldsymbol{A}^*)^*=\det\boldsymbol{A}^*\cdot\boldsymbol{E}$. 再设法化简.

11. (1) B.　**提示**：利用本习题第 2 题；　(2) A.　**提示**：利用本习题第 5 题；

(3) D.　(4) C.　**提示**：利用 $\boldsymbol{AA}^*=\det\boldsymbol{A}\cdot\boldsymbol{E}$；　(5) B；　(6) C.

习　题　3.1

1. (1) $x_1=2$, $x_2=-1$；　(2) $x_1=3$, $x_2=1$, $x_3=1$；

(3) $x_1=1$, $x_2=0$, $x_3=0$, $x_4=-1$;　(4) $x=-a$, $y=b$, $z=c$.

2. $k\neq\frac{63}{5}$.　**3.** $\lambda=1$ 或 2.　**4.** $\lambda=1$, $\boldsymbol{B}$ 不可逆.　**5.** (1) C;　(2) A.

习 题 3.2

1. (1) $x_1=1$, $x_2=2$, $x_3=3$;

(2) 无解;

(3) $\begin{cases}x_1=-4+7c_1+10c_2,\\x_2=3-3c_1-7c_2,\\x_3=c_1,\\x_4=c_2.\end{cases}$ (c_1,c_2 为任意常数).

(4) 无解;

(5) $\begin{cases}x_1=\frac{1}{3}+\frac{1}{3}c_1,\\x_2=0,\\x_3=0,\\x_4=-\frac{4}{3}+\frac{5}{3}c_1,\\x_5=c_1.\end{cases}$ (c_1 为任意常数).　(6) $\begin{cases}x_1=-\frac{3}{2}c_1-c_2,\\x_2=\frac{7}{2}c_1-2c_2,\\x_3=c_1,\\x_4=c_2.\end{cases}$ (c_1,c_2 为任意常数).

2. 当 $a\neq2$ 且 $a\neq-3$ 时,有惟一解;　当 $a=-3$ 时,无解;

当 $a=2$ 时,有无穷多解: $\begin{cases}x_1=5c,\\x_2=1-4c,\\x_3=c.\end{cases}$ (c 为任意常数)

3. 当 $a\neq5$ 时,有惟一解;　当 $a=5$, $b\neq-3$ 时,无解;

当 $a=5$, $b=-3$ 时,有无穷多解: $\begin{cases}x_1=-1-2c,\\x_2=1+c,\\x_3=c.\end{cases}$ (c 为任意常数).

4. 提示:对方程组的增广矩阵施以初等行变换.

5. 提示:设方程组的增广矩阵为$(\boldsymbol{A}\quad\boldsymbol{b})$,其中 $\boldsymbol{b}=\begin{bmatrix}b_1\\b_2\\\vdots\\b_n\end{bmatrix}$. 比较矩阵 $\boldsymbol{A}$, $(\boldsymbol{A}\quad\boldsymbol{b})$和 $\boldsymbol{C}$ 的秩.

6. (1) C;　(2) C;　(3) B.

习 题 3.3

1. $(0,-10,-10,9)$.　**2.** $a=\frac{1}{2}$, $b=-4\frac{1}{2}$.

3. (1) $\beta=2\alpha_1-\alpha_2$;　(2) $\beta=2\alpha_1+3\alpha_2+4\alpha_3$;　(3) β 不能由 $\alpha_1,\alpha_2,\alpha_3$ 线性表示.　**4.** 略.

5. (1) B;　(2) C;

(3) B.　**提示**:由已知,存在数 k_1,k_2,k_3,使得 $\beta=k_1\alpha_1+k_2\alpha_2+k_3\alpha_3$. 先说明 k_3 必不等于零.

习 题 3.4

1. (1) 线性无关;　(2) 线性无关;　(3) 线性相关.　**2.** $t=5$.

3. **提示**：利用向量组线性相关的定义.　　4. 略.　　5. 略.

6. (1) $\alpha_1,\alpha_2;\alpha_3=-3\alpha_1+2\alpha_2$；　(2) $\alpha_1,\alpha_2,\alpha_3;\alpha_4=2\alpha_1-\alpha_2+3\alpha_3$；　(3) $\alpha_1,\alpha_2,\alpha_3;\alpha_4=-3\alpha_1+0\alpha_2+\alpha_3$.

7. $x=0$, $y=2$.

8. (1) 当 $p\neq 2$ 时，向量组 $\alpha_1,\alpha_2,\alpha_3,\alpha_4$ 线性无关，且

$$\beta=2\alpha_1+\frac{3p-4}{p-2}\alpha_2+\alpha_3+\frac{1-p}{p-2}\alpha_4.$$

(2) 当 $p=2$ 时，$\alpha_1,\alpha_2,\alpha_3,\alpha_4$ 线性相关. 秩$(\alpha_1,\alpha_2,\alpha_3,\alpha_4)=3$；极大线性无关组为 $\alpha_1,\alpha_2,\alpha_3$(或 $\alpha_1,\alpha_3,\alpha_4$).

提示：以 $\alpha_1,\alpha_2,\alpha_3,\alpha_4,\beta$ 为列向量构成一个 4×5 矩阵. 对此矩阵施以初等行变换.

9. **提示**：利用定理 3.9. 设 $\boldsymbol{A}$ 按列分块为 $\boldsymbol{A}=(\alpha_1,\alpha_2,\cdots,\alpha_n)$，$\boldsymbol{B}=(b_{ij})_{n\times s}$. 记 $\boldsymbol{AB}=\boldsymbol{C}=(\gamma_1,\gamma_2,\cdots,\gamma_s)$. 证明 $\gamma_j(j=1,2,\cdots,s)$ 可由 $\alpha_1,\alpha_2,\cdots,\alpha_n$ 线性表示. 从而得到 $\mathrm{r}(\boldsymbol{C})=\mathrm{r}(\boldsymbol{AB})\leqslant\mathrm{r}(\boldsymbol{A})$；类似，可证 $\mathrm{r}(\boldsymbol{AB})\leqslant\mathrm{r}(\boldsymbol{B})$.

10. (1) D；　(2) C；　(3) B；　(4) D；　(5) C；
(6) A.　**提示**：利用本习题第 9 题.

习　题　3.5

1. (1) $\eta_1=(1,-2,1,0)^{\mathrm{T}},\eta_2=(0,-1,1,1)^{\mathrm{T}}$；全部解为 $c_1\eta_1+c_2\eta_2$(c_1,c_2 为任意常数)；

(2) $\eta_1=\left(-\frac{1}{2},\frac{3}{2},1,0\right)^{\mathrm{T}},\eta_2=(0,-1,0,1)^{\mathrm{T}}$；全部解为 $c_1\eta_1+c_2\eta_2$(c_1,c_2 为任意常数)；

(3) $\eta_1=(1,-2,1,0,0)^{\mathrm{T}},\eta_2=(1,-2,0,1,0)^{\mathrm{T}}$,
$\eta_3=(5,-6,0,0,1)^{\mathrm{T}}$. 全部解为 $c_1\eta_1+c_2\eta_2+c_3\eta_3$　(c_1,c_2,c_3 为任意常数).

2. (1) $(11,-4,1,0)^{\mathrm{T}}+c(-3,0,1,1)^{\mathrm{T}}$　(c 为任意常数)；

(2) $\left(\frac{2}{5},-\frac{1}{5},0,0\right)^{\mathrm{T}}+c_1\left(\frac{3}{5},\frac{1}{5},1,0\right)^{\mathrm{T}}+c_2(0,1,0,1)^{\mathrm{T}}$($c_1,c_2$ 为任意常数)；

(3) $(0,0,2,0,0)^{\mathrm{T}}+c_1(1,0,-1,1,0)^{\mathrm{T}}+c_2(1,0,0,0,1)^{\mathrm{T}}$($c_1,c_2$ 为任意常数)；

(4) $(3,0,1,0)^{\mathrm{T}}+c_1(-2,1,0,0)^{\mathrm{T}}+c_2(1,0,0,1)^{\mathrm{T}}$($c_1,c_2$ 为任意常数).

3. $t=4$ 时，方程组有无穷多解 $(0,4,0)^{\mathrm{T}}+c(-3,-1,1)^{\mathrm{T}}$，$c$ 为任意常数.

4. **提示**：由已知条件，线性方程组有无穷多解，且 $\eta=\xi_1-\xi_2=(-6,2,0)^{\mathrm{T}}$ 是对应的导出组的一个基础解系.

5. **提示**：证明 $\eta_1,\eta_1+\eta_2,\eta_1+\eta_2+\eta_3$ 是方程组 $\boldsymbol{AX}=\boldsymbol{o}$ 的解；再证 $\eta_1,\eta_1+\eta_2,\eta_1+\eta_2+\eta_3$ 线性无关.

6. 略.

7. (1) D；　(2) D；　(3) B；　(4) B；　(5) C.

习　题　3.6

1. (1) $\boldsymbol{A}=\begin{bmatrix}0.1399 & 0.0018 & 0.0014\\ 0.3005 & 0.4410 & 0.1282\\ 0.1192 & 0.0114 & 0.1077\end{bmatrix}$；

(2) $\boldsymbol{X}=(212,25178,1496)^{\mathrm{T}}$；　(3) $\boldsymbol{Z}=(118.6,11435.8,355.0)^{\mathrm{T}}$.

2. $\boldsymbol{B}=\begin{bmatrix}0.1643 & 0.0038 & 0.0024\\ 0.6635 & 0.7962 & 0.2591\\ 0.1640 & 0.0234 & 0.1243\end{bmatrix}$.

习 题 4.1

1. (1) $\lambda_1=\lambda_2=2$, $\boldsymbol{\alpha}=(1,1)^{\mathrm{T}}$;

(2) $\lambda_1=\lambda_2=\lambda_3=2$, $\boldsymbol{\alpha}_1=(1,1,0)^{\mathrm{T}}$, $\boldsymbol{\alpha}_2=(-1,0,1)^{\mathrm{T}}$;

(3) 仅有实特征值 $\lambda=6$; $\boldsymbol{\alpha}=(1,1,1)^{\mathrm{T}}$;

(4) $\lambda_1=6$, $\boldsymbol{\alpha}_1=(1,-2,3)^{\mathrm{T}}$; $\lambda_2=\lambda_3=2$, $\boldsymbol{\alpha}_2=(1,-1,0)^{\mathrm{T}}$, $\boldsymbol{\alpha}_3=(1,0,1)^{\mathrm{T}}$.

2. (1) $k\lambda_0$; (2) λ_0^2. **3.** **提示**:利用矩阵特征值和特征向量的定义.

4. (1) $a=1$; (2) $\lambda_1=0$, $\boldsymbol{\alpha}_1=(1,0,-1)^{\mathrm{T}}$, $\lambda_2=\lambda_3=2$, $\boldsymbol{\alpha}_2=(0,1,0)^{\mathrm{T}}$, $\boldsymbol{\alpha}_3=(1,0,1)^{\mathrm{T}}$.

5. **提示**:设 λ 为 $\boldsymbol{A}$ 的任一特征值,对应的特征向量为 $\boldsymbol{\alpha}$,则 $\boldsymbol{A\alpha}=\lambda\boldsymbol{\alpha}$ $(\boldsymbol{\alpha}\neq\boldsymbol{o})$.

6. **提示**:用反证法,设 $\boldsymbol{\alpha}_1+\boldsymbol{\alpha}_2$ 是 $\boldsymbol{A}$ 的一个特征向量,对应的特征值为 λ_0.

7. (1) C; (2) D; (3) B; (4) C; (5) A.

习 题 4.2

1. **提示**:利用相似矩阵的定义. **2.** 同上. **3.** **提示**:$\boldsymbol{A}^{-1}(\boldsymbol{AB})\boldsymbol{A}=\boldsymbol{BA}$.

4. **提示**:由 $\boldsymbol{A}\sim\boldsymbol{B}$,存在可逆矩阵 $\boldsymbol{P}$,$\boldsymbol{B}=\boldsymbol{P}^{-1}\boldsymbol{AP}$,再求 $\boldsymbol{B}^k$.

5. (1) 可对角化; $\boldsymbol{P}=\begin{bmatrix}1&-1\\2&1\end{bmatrix}$, $\boldsymbol{P}^{-1}\boldsymbol{AP}=\begin{bmatrix}3&0\\0&0\end{bmatrix}$;

(2) 可对角化; $\boldsymbol{P}=\begin{bmatrix}-5&-2&0\\1&1&0\\3&0&1\end{bmatrix}$, $\boldsymbol{P}^{-1}\boldsymbol{AP}=\begin{bmatrix}-2&&\\&1&\\&&1\end{bmatrix}$;

(3) 不可对角化.

6. $x=0$, $y=1$. **7.** **提示**:利用相似矩阵的性质.

8. $\boldsymbol{A}=\begin{bmatrix}7/3&0&-2/3\\0&5/3&-2/3\\-2/3&-2/3&2\end{bmatrix}$. **提示**:由已知可得 $\boldsymbol{A}$ 的特征值为 $\lambda_1=1$, $\lambda_2=2$, $\lambda_3=3$; $\boldsymbol{A}$ 可对角化.

9. (1) $a=5$, $b=6$;

(2) $\boldsymbol{P}=\begin{bmatrix}1&1&1\\-1&0&-2\\0&1&3\end{bmatrix}$. **提示**:$\boldsymbol{A}$ 与 $\boldsymbol{B}$ 有相同的特征多项式,分别计算并对比系数.

10. (1) B; (2) C; (3) D; (4) A. **提示**:求出 $\boldsymbol{A}$ 的特征值.

习 题 4.3

1. (1) -4; (2) 0.

2. (1) $\left(-\frac{1}{2},\frac{1}{2},\frac{1}{2},-\frac{1}{2}\right)^{\mathrm{T}}$; (2) $\left(-\frac{2}{5},\frac{1}{5},\frac{4}{5},\frac{2}{5}\right)^{\mathrm{T}}$.

3. (1) $\boldsymbol{\beta}_1=(0,2,-1)^{\mathrm{T}}$, $\boldsymbol{\beta}_2=\left(0,\frac{3}{5},\frac{6}{5}\right)^{\mathrm{T}}$, $\boldsymbol{\beta}_3=(1,0,0)^{\mathrm{T}}$;

(2) $\boldsymbol{\beta}_1=(-1,1,0,0)^{\mathrm{T}}$, $\boldsymbol{\beta}_2=\left(-\frac{1}{2},-\frac{1}{2},1,0\right)^{\mathrm{T}}$, $\boldsymbol{\beta}_3=(0,0,0,1)^{\mathrm{T}}$.

4. (1) 是; (2) 是.

5. (1) $\boldsymbol{Q}=\begin{bmatrix}\frac{1}{\sqrt{2}} & \frac{1}{\sqrt{2}}\\ -\frac{1}{\sqrt{2}} & \frac{1}{\sqrt{2}}\end{bmatrix}$, $\boldsymbol{Q}^{-1}\boldsymbol{A}\boldsymbol{Q}=\begin{bmatrix}2 & 0\\ 0 & -4\end{bmatrix}$;

(2) $\boldsymbol{Q}=\begin{bmatrix}0 & 1 & 0\\ \frac{1}{\sqrt{2}} & 0 & \frac{1}{\sqrt{2}}\\ -\frac{1}{\sqrt{2}} & 0 & \frac{1}{\sqrt{2}}\end{bmatrix}$, $\boldsymbol{Q}^{-1}\boldsymbol{A}\boldsymbol{Q}=\begin{bmatrix}1 & 0 & 0\\ 0 & 2 & 0\\ 0 & 0 & 5\end{bmatrix}$;

(3) $\boldsymbol{Q}=\begin{bmatrix}\frac{1}{\sqrt{2}} & \frac{1}{\sqrt{6}} & \frac{1}{\sqrt{3}}\\ -\frac{1}{\sqrt{2}} & \frac{1}{\sqrt{6}} & \frac{1}{\sqrt{3}}\\ 0 & -\frac{2}{\sqrt{6}} & \frac{1}{\sqrt{3}}\end{bmatrix}$, $\boldsymbol{Q}^{-1}\boldsymbol{A}\boldsymbol{Q}=\begin{bmatrix}0 & 0 & 0\\ 0 & 0 & 0\\ 0 & 0 & 3\end{bmatrix}$;

(4) $\boldsymbol{Q}=\begin{bmatrix}\frac{2}{\sqrt{5}} & -\frac{2}{3\sqrt{5}} & \frac{1}{3}\\ \frac{1}{\sqrt{5}} & \frac{4}{3\sqrt{5}} & -\frac{2}{3}\\ 0 & \frac{5}{3\sqrt{5}} & \frac{2}{3}\end{bmatrix}$, $\boldsymbol{Q}^{-1}\boldsymbol{A}\boldsymbol{Q}=\begin{bmatrix}0 & 0 & 0\\ 0 & 0 & 0\\ 0 & 0 & 9\end{bmatrix}$.

6. **提示**：利用定义，$\boldsymbol{Q}^{\mathrm{T}}\boldsymbol{Q}=\boldsymbol{E}$.　　**7.** 略.　　**8.** 略.

9. $\boldsymbol{A}=\begin{bmatrix}1 & 0 & 0\\ 0 & 0 & -1\\ 0 & -1 & 0\end{bmatrix}$.

提示：设与 $\boldsymbol{\alpha}_1$ 正交的向量为 $\boldsymbol{\alpha}=(x_1,x_2,x_3)^{\mathrm{T}}$，由 $\boldsymbol{\alpha}_1^{\mathrm{T}}\boldsymbol{\alpha}=0$，得齐次方程组 $x_2+x_3=0$. 求出此方程组的基础解系；再设法求矩阵 $\boldsymbol{A}$.

10. (1) B；　(2) C；　(3) A；　(4) C.

习　题　5.1

1. (1) $\boldsymbol{A}=\begin{bmatrix}1 & 2 & 0\\ 2 & -2 & -3\\ 0 & -3 & 3\end{bmatrix}$；　(2) $\boldsymbol{A}=\begin{bmatrix}0 & 1 & 1\\ 1 & 0 & 1/2\\ 1 & 1/2 & 0\end{bmatrix}$；　(3) $\boldsymbol{A}=\begin{bmatrix}2 & 2\\ 2 & 1\end{bmatrix}$.

2. (1) $f(x_1,x_2,x_3)=x_1^2+2x_2^2+3x_3^2+2x_1x_2+2x_2x_3$；

(2) $f(x_1,x_2,x_3)=x_1x_2-x_1x_3+x_2x_3$；

(3) $f(x_1,x_2,x_3,x_4)=x_1^2-x_3^2+x_1x_2-x_2x_3+x_3x_4$.

3. (1) 3；　(2) 2.

4. (1) $\boldsymbol{X}=\boldsymbol{C}\boldsymbol{Y}$，其中 $\boldsymbol{C}=\begin{bmatrix}1 & -1 & 1\\ 1 & 1 & -1\\ -1 & 1 & -1\end{bmatrix}$；不是可逆线性替换.

(2) $\boldsymbol{X}=\boldsymbol{C}\boldsymbol{Y}$,其中 $\boldsymbol{C}=\begin{bmatrix}1 & -2 & 1\\0 & -1 & 2\\0 & 0 & 1\end{bmatrix}$;是可逆线性替换.

5. 略. **提示**:存在可逆线性替换 $\boldsymbol{C}$,使得 $\boldsymbol{A}=\boldsymbol{C}^{\mathrm{T}}\boldsymbol{E}\boldsymbol{C}=\boldsymbol{C}^{\mathrm{T}}\boldsymbol{C}$.

6. 略. **7.** (1) C; (2) D; (3) B.

习 题 5.2

1. (1) $f=y_1^2+y_2^2$, $\begin{bmatrix}x_1\\x_2\\x_3\end{bmatrix}=\begin{bmatrix}1 & -1 & 2\\0 & 1 & -2\\0 & 0 & 1\end{bmatrix}\begin{bmatrix}y_1\\y_2\\y_3\end{bmatrix}$;

(2) $f=2y_1^2+\dfrac{1}{2}y_2^2-y_3^2$, $\begin{bmatrix}x_1\\x_2\\x_3\end{bmatrix}=\begin{bmatrix}1 & -1/2 & 2\\0 & 1 & -4\\0 & 0 & 1\end{bmatrix}\begin{bmatrix}y_1\\y_2\\y_3\end{bmatrix}$;

(3) $f=-4y_1^2+4y_2^2+y_3^2$, $\begin{bmatrix}x_1\\x_2\\x_3\end{bmatrix}=\begin{bmatrix}1 & -1 & 1/2\\1 & 1 & 1/2\\0 & 0 & 1\end{bmatrix}$.

2. (1) $f=3y_3^2$, $\begin{bmatrix}x_1\\x_2\\x_3\end{bmatrix}=\begin{bmatrix}\dfrac{1}{\sqrt{2}} & \dfrac{1}{\sqrt{6}} & \dfrac{1}{\sqrt{3}}\\-\dfrac{1}{\sqrt{2}} & \dfrac{1}{\sqrt{6}} & \dfrac{1}{\sqrt{3}}\\0 & -\dfrac{2}{\sqrt{6}} & \dfrac{1}{\sqrt{3}}\end{bmatrix}\begin{bmatrix}y_1\\y_2\\y_3\end{bmatrix}$;

(2) $f=y_1^2-2y_2^2+4y_3^2$, $\begin{bmatrix}x_1\\x_2\\x_3\end{bmatrix}=\begin{bmatrix}1/3 & 2/3 & -2/3\\-2/3 & 2/3 & 1/3\\2/3 & 1/3 & 1/3\end{bmatrix}$.

3. (1) $f=y_1^2+y_2^2$; $r=2$, $p=2$, $r-p=0$, $2p-r=2$;

(2) $f=z_1^2+z_2^2-z_3^2$; $r=3$, $p=2$, $r-p=1$, $2p-r=1$;

(3) $f=z_1^2$; $r=1$, $p=1$, $r-p=0$, $2p-r=1$.

4. (1) D; (2) C; (3) B.

习 题 5.3

1. (1) 是正定二次型; (2) 不是正定二次型; (3) 不是正定二次型.

2. (1) $-\sqrt{2}<t<\sqrt{2}$; (2) t 为任意数,f 都不是正定二次型.

3. $-3<a<1$. **4.** $-2<k<1$.

5. **提示**:利用正定二次型的定义. **6.** **提示**:利用定理 5.10.

7. **提示**:只需证明,对任意的 $\boldsymbol{X}=(x_1,x_2,\cdots,x_n)^{\mathrm{T}}\neq\boldsymbol{o}$,有 $\boldsymbol{X}^{\mathrm{T}}(\boldsymbol{A}^{\mathrm{T}}\boldsymbol{A})\boldsymbol{X}>0$.

8. (1) C; (2) D; (3) D; (4) B.